化工安全技术专业教学指导委员会

安全技术类教材编审委员会

高职高专"十一五"规划教材——安全技术系列

化工工艺安全技术

杨永杰　康彦芳　主编

邱泽勤　主审

化学工业出版社

·北京·

本书从介绍化工生产特点和危险化学物质开始，简要介绍化工工艺生产安全基础知识，重点以重要的化学反应和化工单元操作的安全技术分析为突破口，循序渐进地介绍了典型工艺流程安全技术，对于工艺过程中的检修操作和管道设备的保温防腐技术进行了系统的总结。全书形成了化学反应为基础、化工单元操作为过渡、典型工艺为案例、化工检修和管道设备安全为侧翼的构架，以化学工艺参数为安全控制要素，每部分都有较多的案例，是化工安全技术类专业的一门重要专业教材。

　　本书可作为高职高专化工安全技术类专业教材，也可作为化工技术类专业的选学教材，同时还可供相关技术人员参考。

图书在版编目（CIP）数据

　　化工工艺安全技术/杨永杰，康彦芳主编. —北京：化学工业出版社，2008.6（2022.4重印）
　　高职高专"十一五"规划教材. 安全技术系列
　　ISBN 978-7-122-02973-7

　　Ⅰ. 化… 　Ⅱ. ①杨…②康… 　Ⅲ. 化学工业-生产工艺-安全技术-高等学校：技术学院-教材 　Ⅳ. TQ086

　　中国版本图书馆 CIP 数据核字（2008）第 073659 号

责任编辑：张双进　窦　臻　　　　　　　装帧设计：王晓宇
责任校对：陶燕华

出版发行：化学工业出版社（北京市东城区青年湖南街 13 号　邮政编码 100011）
印　　装：北京天宇星印刷厂
787mm×1092mm　1/16　印张 11¼　字数 280 千字　　2022 年 4 月北京第 1 版第 5 次印刷

购书咨询：010-64518888　　　　　　　　售后服务：010-64518899
网　　址：http://www.cip.com.cn
凡购买本书，如有缺损质量问题，本社销售中心负责调换。

定　　价：30.00 元

前　言

现代化工生产的工艺过程复杂，工艺条件要求十分严格，介质具有易燃、易爆、有毒、腐蚀等特性，化工生产潜在许多不安全因素。成千上万的化学品通过系列的典型反应和单元操作生产出来，在造福于人类的同时，也给人类生产和生活带来了很大的威胁。在其生产、经营、储存、运输、使用以及废弃物处置的过程中，如果管理或技术防护不当，将会损害人体健康，造成财产毁损、生态环境污染。

按照全国化工高职教学指导委员会化工安全技术类教学指导委员会的统一部署，确定开设《化工工艺安全技术》课程。2007 年 7 月，在重庆召开了教材编写提纲审定会，与会专家对于本书的编写主线进行了研讨，并请企业的一线专家给予审订。本书从介绍化工生产特点和危险化学物质开始，简要介绍化工工艺生产安全基础知识，重点以化学反应和化工单元操作的安全技术分析为突破口，循序渐进地介绍了典型工艺流程安全技术，对于工艺过程中的检修操作和化工管道设备的保温和防腐技术进行了系统的总结。全书形成了以化学反应为基础、化工单元操作为过渡、典型工艺为案例、化工检修和管道设备安全为侧翼的构架，以化学工艺参数为安全控制要素，是化工安全技术类专业的一门重要专业教材。

本书着力在编写技巧上进行了改革，除了学习目标，重点进行了知识的学习和能力培养的划分，力求通过案例分析提高学生的分析能力。课后习题力求多样，为提高学生的学习兴趣奠定基础。在编写体例上也进行了探讨，各章以模块的形式出现，各模块相对独立，以便学生更好地自学。附录摘编了部分安全技术网站，以便学生进一步学习使用。

全书以 60 课时编写，共计 7 个模块。天津渤海职业技术学院杨永杰编写了第一、第四（部分）模块；贵州科技职业技术学院王瑾编写了第二、第三模块；天津渤海职业技术学院康彦芳编写了第四、第五模块；金华职业技术学院金祝年编写第六、第七模块；全书由杨永杰、康彦芳主编统稿并进行附录的摘编。并请天津化工厂环氧氯丙烷分厂厂长、享受国务院特殊津贴专家邱泽勤高级工程师给予技术审定。

教材编写过程中，参考了相关专家、学者的论著、教材和论文资料，在此向他们致谢。由于水平有限，时间仓促，不妥之处在所难免，恳请读者批评指正。

编　者

2008 年 4 月

目　录

模块一 总 论

【学习目标】 通过学习，掌握化工生产的特点，了解安全在化工生产中的地位。熟悉化工生产中的重大危险源，掌握危险源的危险、危害因素，了解危险化学物质及其分类，掌握化工事故的分类和化工生产事故的特征；熟悉化工生产事故的处置程序。

一、化工生产的特点与安全

1. 化工生产的特点

化工生产具有易燃、易爆、易中毒、高温、高压、有腐蚀性等特点，与其他工业部门相比具有更大的危险性。

(1) 化工生产中涉及的危险品多 化工生产中使用的原料、半成品和成品种类繁多，绝大部分是易燃、易爆、有毒、有腐蚀的化学危险品。在生产、使用、运输中管理不当，就会发生火灾、爆炸、中毒和烧伤事故，给安全生产带来重大影响。

(2) 化工生产要求的工艺条件苛刻 第一，化学工业是多品种、技术密集型的行业，每一种产品从投料到生产出产品都有其特定的工艺流程、控制条件和检测方法；第二，化学工业发展迅速，新产品层出不穷，老产品也不断改型更新，每一种新产品推出都要经过设计准备、工艺准备和试制；第三，化工生产过程多数在高温、高压、密闭或深冷等特定条件下进行。没有严格的管理工作和相应的技术措施是无法正常生产，无法在生产过程中做好防爆炸、防燃烧、防腐蚀、防污染工作的。

(3) 生产规模大型化 近几十年来，国际上化工生产采用大型生产装置是一个明显的趋势。以合成氨为例，20世纪60年代初合成氨生产规模为12万吨/年，60年代末达到30万吨/年，70年代发展到50万吨/年以上，90年代以后发展到60万吨以上，21世纪达到了90万吨/年。采用大型装置可以明显降低单位产品的建设投资和生产成本，有利于提高劳动生产率。

(4) 生产过程连续化、自动化 现代化企业的生产方式已经从过去的手工操作、间歇生产转变为高度自动化、连续化生产；生产设备由敞开式变为密闭式；生产装置由室内走向露天；生产操作由分散控制变为集中控制，同时也由人工手动操作发展到计算机控制。如年产35万吨合成氨、44万吨尿素的日本鹿岛氨厂只有100个人；美国联合化学公司年产60万吨乙烯的工厂，有20台裂解炉，全厂有1000多台仪表和一台计算机，全部集中在控制室操作，每班只有7个人。

(5) 高温、高压设备多 许多化工生产离不开高温、高压设备，这些设备能量集中，如果在设计制造中，不按规范进行，质量不合格，或在操作中失误，就会发生灾害性事故。

(6) 工艺复杂，操作要求严格 一种化工产品的生产往往由几个车间（工段）组成，在每个车间又由多个化工单元操作和若干台特殊要求的设备和仪表联合组成生产系统，形成工艺流程长、技术复杂、工艺参数多、要求严格的生产线。要求任何人不得擅自改动，要严格遵守操作规程，操作时要注意巡回检查、认真记录，纠正偏差，严格执行交接班制度，注意上下工序联系，及时消除隐患，否则将会导致不幸事故的发生。

(7) "三废"多，污染严重 化学工业在生产中产生的废气、废水、废渣多，是国民经济中污染的大户。在排放的"三废"中，许多物质具有可燃、易燃、有毒、有腐蚀及有害性，这都是生产中不安全的因素。

（8）事故多，损失重大　化工行业每年都有重大事故发生，事故中约有70%以上是因为违章指挥和违章作业造成的。因此，在职工队伍中开展技术学习，提高职工素质，进行安全教育和专业技能教育是非常重要的工作。

2. 安全在化工生产中的地位

（1）安全生产是化工生产的前提条件　化工生产具有易燃、易爆、易中毒，高温、高压、有腐蚀的特点，与其他行业相比，其危险性更大。操作失误、设备故障、仪表失灵、物料异常等，均会造成重大安全事故。无数的事故事实告诉人们，没有一个安全的生产基础，现代化工就不可能健康正常地发展。

（2）安全生产是化工生产的保障　只有实现安全生产，才能充分发挥现代化工生产的优势，确保装置长期、连续、安全的运行。发生事故，必然使装置不能正常运行，造成经济损失。生产装置规模越大，停产1天的损失也越大，如年产30万吨的合成氨装置停产一天，就少生产合成氨1000t。开停车越频繁，经济损失越大，还丧失了大型化装置的优越性，同时也会造成装置本身的损坏，发生事故的可能性就越大。

（3）安全生产是化工生产的关键　化工新产品的开发、新产品的试生产必须解决安全生产问题，否则就不能形成实际生产过程。

总之，化工企业的重大灾害事故造成人员伤亡，引起生产停顿，供需失调、社会不安，因此安全生产是化工生产的关键问题。安全和危险是对立统一的，所谓安全是预测危险并消除危险，获得不使人身受到伤害，不使财产遭到损失的自由。安全生产的任务主要有两条：

① 在生产过程中保护职工的安全和健康，防止工伤事故和职业性危害；

② 在生产过程中防止其他各类事故的发生，确保生产装置连续、正常运转。

二、化工生产中的重大危险源

1. 重大危险源的定义

危险的根源是储存、使用、生产、运输过程中存在易燃、易爆及有毒物质，具有引发灾难性事故的能量。造成重大工业事故的可能性及后果的严重度既与物质的固有特性有关，又与设施或设备中危险物质的数量或能量的大小有关。重大危险源是指企业生产活动中客观存在的危险物质或能量超过临界值的设施、设备或场所。

重大危险源与重大事故隐患是有区别的。前者强调设备、设施或场所本质的、固有的物质能量的大小；后者则强调作业场所、设备及设施不安全状态、人的不安全行为和管理上的缺陷。

2. 重大危险源的类型

从危险性物质的生产、储运、泄漏等事故案例分析，根据事故类型重大危险源可分为泄放型危险源和潜在型危险源。

（1）泄放型危险源

① 连续性气体。包括气体管道、阀门、垫片、视镜、腐蚀孔、安全阀等的泄放，如果气体呈正压状态，泄放的基本形态为连续气体流。

② 爆炸性气体。包括气体储罐、汽化器、气相反应器等爆炸性泄放，基本形态是大量气体瞬间释放并与空气混合形成云团。

③ 爆炸性压力液化气体。包括压力液化气储罐、钢瓶、计量槽、罐车等爆炸性泄放，

基本形态是大量液化气体在瞬间泄放，由于闪蒸导致大量空气夹带，液化气液滴蒸发导致云团温度下降，形成冷云团。

④ 连续压力液化气体。包括压力液化气储罐的液相孔、管道、阀门等的泄漏，基本形态是压力液化气迅速闪蒸，混入空气并形成低温烟云。

⑤ 非爆炸性压力液化气体。包括压力液化气储罐气相孔、小口径管道和阀门等的泄放，基本形态是产生气体喷射，泄放速度随罐内压力而变化。

⑥ 非爆炸性冷冻压力液化气体。包括半冷冻液化器储罐的液相通道和阀门等的泄放，基本形态是泄放物部分闪蒸，部分在地面形成液池。

⑦ 冷冻液化气体。包括冷冻液化气储罐液位以下的孔、管道、阀门等的泄放，基本形态是地面形成低温液池。

⑧ 两相泄放池。包括压力液化气储罐气相中等孔的泄放，基本形态是产生变化的"雾"状或泡沫流。

（2）潜在型危险源

① 阀门和法兰泄漏。因阀门和法兰加工缺陷、腐蚀、密封件失效、外部载荷或误操作引起的气体、压力液化气、冷冻液化气或其他液体的泄漏。

② 管道泄漏。因管道接头开裂、脱落、腐蚀、加工缺陷或外部载荷引起气体、压力液化气、冷冻液化气及其他液体泄放。

③ 储罐泄漏。因储罐材质缺陷、附件缺陷、腐蚀或局部加工不良而引起的气体压力液化气、冷冻液化气及其他液体泄放。

④ 爆炸性储罐泄放。因储罐加工和材质缺陷并超温、超压作业或外部载荷引起的压力液化气和冷冻液化气爆炸性泄放。

⑤ 钢瓶泄放。因超标充装、超温使用或附件缺陷引起的压力液化气或压力气体泄放。

3. 危险源的危险、危害因素

危险、危害因素是指能使人造成伤亡，对物造成突发性损坏，或影响人的身体健康导致疾病，对物造成慢性损坏的因素。为了区别客体对人体不良作用的特点和效果，分为危险因素（强调突发性和瞬间作用）和危害因素（强调在一定时间范围内的积累作用）。

根据 GB/T 13816—92《生产过程危险和危害因素分类与代码》的规定，按导致事故和职业危害的直接原因，将生产过程中的危险、危害因素分为 6 类。

（1）物理性危险、危害因素　包括设备、设施缺陷（强度不够、刚度不够、稳定性差、密封不良、应力集中、外形缺陷、外露运动件、制动器缺陷、控制器缺陷、设备设施其他缺陷）；防护缺陷（无防护、防护装置和设施缺陷、防护不当、支撑不当、防护距离不够、其他防护缺陷）；电危害（带电部位裸露、漏电、雷电、静电、电火花、其他电危害）；噪声危害（机械性噪声、电磁性噪声、流体动力性噪声、其他噪声）；振动危害（机械性振动、电磁性振动、流体动力性振动、其他振动）；电磁辐射（电离辐射：X 射线、γ 射线、α 粒子、β 粒子、质子、中子、高能电子束等；非电离辐射：紫外线、激光、射频辐射、超高压电场）；运动物危害（固体抛射物、液体飞溅物、反弹物、岩土滑动、堆料垛滑动、气流卷动、冲击地压、其他运动物危害）；明火；能造成灼伤的高温物质（高温气体、高温固体、高温液体、其他高温物质）；能造成冻伤的低温物质（低温气体、低温固体、低温液体、其他低温物质）；粉尘与气溶胶（不包括爆炸性、有毒性粉尘与气溶胶）；作业环境不良（作业环境不良、基础下沉、安全过道缺陷、采光照明不良、有害光照、通风不良、缺氧、空气质量不良、给排水不良、涌水、强迫体位、气温过高、气温过低、气压过高、气压过低、高温高湿、自然灾害、其他作业环境不良）；信号缺陷（无信号设施、信号选用不当、信号位置不当、信号不清、信号显示不准、其他信号缺陷）；标志缺陷（无标志、标志不清楚、标志不规范、标志选用不当、标志位置缺陷、其他标志缺陷）；其他物理性危险和危害因素。

（2）化学性危险、危害因素　易燃易爆性物质（易燃易爆性气体、易燃易爆性液体、易燃易爆性固体、易燃易爆性粉尘与气溶胶、其他易燃易爆性物质）；自燃性物质；有毒物质（有毒气体、有毒液体、有毒固体、有毒粉尘与气溶胶、其他有毒物质）；腐蚀性物质（腐蚀性气体、腐蚀性液体、腐蚀性固体、其他腐蚀性物质）；其他化学性危险、危害因素。

（3）生物性危险、危害因素　致病微生物（细菌、病毒、其他致病微生物）；传染病媒介物、致害动物、致害植物；其他生物性危险、危害因素。

（4）心理、生理性危险、危害因素　负荷超限（体力负荷超限、听力负荷超限、视力负荷超限、其他负荷超限）；健康状况异常；从事禁忌作业；心理异常（情绪异常、冒险心理、过度紧张、其他心理异常）；辨析功能缺陷（感知延迟、辨识错误、其他辨识功能缺陷）；其他心理、生理危险、危害因素。

（5）行为性危险、危害因素　指挥错误（指挥失误、违章指挥、其他指挥错误）；操作失误（误操作、违章作业、其他操作失误）；监护失误；其他错误；其他行为性危险和有害因素。

（6）其他危险、危害性因素

三、危险化学物质

1. 危险化学物质及其分类

化学品危险性鉴别与分类就是根据化学品（化合物、混合物或单质）本身的特性，依据有关标准，确定是否为危险化学品，并对危险化学品划出可能的危险性类别和项别。

（1）我国危险化学品的分类　《常用危险化学品的分类及标志》（GB 13690—1992）和《危险货物分类和品名编号》（GB 6944—2005）作为我国危险性分类的两个国家标准，可以将危险化学品按其危险性划分为 8 类、21 项。

第一类　爆炸品　本类物品是指在外界作用下（如受热、撞击），能发生剧烈的化学反应，瞬间时产生大量的气体和热量，使周围压力急剧上升，发生爆炸，对周围环境造成破坏的物品。也包括无整体爆炸危险，但具有燃烧、抛射及较小爆炸危险的物品，或仅产生热、光、声响或烟雾等一种或几种作用的烟火物品。

第二类　压缩气体和液化气体　本类物品是指压缩、液化或加热溶解的气体，或符合下述两种情况之一者。

① 临界温度低于 50℃，或在 50℃时，其蒸气压力大于 249kPa 的压缩或液化气体。

② 温度在 21.1℃时，气体的绝对压力大于 275kPa；或在 54.4℃，气体的绝对压力大于 715kPa 的压缩气体；或在 37.8℃时，雷德蒸气压〔reid vapour pressure；汽油挥发度表示方法之一种，指汽油在 37.8℃（华氏一百度），蒸气油料体积比为 4∶1 时之蒸气压。测定：将汽油放在一密封容器内，上面有 4 倍于液体容积的大气容积，在温度为 37.8℃时测出的油蒸气压力。GB 8017—87 石油产品蒸气压测定法（雷德法）。本方法适用于测定汽油、易挥发性原油及其他易挥发性石油产品的蒸气压；本方法不适用于测定液化石油气的蒸气压〕大于 275kPa 的液化气体或加压溶解气体。

本类物品当受热、撞击或强烈震动时，容器内压力会急剧增大，致使容器破裂爆炸，或致使气瓶阀门松动漏气、酿成火灾或中毒事故。按其性质分为 3 项。

① 易燃气体：如氢、一氧化碳、甲烷等；

② 不燃气体（无毒不燃气体，包括助燃气体）：如压缩空气、氮气等；

③ 有毒气体（毒性指标同第六类）：如一氧化碳、氯气、氨气等。

第三类　易燃液体　本类物品是指闭杯（口）闪点（closed cup flash point，闭口闪点的测定原理是把试样装入油杯中到环状标记处，把试样在连续搅拌下用很慢的、恒定的速度加热，在规定的温度间隔，同时中断搅拌的情况下，将一小火焰引入杯中，试验火焰引起试样上的蒸气闪火时的最低温度作为闭口闪点。）等于或低于 61℃ 的液体、液体混合物或含有固体物质的液体，但不包括由于其他危险性已列入其他类别的液体，本类物质在常温下易挥发，其蒸气与空气混合物能形成爆炸性混合物，分为三类。

① 低闪点液体：闪点＜－18℃，如乙醚（闪点为－45℃）、乙醛（闪点为－38℃）等。

② 中闪点液体：－18℃≤闪点＜23℃，如苯（闪点为－11℃）、乙醇（闪点为 12℃）等。

③ 高闪点液体：23℃≤闪点≤61℃，如丁醇（闪点为 35℃）、氯苯（闪点为 28℃）等。

第四类　易燃固体、自燃物品和遇湿易燃物品　按其燃烧特性分为三项。

① 易燃固体：指燃点低，对热、撞击、摩擦敏感，易被外部火源点燃，燃烧迅速，并可能散发出有毒烟雾或有毒气体的固体。如红磷、硫黄等。

② 自燃物品：指燃点低，在空气中易于发生氧化反应，放出热量而自行燃烧的物品。如白磷、三乙基铝等。

③ 遇湿易燃物品：指遇水或受潮时，发生剧烈化学反应，放出大量的易燃气体和热量的物品。有些不需要明火，即能燃烧或爆炸，如钾、钠、电石等。

第五类　氧化剂和有机过氧化物　本类物品具有强氧化性，易引起燃烧、爆炸，按其组成分为以下两项。

① 氧化剂。指处于高氧化态，具有强氧化性，易分解并放出氧和热量的物质。包括含有过氧基的无机物，其本身不一定可燃，但可能导致可燃物的燃烧；与松软的粉末状可燃物能组成爆炸性混合物，对热、震动或摩擦较为敏感。如过氧化钠、高氯酸钾等。由于危险性大小，可分为一级氧化剂和二级氧化剂。

② 有机过氧化物。指分子组成中含有过氧化物的有机物，其本身易燃易爆，极易分解，对热、震动和摩擦极为敏感。如过氧化苯甲酰、过氧化甲乙酮等。

第六类　毒害品和感染性物品　本类物品是指进入人的肌体后，累积达到一定的量，能与体液和器官组织发生生物化学作用或生物物理学作用，扰乱或破坏机体的正常生理功能，引起某些器官暂时性或持久性的病理改变，甚至危及生命的物品。

该类分为毒害品、感染性物品两项。其中毒害品按其毒性大小分为一级毒害品和二级毒害品。如氰化钠、氰化钾、砷酸盐、农药、酚类、氯化钡、硫酸甲酯等均属毒害品。

第七类　放射性物品　是指放射性比活度〔放射性比活度：某种核素的放射性比活度是指：物质中的某种核素放射性活度除以该物质的质量而得的商。表达式：$C=\dfrac{A}{m}$，式中，C 为放射性比活度，单位为 Bq/kg（贝克/千克）；A 为核素放射性活度，单位为 Bq（贝克）；m 为物质的质量，单位为 kg（千克）〕大于 $7.4×10^4$Bq/kg 的物品。按其放射性大小细分为一级放射性物品、二级放射性物品和三级放射性物品，如金属铀、六氟化铀、金属钍等。

第八类　腐蚀品　是指能灼伤人体组织并对金属等物品造成损坏的固体或液体。与皮肤接触在 4h 内出现可见坏死现象，或温度在 55℃时，对 20 号钢的表面均匀年腐蚀率超过 6.25mm/y 的固体或液体。按化学性质分为三类。

① 酸性腐蚀品：如硫酸、硝酸、盐酸等；

② 碱性腐蚀品：如氢氧化钾、氢氧化钠、乙酸钠等；

③ 其他腐蚀品：如次氯酸钠溶液、氯化铜、氧化锌等。按照腐蚀性的强弱又可分为一级腐蚀品和二级腐蚀品。

（2）国外危险化学品分类　世界各国相关机构对化学品的危险性进行了分类。如加拿大 WHMIS（workplace hazardous materials information system 工作场所有害物质信息系统）将化学品危险性分为 6 类，欧共体分为 15 类，日本消防法分为 6 类，美国环保局分为 4 类。联合国危险货物运输专家委员会将危险货物分为如下 9 类：

第一类　爆炸品；

第二类　压缩、液化、加压溶解或冷冻气体；

第三类　易燃液体；

第四类　易燃固体、易于自燃的物质、遇水放出易燃气体的物质；

第五类　氧化性物质、有机过氧化物；

第六类　有毒和感染性物质；

第七类　放射性物质；

第八类　腐蚀性物质；

第九类　杂项危险物质。

2. 化学危险物质造成化学事故的主要特性

根据每种常用危险化学品易发生的危险，综合归纳为以下 145 项基本危险特性。

① 与空气混合，能形成爆炸性混合物。

② 与氧化剂混合，能形成爆炸混合物。

③ 与铜、汞、银混合，能形成爆炸性混合物。

④ 与氧化剂及硫、磷混合，能形成爆炸性混合物。

⑤ 与乙炔、氢、甲烷等易燃气体混合，能形成爆炸性混合物。

⑥ 本品蒸气与空气混合，易形成爆炸性混合物。

⑦ 遇强氧化剂会引起燃烧爆炸。

⑧ 与氧化剂发生反应，有燃烧危险。

⑨ 与氧化剂会发生强烈反应，遇明火、高热会引起燃烧爆炸。

⑩ 与氧化剂会发生反应，遇明火、高热易引起燃烧。

⑪ 遇明火极易燃烧爆炸。

⑫ 遇明火、高热易引起燃烧。

⑬ 遇明火、高热会引起燃烧爆炸。

⑭ 遇明火、高热能燃烧。

⑮ 遇高温剧烈分解，会引起爆炸。

⑯ 遇高热分解。

⑰ 受热时分解。

⑱ 受热、光照会引起燃烧爆炸。

⑲ 受热、遇酸分解并放出氧气，有燃烧爆炸危险。

⑳ 受热后瓶内压力增大，有爆炸危险。

㉑ 暴热、遇冷有引起爆炸的危险。

㉒ 遇高热、明火及强氧化剂易引起燃烧。

㉓ 遇水或潮湿空气会引起燃烧爆炸。

㉔ 遇水或潮湿空气会引起燃烧。

㉕ 受热、遇潮气分解并放出氧，有燃烧爆炸危险。

㉖ 遇潮气、酸类会分解并放出氧气，助燃。

㉗ 遇水会分解。

㉘ 遇水爆溅。

㉙ 遇酸会引起燃烧。

㉚ 遇酸发生剧烈反应。

㉛ 遇酸发生分解反应。

㉜ 遇酸或稀酸会引起燃烧爆炸。

㉝ 遇硫会引起燃烧爆炸。

㉞ 与发烟硫酸、氯磺酸发生剧烈反应。

㉟ 与硝酸发生剧烈反应或立即燃烧。

㊱ 与盐酸发生剧烈反应，有燃烧爆炸危险。

㊲ 遇碱发生剧烈反应，有燃烧爆炸危险。

㊳ 遇碱发生反应。

㊴ 与氢氧化钠发生剧烈反应。

㊵ 与还原剂能发生反应。

㊶ 与还原剂发生剧烈反应，甚至引起燃烧。

㊷ 与还原剂接触有燃烧爆炸危险。

㊸ 遇卤素会引起燃烧爆炸。

㊹ 遇卤素会引起燃烧。

㊺ 遇胺类化合物会引起燃烧爆炸。

㊻ 遇发泡剂会引起燃烧。

㊼ 遇金属粉末增加危险性或有燃烧爆炸危险。

㊽ 见光、受热或久贮易聚合，有燃烧，爆炸危险。

㊾ 遇油脂会引起燃烧爆炸。

㊿ 遇双氧水会引起燃烧爆炸。

51 与酸类、卤素、醇类、胺类发生强烈反应，会引起燃烧。

52 遇易燃物、有机物会引起燃烧。

53 遇易燃物、有机物会引起爆炸。

54 遇乙醇、乙醚会引起爆炸。

55 遇硫、磷会引起爆炸。

56 遇甘油会引起燃烧或强烈燃烧。

57 撞击、摩擦、振动时有燃烧爆炸危险。

58 在干燥状态下会引起燃烧爆炸。

59 能使油脂剧烈氧化，甚至燃烧爆炸。

60 在空气中久置后能生成有爆炸性的过氧化物。

(61) 遇金属钠及钾有爆炸危险。
(62) 与硝酸盐及亚硝酸盐发生强烈反应，会引起爆炸。
(63) 在日光下与易燃气体混合时会发生燃烧爆炸。
(64) 遇微量氧易引起燃烧爆炸。
(65) 与多数氧化物发生强烈反应，易引起燃烧。
(66) 接触铝及其合金能生成自燃性的铝化合物。
(67) 接触空气能自燃或干燥品久贮变质后能自燃。
(68) 与氯酸盐或亚硝酸钠能组成爆炸性混合物。
(69) 接触遇水燃烧物品有燃烧危险。
(70) 与硫、磷等易燃物、有机物、还原剂混合，经摩擦、撞击有燃烧爆炸危险。
(71) 受热分解放出有毒气体。
(72) 受高热或燃烧发生分解放出有毒气体。
(73) 受热分解放出腐蚀性气体。
(74) 受热升华产生剧毒气体。
(75) 受热后容器内压力增大，泄漏物质可导致中毒。
(76) 遇明火燃烧时放出有毒气体。
(77) 遇明火、高温时产生剧毒气体。
(78) 接触酸或酸雾产生有毒气体。
(79) 接触酸或酸雾产生剧毒气体。
(80) 接触酸或酸雾产生剧毒、易燃气体。
(81) 受热、遇酸或酸雾产生有毒、易燃气体，甚至爆炸。
(82) 受热、遇酸或酸雾产生有毒、易燃气体。
(83) 遇发烟硫酸分解，放出剧毒气体，在碱和乙醇中加速分解。
(84) 与水和水蒸气发生反应，放出有毒的腐蚀性气体。
(85) 遇水产生有毒的腐蚀性气体，有时会引起爆炸。
(86) 受热、遇水及水蒸气能生成有毒、易燃气体。
(87) 遇水或水蒸气会产生剧毒、易燃气体。
(88) 遇水、潮湿空气，酸放出能自燃的剧毒气体。
(89) 遇水分解产生有毒气体。
(90) 与还原剂发生激烈反应，放出有毒气体。
(91) 遇氰化物会产生剧毒气体。
(92) 见光分解，放出有毒气体。
(93) 遇乙醇发生反应产生有毒的、腐蚀性气体。
(94) 对眼、黏膜或皮肤有刺激性，有烧伤危险。
(95) 对眼、黏膜或皮肤有强烈刺激性，会造成严重烧伤；
(96) 触及皮肤有强烈刺激作用而造成灼伤。
(97) 触及皮肤易经皮肤吸收或误食、吸入蒸气、粉尘会引起中毒。
(98) 有强腐蚀性。
(99) 有腐蚀性。
(100) 可燃，有腐蚀性。
(101) 有催泪性。

⑩ 有麻醉性或其蒸气有麻醉性。

⑩ 有毒、有窒息性。

⑭ 有刺激性气味。

⑮ 剧毒。

⑯ 剧毒、可燃。

⑰ 有毒、不燃烧。

⑱ 有毒，遇明火能燃烧。

⑲ 有毒、易燃。

⑩ 有毒或其蒸气有毒。

⑪ 有特殊的刺激性气味。

⑫ 有吸湿性或易潮解。

⑬ 极易挥发，露置空气中立即冒白烟，有燃烧爆炸危险。

⑭ 助燃。

⑮ 有强氧化性。

⑯ 有氧化性。

⑰ 有强还原性。

⑱ 有放射性。

⑲ 易产生或聚集静电，有燃烧爆炸危险。

⑳ 与氢氧化铵发生强烈反应，有燃烧危险。

㉑ 水解后不生腐蚀性产物。

㉒ 接触空气、氧气、水发生剧烈反应，能引起燃烧。

㉓ 遇氨、硫化氢、卤素、磷、强碱、遇水燃烧物品等有燃烧爆炸危险。

㉔ 遇过氯酸、氯气、氧气、臭氧等易发生燃烧爆炸危险。

㉕ 与铝、锌、钾、氟、氯等反应剧烈，有燃烧爆炸危险。

㉖ 碾磨、摩擦或有静电火花时，能自燃。

㉗ 与空气、氧，溴强烈反应，会引起爆炸。

㉘ 遇碘、乙炔、四氯化碳易发生爆炸。

㉙ 遇二氧化碳、四氯化碳、二氯甲烷、氯甲烷等会引起爆炸。

㉚ 与氯气、氧、硫磺、盐酸反应剧烈，有燃烧爆炸危险。

㉛ 与铝粉发生猛烈反应，有燃烧爆炸危险。

㉜ 与镁、氟发生强烈反应，有燃烧爆炸危险。

㉝ 与氟、钾发生强烈反应，有燃烧爆炸危险。

㉞ 与磷、钾、过氧化钠发生强烈反应，有燃烧爆炸危险。

㉟ 强烈震动、受热或遇无机碱类、氧化剂、烃类、胺类、氯化铝、六甲基苯等均能引起燃烧爆炸。

㊱ 遇氟水、氟化氢、酸有爆炸危险。

㊲ 遇水分解为盐酸和有很强刺激性、腐蚀性、爆炸性的氧氯化物。

㊳ 与酸类、碱类、胶类、二氧化硫、硫酸、金属盐类、氧化剂等猛烈反应，遇光和热加速作用，会引起爆炸。

㊴ 遇三硫化二氢有爆炸危险。

㊵ 与过氧酸根、硫酸甲酯反应剧烈，有燃烧爆炸危险。

⑭ 能在二氧化碳及氮气中燃烧。

⑭ 遇磷、氯会引起燃烧爆炸。

⑭ 遇二氧化铅发生强烈反应。

⑭ 会缓慢分解放出氧气，接触金属（铝除外）分解速率也增加。

⑭ 遇水时对金属和玻璃有腐蚀性。

四、化工生产事故

1. 化工事故的分类

化工生产使用和接触的化学危险物质种类繁多，生产工艺复杂，事故种类也千变万化。

（1）化工装置内产生的新的易燃物、爆炸物　某些反应装置和储罐在正常情况下是安全的，如果在反应和储存过程中混入或掺入某些物质而发生化学反应产生新的易燃物或爆炸物，在条件成熟时就可能发生事故。如粗煤油中的硫化氢、硫醇含量较高，有可能引起油罐腐蚀，使构件上黏附着锈垢。由于天气突变、气温骤降，油罐的部分构件因急剧收缩和由于风压的改变引起油罐晃动，造成构件脱落并引起冲击或摩擦产生火种导致油罐起火。

（2）在工艺系统中积聚某种新的易燃物　某氯碱厂使用相邻合成氨厂的废碱液精制盐水。因废碱液中含氨量高，在加盐酸中和时，产生大量氯化铵随盐水进入电解槽，生成三氯化氮夹杂在氯气中。经过冷却塔、干燥器后未被分解的三氯化氮随氯气一起进入液化槽，再进入热交换器的内管与冷凝器的液氯混合。由于液氯的不断气化，使三氯化氮逐渐积累下来。后来因倒换热交换器，积存有三氯化氮的热交换器停止使用，但是温度较高的气体氯仍从热交换器中经过，使热交换器中的残余液氯进一步蒸发，最后留下的基本上都是三氯化氮。因氯气温度高及其他杂质反应发热的影响，最终引起了三氯化氮的爆炸。

（3）高热物料喷出自燃　生产过程中有些反应物料的温度超过了自燃点，一旦喷出与空气接触就着火燃烧。例如，催化裂化装置热油泵口取样时，由于取样管堵塞，将取样阀打开用蒸汽加热，当凝油溶化后，40℃左右的热油喷出立即起火。

（4）高温下物质气化分解　许多物质在高温下气化分解，产生高压而引起爆炸。如用联苯醚做载热体的加热过程中，由于管道被结焦物堵塞，局部温度升高，致使联苯醚气化分解产生高压，引起管道爆裂，使高温可燃气体冲出，遇空气燃烧。

（5）物料泄漏遇高温表面或明火　如由于放空位置安装不当，放空时油喷落到附近250℃高温的阀体上引起燃烧。

（6）反应热骤增　参加反应的物料，如果配比、投料速度和加料顺序控制不当，会造成反应剧烈，产生大量的热。如果不能及时导出，就会引起超压爆炸。如苯与浓硫酸混合进行磺化反应，物料进入后由于搅拌迟开，反应热骤增，超过了反应器的冷却能力，器内未反应的苯很快气化，导致塑料排气管破裂，可燃蒸气排入厂房内遇明火燃烧。

（7）杂质含量过高　有许多化学反应过程中对杂质含量要求是很严格的，有的杂质在反应过程中可以生成危险的副反应产物。例如乙炔和氯化氢的合成反应，氯化氢中游离氯的含量不能过高（控制在0.005%以下），这是由于过量的游离氯存在，氯与乙炔反应会立即燃烧爆炸生成四氯乙烷。

（8）生产运行系统和检修中的系统串通　在正常情况下，易燃物的生产系统不允许有明火作业。某一区域、设备、装置或管线如果停产进行动火检修，必须采取可靠的措施，使生产系统和检修系统隔绝，否则极易发生事故。

（9）装置内可燃物与生产用空气混合　生产用空气主要有工艺用压缩空气和仪表用压缩空气，如果进入生产系统和易燃物混合或生产系统易燃物料进入压缩空气系统，遇明火都可能导致燃烧爆炸事故。例如某合成氨装置，由于天然气混入仪表气源管线，逸出后遇明火发生爆炸。

（10）系统形成负压　如发酵罐通入大量蒸汽后，若又将大量的冷液迅速加入罐内，冷的液体使蒸汽很快凝结，罐内形成负压，发酵罐就会吸瘪。

（11）选用传热介质和加热方法不当　选择传热介质时必须事先了解被加热物料的性质，除满足工艺要求之外，还要掌握传热介质是否会和被加热物料发生危险性的反应。选择加热方法时，如果没有充分估计物料的性质、装置的特点等也易发生事故。

（12）系统压力变化造成事故　系统压力的变化，可以造成物料倒流或者负压系统变成正压从而造成事故。例如某厂通往柴油汽提塔的蒸汽管线和灭火蒸汽管线相连，由于蒸汽压力降低，低于汽提塔内的压力，中间又没有设置止逆装置，当用蒸汽灭火时，汽提塔内的炼油气窜入蒸汽管线，喷出的可燃气体反而使火势更大。

（13）危险物质处理不当　很多化学品性能不稳定，具有易燃、易爆、腐蚀、有毒和放射性等特性。在生产、使用、装卸、运输和储存过程中，要掌握物质的特性，了解可能和其他化学物质接触会发生什么样的变化，采取相应的措施，否则就可能发生事故。如某厂铝粉布袋输送机发生故障，用铁棒撬动铁轮时产生火花引起铝粉燃烧，又错误地用二氧化碳进行扑救，结果发生爆炸。这是因为铝粉能在二氧化碳中燃烧，采用二氧化碳不但不能灭火，反而导致铝粉飞扬引起爆炸。

2. 化工生产事故的特征

化工事故的特征基本上由所用原料特性、加工工艺、生产方法和生产规模决定，为预防事故的发生，必须了解这些特征。

（1）火灾、爆炸、中毒事故多，且后果严重　很多化工原料的易燃性、反应性和毒性本身会造成恶性事故的频繁发生。有资料表明，我国化工企业火灾爆炸事故的死亡人数占因公死亡总人数的13.8%，居第一位；中毒窒息事故致死人数占死亡总人数的12%，居第二位。反应器、压力容器的爆炸，以及燃烧传播速度超过音速时的爆轰，都会造成破坏力极强的冲击波，冲击波超压达20kPa时会使砖木结构建筑物部分倒塌、墙壁崩裂。

由于管线破裂或设备损坏，大量易燃气体或液体瞬间泄放，会迅速形成蒸发形成蒸气云团，与空气混合达到爆炸下限，随风漂移。如果飞到居民区遇明火爆炸，后果难以想象。据估计，50t的易燃气体泄漏会造成直径700m的云团，在其覆盖下的居民，会被爆炸火球或扩散的火焰灼伤，其辐射强度可达14W/cm²（人可承受安全辐射强度仅为0.5W/cm²），同时人还会因缺乏氧气窒息而死。

多数化学品对人体有害，生产中由于设备密封不严，泄漏容易造成操作人员的急性和慢性中毒。如一氧化碳、硫化氢、氮气、氮氯化物、氨、苯、二氧化碳、二氧化硫、光气、氯化钡、氯气、甲烷、氯乙烯、磷、苯酚、砷化物16种物质在化工厂都很常见，这些物质造成中毒、窒息的死亡人数占中毒死亡总人数的87.9%。

化工生产装置的大型化使大量化学物质处于工艺过程中或储存状态，一些比空气重的液化气体，如氯，在设备或管道破口处，以15°～30°呈锥形扩散，在扩散宽度100m左右时，人们还容易察觉并迅速逃离。但当毒气影响宽度达1000m及以上，在距离较远而毒气浓度

11

尚未稀释到安全值时，人则很难逃离并导致中毒。

（2）正常生产时发生事故多 化工生产中伴随许多副反应，有些机理尚不完全清楚；有些在危险边缘（如爆炸极限）附近进行生产，例如乙烯制环氧乙烷、甲醇氧化制甲醛等，生产条件稍有波动就会发生严重事故，间歇生产更是如此。

影响化工生产各种参数的干扰因素很多，设定的参数很容易发生偏移，参数的偏移是发生事故的根源之一。即使在自动调节过程中也会产生失调或失控现象，人工调节更容易发生事故。

由于人的因素或人机工程设计欠佳，往往会造成误操作，如看错仪表、开错阀门等。而在现代化的化工生产中，人是通过控制台进行操作，发生误操作的危险性更大。

（3）材质和加工缺陷以及腐蚀的影响 化工企业的工艺设备一般都是在非常苛刻的生产条件下运行。腐蚀介质的作用，振动、压力波动造成的疲劳，高温、低温对材质性质的影响都是安全方面应重视的问题。

化工设备的破损与应力腐蚀裂纹有很大的关系。设备材质受到制造时残余应力和运转时拉伸应力的作用，在腐蚀的环境中会产生裂纹并发展长大，在特定条件下，如压力波动、严寒天气就会引起脆性破裂，如果焊接缝不良或未经过热处理则会使焊区附近引起脆性破裂，造成灾难性事故。

制造化工设备时除了选择正确的材料外，还要求正确的加工方法。以焊接为例，如果焊缝不良或未经热处理则会使焊区附近材料性能恶化，易产生裂纹，使设备破损。

（4）事故的集中和多发 化工生产遇到的事故多发的情况给生产带来被动。许多关键设备，特别是高负荷的塔槽、压力容器、反应釜、经常开闭的阀门等，运转一定的时间后，常会出现多发故障的情况。这是因为设备进入到寿命周期的故障频发阶段，所以必须采取预防措施，加强设备检测和监护措施，及时更换到期的设备。

3. 化工生产事故的处置

（1）抢险与救护 企业发生事故，必须积极抢险救治，妥善处理，以防事故的蔓延扩大。发生重大事故时，企业领导要现场亲自指挥，各职能部门领导及有关人员应协助做好现场抢救和警戒工作。抢救时应注意保护现场；因抢救伤员或防止事故扩大，需移动现场物件时，必须做好标志。

对有害物质大量外泄或火灾爆炸事故现场，必须设警戒线，及时疏导人员，清查人数；抢救消防人员应佩戴好防护器具，对中毒、烧伤、烫伤人员要及时进行现场救治处理再送医院。

（2）事故的报告程序

① 事故的最先发现者，应立即组织最近处人员处理，应以快速的方法通知领导或电话报告调度部门，而后逐级上报。发生事故的基层单位按规定填写事故报告书。一般事故3天内报企业主管部门。

② 发生重大事故，企业应立即用快速方法在当天将事故发生的时间、地点、原因、事故类别、伤亡情况、损失估计等概况报告企业的主管部门及其他部门（如劳动、工会、环保、检察等部门）。企业在上级机关的安排下，组织有关部门和人员配合进行事故调查。对重大责任事故，因工死亡事故，破坏事故应报告当地检察机关或公安机关。

③ 外单位人员，在企业劳动、实习培训、公出时发生的伤亡事故，企业按表外进行统计上报。

④ 凡因公负伤者，从发生事故受伤起，一个月后，由轻伤转为重伤，或由重伤转为死亡，按原受伤类别报，不再改报。

（3）责任的划分

① 企业安全管理实行厂长负责制同分管领导分工负责相结合的责任制。

② 企业规章制度不健全不科学由总工程师和分管厂长负责。

③ 设计有缺陷或不符合设计规范的，由设计者及审批者负责。

④ 凡转让、应用、推广的科技成果，必须经过技术鉴定。科技成果中未提出防尘、防毒、防火、防爆及"三废"处理措施以及安全操作规程的，要追究科研设计单位的责任。

⑤ 制造、施工部门，未严格按图纸进行制造、施工，未经设计或修改设计未经批准而施工者，要对由此发生的事故负责。

⑥ 持安全作业证违章发生事故，由违章者负责；无安全作业证，擅自作业发生事故，由本人负责。被委派作业而发生事故，由委派者负主要责任。

⑦ 学徒工在学徒期间，必须在师傅的带领下工作，不听师傅指导擅自操作而造成事故，由本人负责，在师傅指导下操作发生的事故，由师傅负主要责任。

⑧ 因管理不善，纪律涣散，违章违纪严重而发生的重大事故，要追究主要领导责任。

（4）事故调查和处理

① 企业发生事故要按"四不放过"（事故原因不查清不放过、事故责任者得不到处理不放过、整改措施不落实不放过、教训不吸取不放过）的原则办理。

② 对一般事故或重大未遂事故，应在事故发生后由车间和有关部门领导组织调查并召开事故分析会。

③ 对一般重大事故，企业或企业主管部门领导，应组织有关部门人员参加的事故调查和处理。

④ 伤亡事故的调查处理按《企业职工伤亡事故报告和处理规定》（1991.3 国务院75号）执行。

⑤ 由于不服从管理，违反规章制度，或强令工人违章冒险作业，而发生重大事故，构成重大责任事故罪或玩忽职守罪的人员，由司法部门依法惩处。

⑥ 对事故责任者的处分，可根据事故大小、损失多少、情节轻重，以及影响程度等，令其赔偿损失或予以行政警告、记过、记大过、降职、降薪、撤职、留厂察看、开除出厂，直至追究刑事责任。

⑦ 对各类事故隐瞒不报、虚报、或有意拖延报告者，要追究责任，从严处理。

⑧ 对防止或抢救事故有功人员，企业应给予表彰、奖励。

⑨ 各级化工主管部门，应对安全管理和安全生产搞得好、成绩突出的单位和个人，授予各种荣誉称号或奖励。

复习思考题

1. 化工生产有哪些特点？
2. 重大危险源的定义是什么？
3. 根据事故类型重大危险源可分为哪两种？
4. 泄放型危险源都包括哪些？
5. 潜在型危险源都包括哪些？

6. 什么是危险、危害因素？
7. 危险、危害因素分为哪几类？
8. 我国危险化学品如何分类？
9. 化工事故产生的类型有哪些？
10. 化工生产事故的特征是什么？
11. 化工生产事故的处置程序是什么？

模块二 化工工艺安全基础

【学习目标】 了解安全生产与运行操作的基础问题，掌握影响工业生产过程安全稳定的因素，掌握工艺参数的安全控制，了解自动化系统分类。

第一部分 知识的学习

一、安全生产与运行操作

1. 工业生产过程操作功能

现代化工业生产，其操作过程越来越复杂化和多样化，存在下述的一些安全操作和安全控制的问题。

① 生产过程的开车和停车。

② 工艺流程及设备之间的切换。

③ 正常运行中的安全控制。

④ 间歇生产过程的操作。

⑤ 生产负荷的改变。

⑥ 异常状态下的紧急安全处理。

在连续生产过程和间歇生产过程中，开车和停车都有自己的一套顺序和操作步骤，特别是大型的石油化工生产过程，开停车要花很长时间。若不按照一定的步骤和顺序进行，就会出现生产事故，延长开车时间，甚至造成严重的经济损失。对于间歇生产过程，其往复循环操作更频繁。在某些连续生产过程，也包含着间歇操作的设备和单元，如那些需要再生的系统。一般顺序操作包括一系列的阶段或操作步骤，这些阶段，有的是由过程事件来决定，而有的是根据特定的时间间隔来控制。

除了上述顺序操作要求之外，工业生产过程还要求：

① 监视和管理整个生产过程；

② 对生产过程进行规划、调度和决策；

③ 生产过程的异常现象记录，事故案例的积累以及安全操作与控制措施的总结。

在过程控制系统中监视和管理整个生产过程是很重要的功能。监视生产过程的变化，采集生产过程的实时数据和历史数据，对寻找出过程的扰动因素和优化工艺条件以及分析过程操作都是极为有用的。

2. 影响工业生产过程安全稳定的因素

作为一个工厂、一个生产流程或一个生产装置，均需按产品品质和数量的要求、原材料供应以及公共设施情况，由工艺设备组建一定的工艺流程，然后组织生产。在生产过程中，产品的品质、产量等都必须在安全条件下实现。而在生产过程中各种扰动（干扰）和工艺设备特性的改变以及操作的稳定性均对安全生产产生影响，这些影响因素包括如下内容。

（1）原材料的组成变化 在工业生产过程中都依一定的原料性质生产一定规格的产品，

原料性质的改变则会严重影响生产的安全运行。

（2）产品性能与规格的变化　随着市场对产品性能与规格要求的改变，工业生产企业必须马上能适应市场的需求而改变，安全生产条件必须适应这种变化的情况。

（3）生产过程中设备的安全可靠性　工业生产过程的生产设备都是按照一定的生产规模而设计的。随着市场对产品数量需求的改变，原设计不能满足实际生产的需要，或者工厂生产设备的损坏或被占用，都会影响生产负荷的变化。

（4）装置与装置或工厂与工厂之间的关联性　在流程工业中，物料流与能量流在各装置之间或工厂之间有着密切的关系，由于前后的联系调度等原因，往往要求生产过程的运行相应的改变，以满足整个生产过程物料与能量的平衡与安全运行的需要。

（5）生产设备特性的漂移　在工业生产工艺设备中，有些重要的设备其特性随着生产过程的进行会发生变化，如热交换器由于结垢而影响传热效果，化学反应器中的催化剂的活性随化学反应的进行而衰减，有些管式裂解炉随着生产的进行而结焦等。这些特性的漂移和扩展的问题都将严重地影响装置的安全运行。

（6）控制系统失灵　仪表自动化系统是监督、管理、控制工业生产的关键设备与手段，自动控制系统本身的故障或特性变化也是生产过程的主要扰动来源。例如测量仪表测量过程的噪声、零点的漂移，控制过程特性的改变而控制器的参数没有及时调整以及操作者的操作失误等，这些都是影响装置的安全运行的扰动来源。

由于现代工业生产过程规模大，设备关联严密，强化生产，对于扰动十分敏感。例如，炼油工业中催化裂化生产过程，采用固体催化剂流态化技术，该生产过程不仅要求物料和能量的平衡，而且要求压力保持平衡，使固体催化剂保持在良好的流态化状态。再如芳烃精馏生产过程，各精馏塔之间不仅物料紧密相连，而且采用热集成技术，前后装置的热量耦合在一起。因此，现代工艺生产过程，能量平衡接近于临界状态，一个局部的扰动，就会在整个生产过程传播开来，给安全生产带来威胁。

二、工艺参数的安全控制

化工生产过程中的工艺参数主要有温度、压力、流量、液位及物料配比等。按工艺要求严格控制工艺参数在安全限度以内，是实现化工安全生产的基本保证。

1. 温度控制

每个化学反应都有其最适宜的反应温度，正确控制反应温度不但对保证产品质量、产量、降低消耗有重要意义，而且也是防火防爆所必需的。如果超温，反应物有可能分解着火，造成压力升高，导致爆炸；也可能因温度过高产生副反应，生产新的危险物或反应物。升温过快、过高或冷却降温设施发生故障，还可能引起剧烈反应发生冲料或爆炸。温度过低有时会造成反应速率减慢或停滞，而一旦反应温度恢复正常时，则往往会因为未反应的物料过多而发生剧烈反应而引起爆炸。温度过低还会使某些物料冻结，造成管路堵塞或破裂，致使易燃物泄漏而发生火灾爆炸。控制反应温度时，常可采取以下措施。

（1）移除反应热　化工反应一般都伴随着热效应，放出或吸收一定热量。例如，基本有机合成中的各种氧化反应、氯化反应、水合和聚合反应等均是放热反应；而各种裂解反应、脱氢反应、脱水反应等则是吸热反应。为使反应在一定温度下进行，必须向反应系统中加入或移去一定的热量，以防因过热而发生危险。

温度的控制靠管外"道生"（dowtherm；导热姆，一种加热系统或者设备，有道生炉和道生加热系统）的流通实现。在放热反应中，"道生"从反应器移走热量，通过冷却器冷却；当反应器需要升温时，"道生"则通过加热器吸收热量，使其温度升高，向反应器送热。

移除热量的方法目前有夹套冷却、内蛇管冷却、夹套内蛇管兼用、淤浆循环、液化丙烯循环、稀释剂回流冷却、惰性气体循环等。

此外，还采用一些特殊结构的反应器或在工艺上采取措施移除反应热。例如，合成甲醇是一个强烈的放热反应过程，采用一种特殊结构的反应器，器内装有热交换装置，混合合成气分两路，通过控制一路气体量的大小来控制反应温度。

向反应器内加入其他介质，例如通入水蒸气带走部分热量，也是常见的方法。乙醇氧化制取乙醛时，采用乙醇蒸气、空气和水蒸气的混合气体送入氧化炉，在催化剂作用下生成乙醛，利用水蒸气的吸热作用将多余的反应热带走。

（2）防止搅拌中断　化学反应过程中，搅拌可以加速热量的扩散与传递，如果中断搅拌可能造成散热不良，或局部反应剧烈而发生危险。因此，要采取可靠的措施防止搅拌中断，例如双路供电、增设应急人工搅拌装置等。

（3）正确选择传热介质　化工生产中常用的热载体有水蒸气、热水、过热水、碳氢化合物（如矿物油、二苯醚等）、熔盐、汞和熔融金属、烟道气等。充分掌握、了解热载体的性质并进行正确选择，对加热过程的安全十分重要。

① 避免使用与反应物料性质相抵触的介质。如环氧乙烷很容易与水发生剧烈的反应，甚至极微量的水分渗入到液体环氧乙烷中，也会引起自聚发热产生爆炸。又如金属钠遇水即发生反应而爆炸，其加热或冷却可采用液体石蜡。所以，应尽量避免使用与反应物料性质有明显作用的物质作为加热或冷却介质。

② 防止传热面结疤（垢）。结疤不仅影响传热效率，更危险的是因物料分解而引起爆炸。结疤的原因，可以是由于水质不好而结成水垢；物料聚结在传热面上；还可由物料聚合、缩合、凝聚、碳化等原因引起结疤，其中后者危险性更大。

对于明火加热的设备，要定期清渣，清洗和检查锅壁厚度，防止锅壁结疤。

有的物料在传热面结疤，由于结疤部位过热造成物料分解而引起爆炸。对于这种易结疤并能引起分解爆炸的物料，选择传热方式时，应特别注意改进搅拌形式；对于易分解、乳化层物料的处理尽可能不采用加热方式，而采用别的工艺方法，例如加酸、加盐、吸附等，避免加热处理时发生事故。

换热器内流体宜采用较高流速，不仅可提高传热系数，而且可减少污垢在换热器管表面沉积。

当然，预防污垢和结疤的措施涉及工艺路线、机械设计与选型、运行管理、维护保养等各个方面，需要互相密切配合、认真研究。同时要注意对于易分解物料的加热设备，其加热面必须低于液面，操作中不能投料过少；设备设计尽量采用低液位加热面，加热面不够可增设内蛇管，甚至可以采用外热式加热器，也可以在加热室进口增加一个强制循环泵，加大流速，增加传热效果。

③ 安全使用热载体。热载体在使用过程中处于高温状态，所以安全问题十分重要。高温热载体，例如联苯混合物（由73.5%联苯醚和26.5%联苯组成），在使用过程中要防止低沸点液体（例如水及其液体）进入。因为低沸点物质进入系统，遇高温热载体会立即气化超压爆炸。热载体运行系统不能有死角（例如冷凝液回流管高出夹套底，夹套底部就可能造成死角），以防水压试验时积存水或其他低沸点物质。热载体运行系统在水压试验后，一定要有可靠的脱水措施，在运行前，应当进行干燥处理。

④ 妥善处理热不稳定物质。对热不稳定物质要注意降温和隔热措施。对能生成过氧化物的物质，加热之前要从物料中除去。

2. 压力控制

压力是生产装置运行过程的重要参数。当管道其他部分阻力发生变化或有其他扰动时，压力将偏离设定值，影响生产过程的稳定，甚至引起各种重大生产事故的发生，因此必须保证生产系统压力的恒定，才能维护化工生产的正常进行。

3. 投料速度和配比控制

对于放热反应，投料速度不能超过设备的传热能力，否则，物料温度将会急剧升高，引起物料的分解、突沸而产生事故。加料温度如果过低，往往造成物料积累、过量，温度一旦恢复正常，反应便会加剧进行，如果此时热量不能及时导出，温度及压力都会超过正常指标，造成事故。

对连续化程度较高、危险性较大的生产，要特别注意反应物料的配比关系。例如环氧乙烷生产中乙烯和氧的混合反应，其浓度接近爆炸范围，尤其在开停车过程中，乙烯和氧的浓度都在发生变化，而且开车时催化剂活性较低，容易造成反应器出口氧浓度过高。为保证安全，应设置联锁装置，经常核对循环气的组成，尽量减少开停车次数。

催化剂对化学反应的速率影响很大，催化剂过量，就可能发生危险。可燃或易燃物与氧化剂的反应，要严格控制氧化剂的投料速度和投料量。能形成爆炸性混合物的生产，其配比应严格控制在爆炸极限范围以外。如果工艺条件允许，可以添加水蒸气、氮气等惰性气体进行稀释。

投料速度太快时，除影响反应速率和温度之外，还可能造成尾气吸收不完全，引起毒气或可燃性气体外逸。某农药厂乐果生产硫化岗位，由于投料速度太快，使硫化氢尾气来不及吸收而外逸，引起中毒事故。

当反应温度不正常时，要准确判断原因，不能随意采用补加反应物的办法来提高反应温度，更不能采用增加投料量然后再补热的办法。

另一个值得注意的问题是投料顺序问题。例如氯化氢合成应先投氢后投氯；三氯化磷生产应先投磷后投氯；磷酸酯与甲胺反应时，应先投磷酸酯，再滴加甲胺等。反之就可能发生爆炸。

加料过少也可能引起事故。有两种情况，一是加料量少，使温度计接触不到料面，温度指示出现假象，导致判断错误，引起事故；另一种情况是物料的气相与加热面接触（夹套、蛇管加热面）不良，可使易于热分解的物料局部过热分解，同样会引起事故。

4. 杂质超标和副反应的控制

反应物料中危险杂质超标导致副反应、过反应的发生，造成燃烧或爆炸。因此，化工生产原料、成品的质量及包装的标准是保证生产安全的重要条件。

反应原料气中，如果有害气体不清除干净，在物料循环过程中，就会越积越多，最终导致爆炸。有害气体除采用吸收清除的方法之外，还可以在工艺上采取措施，不使之积累。例如高压法合成甲醇，在甲醇分离器之后的气体管道上设置放空管，通过控制放空量以保证系统中有用气体的比例。这种将部分反应气体放空或进行处理的方法也可以用来防止其他爆炸性介质的积累。

有时为了防止某些有害杂质的存在引起事故，还可以采用加稳定剂的办法。如氰化氢在常温下呈液态，储存中必须使其所含水分低于 1%，然后装入密闭容器中，储存于低温处。

为了提高氰化氢的稳定性，常加入浓度为 $0.001\% \sim 0.5\%$ 的硫酸、磷酸及甲酸等酸性物质作为稳定剂或吸附在活性炭上加以保存。

有些反应过程应该严格控制，使其反应完全、彻底。成品中含有大量未反应的半成品，也是导致事故的原因之一。

有些过程要防止过反应的发生。许多过反应生成物是不稳定的，往往引起事故。如三氯化磷生产中将氯气通入到黄磷中，生成的三氯化磷沸点低（75℃），很容易从反应锅中除去。假如发生过反应，生成固体的五氯化磷，在 100℃ 时才升华，但化学活性较三氯化磷高得多。由于黄磷的过氧化而发生的爆炸事故已有发生。

对有较大危险的副反应物，要采取措施不让其在贮罐内长久积聚。例如液氯系统往往有三氯化氮存在。目前，液氯包装大多采用液氯加热气化进行灌装，这种操作不仅使整个系统处于较高压力状态，而且气化器内也易导致三氯化氮累积，采用泵输送可以避免这种情况。

三、自动控制与安全联锁

自动化系统按其功能分为四类。

1. 自动检测系统

对机器、设备及过程自动进行连续检测，把工艺参数等变化情况显示或记录出来的自动化系统。从信号连接关系上看，对象的参数如压力、流量、液位、温度、物料成分等信号送往自动装置，自动装置将此信号变换、处理并显示出来。

2. 自动调节系统

通过自动装置的作用，使工艺参数保持为定值的自动化系统。工艺系统保持给定值是稳定正常生产所要求的。从信号连接关系上看，欲了解参数是否在给定值上，就需要进行检测，即把对象的信号送往自动装置，与给定值比较后，将一定的命令送往对象，驱动阀门产生调节动作，使参数趋近于给定值。

3. 自动操纵系统

对机器、设备及过程的启动、停止及交换、接通等工序，由自动装置进行操纵的自动化系统。操作人员只要对自动装置发出指令，全部工序即可自动完成，可以有效地降低操作人员的工作强度，提高操作的可靠性。

4. 自动信号、联锁和保护系统

机器、设备及过程出现不正常情况时，会发出警报或自动采取措施，以防事故，保证安全生产的自动化系统。有一类仅仅是发出报警信号的，这类系统通常由电接点、继电器及声光报警装置组成。当参数超出容许范围后，电接点使继电器动作，利用声光装置发出报警信号。另一类是不仅报警，而且自动采取措施。例如，当参数进入危险区域时，自动打开安全阀，或在设备不能正常运行时自动停车，或将备用的设备接入等。这类系统通常也由电接点及继电器等组成。

上述四种系统都可以在生产操作中起到控制作用。自动检测系统和自动操纵系统主要是使用仪表和操纵机构，若需调节则尚需人工操作，通常称为"仪表控制"。自动调节系统，则不仅包括检测和操作，还包括通过参数与给定值的比较和运算而发出的调节作用，因此也称为"自动控制"。

第二部分　能力的培养——典型事故案例及分析

一、某化工厂"5·11"爆炸事故

事故原因：酸置换操作使系统硝酸过量，导致一硝化系统发生过硝化反应，过硝化反应放出大量的热无法移出，导致硝化物在高温下发生爆炸。

2007年5月11日13时28分，某化工厂TDI车间硝化装置发生爆炸事故，造成5人死亡，80人受伤，其中14人重伤，厂区内供电系统严重损坏，附近村庄几千名群众疏散转移。

该厂TDI生产装置于1999年9月建成投产。该公司主要产品为甲苯二异氰酸酯（TDI），年生产能力2万吨，2005年进行扩能改造，生产能力达到3万吨/年。

发生事故的TDI车间由硝化工段、氢化工段和光气化工段三部分组成。硝化工段是在原料二甲苯中加入混硝酸和硫酸经两段硝化生成二硝基甲苯，二硝基甲苯与氢气发生氢化反应生成甲苯二胺，甲苯二胺以邻二氯苯作溶剂制成邻苯二胺溶液，再与光气进行光气化反应生成最终产品甲苯二异氰酸酯（TDI）。

1. 事故简要经过

2007年5月10日16时许，由于蒸汽系统压力不足，氢化和光气化装置相继停车。20时许，硝化装置由于二硝基甲苯储罐液位过高而停车，由于甲苯供料管线手阀没有关闭，调节阀内漏，导致甲苯漏入硝化系统。22时许，氢化和光气化装置正常后，硝化装置准备开车时发现硝化反应深度不够，生成黑色的配合物，遂采取酸置换操作。该处置过程持续到5月11日10时54分，历时约12h。此间，装置出现明显的异常现象：一是一硝基甲苯输送泵多次跳车；二是一硝基甲苯储槽温度高（有关人员误认为仪表不准）。期间，由于二硝基甲苯储罐液位降低，导致氢化装置两次降负荷。

5月11日10时54分，硝化装置开车，负荷逐渐提高到42%。13时02分，厂区消防队接到报警：一硝基甲苯输送泵出口管线着火，13时07分厂内消防车到达现场，与现场人员一起将火迅速扑灭。13时08分系统停止投料，现场开始准备排料。13时27分，一硝化系统中的静态分离器、一硝基甲苯储槽和废酸罐发生爆炸，并引发甲苯储罐起火爆炸。

2. 事故原因调查分析

（1）事故的直接原因　这次爆炸事故的直接原因是一硝化系统在处理系统异常时，酸置换操作使系统硝酸过量，甲苯投料后，导致一硝化系统发生过硝化反应，生成本应在二硝化系统生成的二硝基甲苯和不应产生的三硝基甲苯（TNT）。因一硝化静态分离器内无降温功能，过硝化反应放出大量的热无法移出，静态分离器温度升高后，失去正常的分离作用，有机相和无机相发生混料。混料流入一硝基甲苯储槽和废酸储罐，并在此继续反应，致使一硝化静态分离器和一硝基甲苯储槽温度快速上升，硝化物在高温下发生爆炸。

（2）管理上存在的问题

① 生产、技术管理混乱，工艺参数控制不严，异常工况处理时没有严格执行工艺操作规程；在生产装置长时间处于异常状态、工艺参数出现明显异常的情况下，未能及时采取正确的技术措施，导致事故发生。

② 人员技术培训不够，技术人员不能对装置的异常现象综合分析，做出正确的判断；操作人员对异常工况处理缺乏经验。

二、某黄金冶炼有限公司氰化氢泄漏

2004 年 4 月 20 日 18 时许，某黄金冶炼有限公司发生氰化氢泄漏事故，造成 3 人死亡、10 人中毒。

1. 基本情况

（1）单位基本情况 某黄金冶炼有限公司主要以冶炼黄金为主，占地面积 43.5 亩，厂内现有职工 143 人。1990 年 5 月建厂，1991 年 11 月正式投入生产，曾有过连续六年年产黄金 1000kg，年产值近亿元的历史，是全国十四家重点黄金冶炼企业之一。2000 年以后由于外购矿石供应不足等原因，效益下降，设备老化，现在处于半停产状态。

该厂采用湿法冶炼工艺，工艺设备属于国内先进水平。其主要生产工艺流程为

原矿石→破碎→磨矿→氰化浸出→吸附→解吸电积、冶炼铸锭、尾矿压滤→尾矿库存放

由于生产过程中含氰溶液中有杂质不断积累，会降低浸金效率，必须定期净化除杂。该厂是采用酸化处理，其方法是向含氰贫液中加入浓硫酸将贫液的 pH 值降至 2.8～3，使杂质沉淀，这时候贫液中的氰化钠生成氰化氢（沸点仅 26℃，极易挥发），然后再对挥发的氰化氢用氢氧化钠碱液（NaOH）中和吸收，使游离的氰化氢还原成氰化钠溶液后返回工艺流程中浸金使用。上述过程全部是在密闭系统中循环进行的，正常情况下氰化氢气体不可能发生泄漏。

（2）事故基本情况及事故原因 事故的发生，是由于在酸化处理过程中，操作人员在中间槽内加碱量不足，导致含有大量氰化氢的酸性溶液流入敞开的泵槽，而循环泵又未及时开启，致使含有氰化氢的酸性溶液由泵槽向外大量溢出，产生的氰化氢气体浓度很高，而且通风不畅，造成现场操作工人 3 人死亡、1 人中毒，抢救中毒人员过程中由于处置不当又造成 9 人中毒，共计造成 3 人死亡、10 人中毒，是全国最严重的氰化氢毒气泄漏事故。

氰化物的危害特点：氰化物是一种含有氰基（CN^-）的强配合剂，因此氰化物被大量用于氰化提金、电镀金属、合成橡胶和染料工业。含氰的废水如果处理方法不当会产生氰化氢气体逸出，通过皮肤接触或通过呼吸使人畜中毒死亡。

2. 灾害特点

（1）现场毒性大 氢氰酸为无色液体，氰化氢为无色气体，伴有轻微的苦杏仁气味。分子式 HCN，相对分子质量 27.03，相对密度（20℃）0.6876，熔点 -14℃，沸点 26℃，闪点约 17.8℃，蒸气密度 0.94，蒸气压（760mmHg 25.8℃）101.31kPa。蒸气与空气混合物爆炸极限 5.6%～40%，易溶于水、乙醇，微溶于乙醚，水溶液呈弱酸性。空气中最高容许浓度为 0.3mg/m³。浓度达到 300mg/m³，使人立即死亡；200mg/m³，10min 后死亡；120～150mg/m³，有生命危险，一般在 1h 内死亡，遇火种有燃烧爆炸危险。氢氰酸属高毒物质，中毒作用主要通过 CN^- 发生，属全身性中毒毒物。

（2）氰化氢泄漏量大 事故厂房面积约 50m²，地面存留有毒液体 10～20cm 深。溢出的液体流淌到车间外的地面长约 250m，最宽处 20m，估计约有 30t，而车间内有三个储罐中还存有 30t 有毒液体。

（3）对现场周围的水源构成了严重威胁 事故单位某黄金冶炼有限公司地处雁栖湖和雁栖河上游，根据北京市水利局和北京市防汛抗旱指挥部有关文件，雁栖湖现已被列入向市区调水的水源地之一，而且北京市应急备用井也在这一地区。事故发生后，30t 含有氰化氢的

有毒液体泄漏外溢并蔓延厂区外 250m 处，最宽处达 20m。方圆 500m² 范围内空气中有毒成分含量严重超标，厂区周围植物大量枯死。如果泄漏事故得不到及时有效地控制或处置不当，就极有可能使厂内 1300t 含有氰化钠的有毒液体泄漏外溢流入雁栖河，造成北京市饮用水源被污染，后果不堪设想。

复习思考题

1. 化工生产中，有哪些重要的工艺参数需要控制？
2. 简述温度参数安全控制的要点。
3. 简述压力参数安全控制的要点。
4. 为了保证安全生产，对投料速度和配比有哪些要求？

模块三 化学反应过程安全技术

【学习目标】 了解化学反应的危险性，掌握常见的化学反应的危险性分析和安全技术。学会对化学反应事故的案例分析。

第一部分 知识的学习

化工生产过程就是通过有控制的化学反应改变物质的物理化学性质的过程。一方面，化学反应过程本身存在着危险性；另一方面，化学反应生成的新物质又出现了新的危险性。认识各种化学反应过程的危险性质，才能有针对性地采取安全对策措施。

热危险性是化工生产过程中可能造成反应失控的最典型表现。过度的反应放热超过了反应器冷却能力的控制极限，导致喷料，反应器破坏，甚至燃烧、爆炸等事故。因此，掌握热危险性的规律是实现化工生产过程安全的关键。

不同的化学反应，具有不同的原料、产品、工艺流程、控制参数，其危险性也呈现不同的水平。化学反应的危险性一般表现为如下几种情况。

① 有本质上不稳定物质存在的化学反应，这些不稳定物质可能是原料、中间产物、成品、副产品、添加物或杂质等。

② 放热的化学反应。

③ 含有易燃物料且在高温、高压下运行的化学反应。

④ 含有易燃物料且在冷冻状况下运行的化学反应。

⑤ 在爆炸极限内或接近爆炸极限反应的化学反应。

⑥ 有可能形成尘雾爆炸性混合物的化学反应。

⑦ 有高毒物料存在的化学反应。

⑧ 储有压力能量较大的化学反应。

在化工生产过程中，比较危险的化学反应主要有：燃烧、氧化、加氢、还原、聚合、卤化、硝化、缩合、烷基化、胺化、芳化、重氮化、电解、催化、裂化、磺化、酯化、闭环、中和、酰化、盐析、脱溶、水解、耦合等。

这些化学反应按其热反应的危险性程度增加的次序可分为四类。

1. 第一类化工过程

① 加氢。将氢原子加到双键或三键的两侧。

② 异构化。在一个有机物分子中原子的重新排列，如直链分子变为支链分子。

③ 水解。化合物和水反应，如从硫或磷的氧化物生产硫酸或磷酸。

④ 磺化。通过与硫酸反应将 SO_3H^- 导入有机物分子。

⑤ 中和。酸与碱反应生产盐和水。

2. 第二类化工过程

① 烷基化。将一个烷基原子团加到一个化合物上形成某种有机化合物。

② 氧化。某些物质与氧化合，反应控制在不生成 CO_2 及 H_2O 的阶段，采用强氧化剂

如氯酸盐、酸、次氯酸及其盐时，危险性较大。

③ 酯化。酸与醇或不饱和烃反应，当酸是强活性物料时，危险性增加。

④ 聚合。分子连接在一起形成链或其他连接方式。

⑤ 缩聚。连接两种或更多的有机物分子，析出水、HCl 或其他化合物。

3. 第三类化工过程

卤化等反应，将卤族原子（氟、氯、溴或碘）引入有机分子。

4. 第四类化工过程

硝化等，用硝基取代有机化合物中的氢原子。

危险反应过程的识别，不仅应考虑主反应还需考虑可能发生的副反应、杂质或杂质积累所引起的反应，以及对构造材料腐蚀产生的腐蚀产物引起的反应等。

氧化、还原、硝化等化学反应是化工生产中最常见的化学反应。这些化学反应有不同的工艺条件、操作规程和不同的安全技术。

一、氧化反应

1. 氧化反应特点及反应过程不安全因素分析

氧化过程在化学工业中有广泛的应用，如氨氧化制硝酸；甲醇氧化制甲醛；乙烯氧化制环氧乙烷等。由于被氧化的物质大多都是易燃易爆危险化学品，而反应过程中又常以空气和氧为氧化剂，反应体系随时都可以形成爆炸性混合物。例如乙烯氧化制环氧乙烷，乙烯在氧气中的爆炸下限为 91%，即含氧量 9%。反应体系中氧含量要求严格控制在 9% 以下，其产物环氧乙烷在空气中的爆炸极限很宽，为 3%～100%；同时，反应放出大量的热增加了反应体系的温度，在高温下，由乙烯、氧和环氧乙烷组成的循环气具有更大的爆炸危险性。

氧化反应是强放热反应，特别完全氧化反应，放出的热量比部分氧化反应大 8～10 倍。所以及时有效地移走反应热是一个非常关键的问题。

对于强氧化剂，如高锰酸钾、氯酸钾、铬酸钾、过氧化氢、过氧化苯甲酰等。由于具有很强的助燃性，遇高湿或受撞击、摩擦以及与有机物、酸类接触，都能引起燃烧或爆炸。

有机过氧化物不仅具有很强的氧化性，而且大部分是易燃物质，有的对温度特别敏感，遇高温则爆炸。

2. 氧化反应过程安全控制技术

（1）氧化的温度控制　氧化反应需要加热，反应过程又会放热，特别是催化气相氧化反应一般都是在 250～600℃ 的高温下进行。有的物质的氧化，如氨在空气中的氧化和甲醇蒸气在空气中的氧化，其物料配比接近爆炸下限，倘若配比失调，温度控制不当，极易爆炸起火。

（2）氧化物质的控制　被氧化的物质大部分是易燃易爆物质，如乙烯氧化制取环氧乙烷。工业上采用加入惰性气体（如氮气、二氧化碳或甲烷等）的方法，来改变循环气的成分，缩小混合气的爆炸极限，增加反应体系的安全性；其次，这些惰性气体具有较高的比热容，能有效地带走部分反应热，增加反应系统的稳定性。

还有甲苯氧化制取苯甲酸，甲苯是易燃液体，其蒸气易与空气形成爆炸性混合物，爆炸极限为 1.2%～7%；甲醇氧化制取甲醛，甲醇是易燃液体，其蒸气与空气的爆炸极限是 6%～36.5%。

氧化剂具有很大的火灾危险性。因此，在氧化反应中，一定要严格控制氧化剂的配料比，氧化剂的加料速度也不宜过快。要有良好的搅拌和冷却装置，防止升温过快、过高。另外，要防止因设备、物料含有的杂质为氧化剂提供催化剂，例如有些氧化剂遇金属杂质会引起分解。使用空气时一定要净化，除掉空气中的灰尘、水分和油污。

氧化产品有些也具有火灾危险性，在某些氧化反应过程中还可能生成危险性较大的过氧化物，如乙醛氧化生产乙酸的过程中有过乙酸生成，性质极不稳定，受高温、摩擦或撞击就会分解或燃烧。对某些强氧化剂，如环氧乙烷是可燃气体；硝酸不仅是腐蚀性物质，也是强氧化剂；含有 36.7％的甲醛溶液是易燃液体，其蒸气的爆炸极限为 7.7％～73％。

（3）氧化过程的控制　在催化氧化过程中，无论是均相或是非均相的，都是以空气或纯氧为氧化剂，可燃的烃或其他有机物与空气或氧的气态混合物在一定的浓度范围内，如引燃就会发生分支连锁反应，火焰迅速蔓延，在很短时间内，温度急速增高，压力也会剧增，而引起爆炸。氧化过程中如以空气和纯氧作氧化剂时，反应物料的配比应控制在爆炸范围之外。空气进入反应器之前，应经过气体净化装置，清除空气中的灰尘、水汽、油污以及可使催化剂活性降低或中毒的杂质以保持催化剂的活性，减少起火和爆炸的危险。

氧化反应接触器有卧式和立式两种，内部填装有催化剂。一般多采用立式，因为这种形式催化剂装卸方便，而且安全。

催化气相氧化反应一般都是在 250～600℃的高温下进行的，由于反应放热，应控制适宜的温度、流量，防止超温、超压和混合气处于爆炸范围内。为了防止氧化反应器在万一发生爆炸或燃烧时危及人身和设备安全，在反应器前后管道上应安装阻火器，阻止火焰蔓延，防止回火，使燃烧不致影响其他系统。为了防止反应器发生爆炸，还应装有泄压装置。对于工艺参数控制，应尽可能采用自动控制或自动调节以及警报联锁装置。

使用硝酸、高锰酸钾等氧化剂进行氧化时要严格控制加料速度，防止多加、错加。固体氧化剂应该粉碎后使用，最好呈溶液状态使用，反应时要不间断地搅拌。

使用氧化剂氧化无机物，如使用氯酸钾氧化制备铁蓝颜料时，应控制产品烘干温度不超过燃点，在烘干之前用清水洗涤产品，将氧化剂彻底除净，防止未起反应的氯酸钾引起烘干物料起火。有些有机化合物的氧化，特别是在高温下的氧化反应，在设备及管道内可能产生焦化物，应及时清除以防自燃，清焦一般在停车时进行。

氧化反应使用的原料及产品，应按有关危险品的管理规定，采用相应的防火措施，如隔离存放、远离火源、避免高温和日晒、防止摩擦和撞击等。如是电介质的易燃液体或气体，应安装能消除静电的接地装置。在设备系统中宜设置氮气、水蒸气灭火装置，以便能及时扑灭火灾。

3. 过氧化物的特点及安全技术

不稳定和反应能力强是有机过氧化物具有的特点，因此处理有机过氧化物具有更大的危险性。在有机过氧化物分子中含有过氧基，过氧基不稳定，易断裂生成含有未成对电子的活泼自由基。自由基具有显著的反应性、遇热不稳定性和较低的活化能，且只能暂时存在。当自由基周围有其他基团和分子时，自由基就会与其作用，形成新的分子和基团。例如，当加热时以及在可变价金属离子、胺、硫化物等化合物作用下，有机过氧化物不仅在合成时，而且在使用时均会发生分解。由于过氧化物分解生成的自由基都具有较高的能量，当在某一反应系统中大量存在时，则自由基之间相互碰撞或自由基与器壁碰撞，就会释放出大量的热量。再加上有机过氧化物本身易燃，因此就会形成由于高温引起有机过氧化物的自燃，而自燃又产生更高的热量，致使整个反应体系的反应速率加快，体积迅速膨胀，最后导致反应体系的爆炸。

有机过氧化物可分为 6 种主要类型：过氧化氢、过氧化物、羰基化合物的过氧化衍生物、过醚、二乙酚过氧化物和过酸。有机过氧化物的稳定性取决于它们的分子结构。各类过氧化物稳定性的变化程序为：酮的过氧化物＜二乙醚过氧化物＜过醚＜二羟基过氧化物。每一类过氧化物的低级同系物对不同类化合物的作用比高级同系物更敏感。

有机过氧化物是固态或液态产品，极少是气态产品，它们在常温下均会爆炸。各种有机过氧化物的爆炸能力很不一样，例如二甲基乙烯酮的过氧化物在－80℃时就会爆炸。

多数过氧化物很容易燃烧，是一类有着火灾危险性的化合物。过氧化物不具有直接易爆危险，其着火危险性通常是由它的分解产品造成的。所以最好对分解产品进行分析，以弄清它们的燃烧能力。加热、机械作用或传爆（detonation transmission）会引起分解自行加速。这时，过氧化物的易爆性会提高。

过氧化物易爆性的特点是具有爆炸力，并对机械和热的作用很敏感。过氧化物的爆炸力比通常的爆炸物要低得多。但是，过氧化物爆炸时的传爆扩散速度相当快，而某些过氧化物对冲击的敏感性与引爆物质相接近。

过氧化物的易燃易爆性质取决于许多因素：过氧化物的类型、在过氧化物组成中活性氧的含量、过氧化物的浓度及其物态等。所以对每种过氧化物的生产、储存、处理和包装的条件都应该单独研究。在工业规模中使用过氧化物以前，生产负责人就应该确认在操作过程中采用的有关处理过氧化物的措施不会导致爆炸和燃烧。生产和加工其他过氧化物也会产生因过热而爆炸的危险性，因为多数有机过氧化物的热稳定性都差。

过氧化物不应该与对它起分解作用很大的物质混合。夹杂有活性添加料的过氧化物应该从使用过程中取出并销毁。过氧化物输送和包装时，需要特别小心和认真。不应该采用不适用于这类产品的和不常用的包装容器。过氧化物最好保存在玻璃或聚乙烯包装容器中。保证出厂包装不会使产品污染。

在过氧化物中添加合适的溶剂是工业上减少爆炸危险最常用的方法。不燃的溶剂或燃烧性不如过氧化物的溶剂能降低过氧化物的易燃性，但是，即使以这种形式制备的过氧化物仍需要十分注意，因为当冷却、长期保存时或随溶液和糊状物带入其他物质时，会产生固体纯过氧化物沉淀。降低包装容器密封程度，如采用易泄爆容器，限制每个容器中的物料量，将能容纳若干容器的储柜中存放的各组容器分开和隔离，这些办法也可以降低危险性。

储存和运输过氧化氢溶液和固体过氧化物必须记住：所有含活性氧的化合物在一定条件下均易分解。浓过氧化物具有很强的氧化性能，与有机物质接触时会着火。因为过氧化物被碱、盐、重金属化合物污染或与粗糙表面接触时均会加速分解，所以设备和容器应当非常清洁。储存和运输过氧化物应该采用非金属材料（玻璃、陶瓷、石英等）容器。对过氧化氢作用最稳定的是玻璃。过氧化氢在光作用下能分解，所以必须保存在阴暗处或深色玻璃瓶中。过氧化氢最好存放在冷环境中。

二、还原反应

1. 还原反应及特点

还原反应种类很多，但多数还原反应的反应过程比较缓和。常用的还原剂有铁、硫化钠、亚硫酸盐（亚硫酸钠、亚硫酸氢钠）、锌粉、保险粉、分子氢等。有些还原反应会产生氢气或使用氢气，有些还原剂和催化剂有较大的燃烧、爆炸危险性。

2. 几种危险性大的还原反应及其安全技术

(1) 利用初生态氢还原 利用铁粉、锌粉等金属和酸、碱作用产生初生态氢，起还原作用，如硝基苯在盐酸溶液中被铁粉还原成苯胺。

铁粉和锌粉在潮湿空气中遇酸性气体时可能引起自燃，在储存时应特别注意。反应时酸、碱的浓度要控制适宜，浓度过高或过低均使产生初生态氢的量不稳定，使反应难以控制。反应温度也不易过高，否则容易突然产生大量氢气而造成冲料。反应过程中应注意搅拌效果，以防止铁粉、锌粉下沉。一旦温度过高，底部金属颗粒翻动，将产生大量氢气而造成冲料。反应结束后，反应器内残渣中仍有铁粉、锌粉在继续作用，不断放出氢气，很不安全，应放入室外储槽中，加冷水稀释，槽上加盖并设排气管以导出氢气。待金属粉消耗殆尽，再加碱中和。若急于中和，则容易产生大量氢气并生成大量的热，将导致燃烧爆炸。

(2) 催化加氢还原 有机合成等过程中，常用雷尼镍（Raney-Ni）、钯炭等为催化剂使氢活化，然后加入有机物质的分子中进行还原反应。如苯在催化作用下，经加氢生成环己烷。

$$\bigcirc + 3H_2 \xrightarrow{\text{镍催化剂}} \begin{array}{c} H_2 \\ C \\ H_2C \quad CH_2 \\ | \quad\quad | \\ H_2C \quad CH_2 \\ C \\ H_2 \end{array}$$

催化剂雷尼镍和钯炭在空气中吸潮后有自燃的危险，即使没有火源存在，也能使氢气和空气的混合物发生爆炸、燃烧。因此，用它们来活化氢气进行还原反应时，必须先用氮气置换反应器内的全部空气，经测定证实含氧量降低到符合要求后，方可通入氢气。反应结束后，应先用氮气把反应器内的氢气置换干净，方能打开孔盖出料，以免外界空气与反应器内的氢气相混，在雷尼镍催化作用下发生燃烧、爆炸。钯炭更易自燃，雷尼镍和钯炭平时不能暴露在空气中，而要浸在酒精中储存。钯炭回收时要用酒精及清水充分洗涤，过滤抽真空时不得抽得太干，以免氧化着火。

无论是利用初生态氢还原，还是用催化加氢，都是在氢气存在下，并在加热、加压条件下进行。氢气的爆炸极限为 $4\% \sim 75\%$，如果操作失误或设备泄漏，都极易引起爆炸。操作中要严格控制温度、压力和流量。厂房的电气设备必须符合防爆要求，且应采用轻质屋顶，开设天窗或风帽，使氢气易于飘逸。尾气排放管要高出房顶并设阻火器。加压反应的设备要配备安全阀，反应中产生压力的设备要装设爆破片。

高温高压下的氢对金属有渗碳作用，易造成氢腐蚀，所以，对设备和管道的选材要符合要求，对设备和管道要定期检测，以防发生事故。

(3) 使用其他还原剂还原 常用还原剂中火灾危险性大的还有硼氢类、四氢化锂铝、氢化钠、保险粉（连二亚硫酸钠 $Na_2S_2O_4$）、异丙醇铝等。常用的硼氢类还原剂为硼氢化钾和硼氢化钠，硼氢化钾通常溶解在液碱中比较安全。它们都是遇水燃烧物质，在潮湿的空气中能自燃，遇水和酸即分解放出大量的氢，同时产生大量的热，可使氢气燃爆。要储存于密闭容器中，置于干燥处。在生产中，调节酸、碱度时要特别注意防止加酸过多、过快。

四氢化锂铝有良好的还原性，但遇潮湿空气、水和酸极易燃烧，应浸没在煤油中储存。使用时应先将反应器用氮气置换干净，并在氮气保护下投料和反应。反应热由油类冷却剂取走，不应用水，防止水漏入反应器内发生爆炸。

用氢化钠作还原剂与水、酸的反应与四氢化锂铝相似，它与甲醇、乙醇等反应相当激烈，有燃烧、爆炸的危险。

保险粉是一种还原效果不错且较为安全的还原剂，它与水发热，在潮湿的空气中能分解析出黄色的硫黄蒸气。硫黄蒸气自燃点低，易自燃。使用时应在不断搅拌下，将保险粉缓缓溶于冷水中，待溶解后再投入反应器与物料反应。

异丙醇铝常用于高级醇的还原，反应较温和。但在制备异丙醇铝时需加热回流，将产生大量氢气和异丙醇蒸气，如果铝片或催化剂氯化铝的质量不佳，反应就不正常，往往先是不反应，温度升高后又突然反应，引起冲料，增加了燃烧、爆炸的危险性。

还原反应的中间体，特别是硝基化合物还原反应的中间体具有一定的火灾危险。例如，邻硝基苯甲醚还原为邻氨基苯甲醚的过程中，产生氧化偶氮苯甲醚，该中间体受热到150℃能自燃。苯胺在生产中如果反应条件控制不好，可以生成爆炸危险性很大的环己胺。

在还原过程中采用危险性小而还原性强的新型还原剂对安全生产很有意义。例如，用硫化钠代替铁粉还原，可以避免氢气产生，同时也消除了铁泥堆积的问题。

三、卤化反应

卤族元素氟、氯、溴、碘具有重要的工业价值。氯的衍生物尤为重要。卤化反应为强放热反应，氟化反应放热最强。在液相、气相加成或取代中进行的链式反应在相当宽的浓度范围都能产生爆炸。另外卤素的腐蚀作用也是一个尚未解决的难题。

1. 氯化反应

以氯原子取代有机化合物中氢原子的过程称为氯化反应。化工生产中的这种取代过程是直接用氯化剂处理被氯化的原料。

在被氯化产物中，比较重要的有甲烷、乙烷、戊烷、天然气、苯、甲苯及萘等。被广泛应用的氯化剂有：液态或气态的氯、气态氯化氢和各种浓度的盐酸、磷酰氯（三氯氧化磷）、三氯化磷、硫酰氯（二氯硫酰）、次氯酸钙（漂白粉）等。

在氯化过程中，不仅原料与氯化剂发生作用，而且所生成的氯化衍生物与氯化剂也同时发生作用，因此在反应物中除一氯取代物之外，总是含有二氯及三氯取代物。所以氯化的反应物是各种不同浓度的氯化产物的混合物。氯化过程往往伴有氯化氢气体的生成。

影响氯化反应的因素是被氯化物及氯化剂的化学性质、反应温度及压力（压力影响较小）、催化剂向反应物的聚集状态等。氯化反应是在接近大气压下进行的，多数稍高于大气压或者比大气压稍低，以促使气体氯化氢逸出。真空度常常通过在氯化氢排出导管上设置喷射器来实现。

（1）工业上采用的氯化方法

① 热氯化法。热氯化法是以热能激发氯分子，使其分解成活泼的氯自由基进而取代烃类分子中的氢原子，而生成各种氯衍生物。工业上将甲烷氯化制取各种甲烷氯衍生物，丙烯氯化制取 α-氯丙烯，均采用热氯化法。

② 光氯化。光氯化是以光能激发氯分子，使其分解成氯自由基，进而实现氯化反应。光氯化法主要应用于液氯相氯化，例如，苯的光氯化制备农药等。

③ 催化氯化法。催化氯化法是利用催化剂以降低反应活化能，促使氯化反应的进行。在工业上均相和非均相的催化剂均有采用，例如将乙烯在 $FeCl_2$ 催化剂存在下与氯加成制取二氯乙烷，乙炔在 $HgCl_2$ 活性炭催化剂存在下与氯化氢加成制取氯乙烯等。

④ 氧氯化法。氧氯化法以 HCl 为氯化剂，在氧和催化剂存在下进行的氯化反应，称为

氧氯化反应。

生产含氯衍生物所用的化学反应有取代氯化和加成氯化。

(2) 氯化反应安全技术要点

① 氯气的安全使用。最常用的氯化剂是氯气。在化工生产中，氯气通常液化储存和运输。常用的容器有储罐、气瓶和槽车等。储罐中的液氯在进入氯化器使用之前必须先进入蒸发器使其气化，在一般情况下不能把储存氯气的气瓶或槽车当储罐使用，因为这样有可能使被氯化的有机物质倒流进气瓶或槽车，引起爆炸。对于一般氯化器应装设氯气缓冲罐，防止氯气断流或压力减小时形成倒流。

② 氯化反应过程的安全。氯化反应的危险性主要取决于被氯化物质的性质及反应过程的控制条件。由于氯气本身的毒性较大，储存压力较高，一旦泄漏是很危险的。反应过程所用的原料大多是有机物，易燃易爆，所以生产过程同样有燃烧爆炸危险，应严格控制各种点火能源，电气设备应符合防火防爆的要求。

氯化反应是一个放热过程，尤其在较高温度下进行氯化，反应更为激烈。例如环氧氯丙烷生产中，丙烯预热至300℃左右进行氯化，反应温度可升至500℃，在这样高的温度下，如果物料泄漏就会造成燃烧或引起爆炸。因此，一般氯化反应设备有良好的冷却系统，并严格控制氯气的流量，以避免因氯流量过快，温度剧升而引起事故。

液氯的蒸发气化装置，一般采用汽水混合办法进行降温，加热温度一般不超过50℃，汽水混合的流量可以采用自动调节装置。在氯气的入口处，应当备有氯气的计量装置，从钢瓶中放出氯气时可以用阀门来调节流量。但阀门开得太大，一次放出大量气体时，由于气化吸热的缘故，液氯被冷却了，瓶口处压力因而降低，放出速度则趋于缓慢，其流量往往不能满足需要，此时在钢瓶外面通常附着一层白霜，因此若需要气体氯流量较大时，可并联几个钢瓶，分别由各钢瓶供气，就可避免上述问题。若采用此法氯气量仍不足时，可将钢瓶的一端置于温水中加温。

由于氯化反应几乎都有氯化氢气体生成，因此所用的设备必须防腐蚀，设备应严密不漏。氯化氢气体可回收，这是较为经济的。氯化氢气体极易溶于水中，通过增设吸收和冷却装置就可以除去尾气中绝大部分氯化氢。除用水洗涤吸收之外，也可以采用活性炭吸附和化学处理方法。采用冷凝方法较合理，但要消耗一定的冷量。采用吸收法时，则需用蒸馏方法将被氯化原料分离出来，再次处理有害物质。为了使逸出的有毒气体不致混入周围的大气中，采用分段碱液吸收器将有毒气体吸收。与大气相通的管子上，应安装自动信号分析器，借以检查吸收处理进行的是否完全。

2. 氟化

氟是最活泼得元素，其反应最难以控制。氟与烃类的直接反应很剧烈，常引起爆炸，并伴有不需要的C—C键的断裂。应特别注意，氟和其他物质间极易形成新键，并释放出大量的热。气相反应一般要用惰性气体稀释。

3. 溴化和碘化

反应类似氯化，但反应条件要缓和得多。

四、硝化反应

有机化合物分子中引入硝基取代氢原子而生成硝基化合物的反应，称为硝化反应。常用的硝化剂是浓硝酸或浓硝酸与浓硫酸的混合物（俗称混酸）。硝化反应是生产染料、药物及某些炸药的重要反应。

硝化反应使用硝酸作硝化剂，浓硫酸为催化剂，也有使用氧化氮气体做硝化剂的。一般的硝化反应是先把硝酸和硫酸配成混酸，然后在严格控制温度的条件下将混酸滴入反应器，进行硝化反应。

硝化过程中硝酸的浓度对反应温度有很大的影响。硝化反应是强烈放热的反应，因此硝化需在降温条件下进行。

对于难硝化的物质以及制备多硝基物时，常用硝酸盐代替硝酸。先将被硝化的物质溶于浓硫酸中，然后在搅拌下将某种硝酸盐（硝酸钾、硝酸钠、硝酸铵）渐渐加入浓酸溶液中。除此之外，氧化氮也可以做硝化剂。

1. 硝化反应的危险性分析

硝化反应是放热反应，温度越高，硝化反应速率越快，放出的热量越多，极易造成温度失控而爆炸。所以硝化反应器要有良好的冷却和搅拌，不得中途停水断电及搅拌系统发生故障。

要有严格的温度控制系统及报警系统，遇有超温或搅拌故障，能自动报警并自动停止加料。反应物料不得有油类、酸酐、甘油、醇类等有机杂质，含水也不能过高，否则与酸易发生燃烧爆炸。

硝基化合物一般都具有爆炸危险性，特别是多硝基化合物，受热或摩擦、撞击都可能引起爆炸。所用的原料甲苯、苯酚等都是易燃易爆物质，硝化剂浓硫酸和浓硝酸所配制的混合酸具有强烈的氧化性和腐蚀性，硝化产物一般都具有强烈的爆炸性。硝酸蒸气对呼吸道有强烈的刺激作用，硝酸易分解出氧化氮（特别是二氧化氮）。二氧化氮除对呼吸道有刺激作用外，二氧化氮能使血压下降、血管扩张。一氧化氮对神经系统有麻醉作用。硝基化合物的蒸气和粉尘毒性都很大，不仅在吸入时能渗入人的机体，而且还能透过皮肤进入人体内。硝基化合物严重中毒时，会使人失去知觉。

硝化产物具有爆炸性，因此处理硝化物时要格外小心。应避免摩擦、撞击、高温、日晒，不能接触明火、酸、碱。泄料时或处理堵塞管道时，可用蒸汽慢慢疏通，千万不能用金属棒敲打或明火加热。拆卸的管道、设备应移至车间外安全地点，用水蒸气反复冲洗，刷洗残留物，经分析合格后，才能进行检修。

2. 混酸配制的安全技术

硝化多采用混酸，混酸中硫酸量与水量的比例应当计算，混酸中硝酸量不应少于理论需要量，实际上稍稍过量 $1\% \sim 10\%$。

制备混酸时，应先用水将浓硫酸适当稀释（浓硫酸稀释时，不可将水注入酸中，因为水的密度比硫酸小，上层的水被溶解放出的热量加热而沸腾，引起四处飞溅，造成事故），稀释应在有搅拌和冷却情况下将浓硫酸缓缓加入水中，并控制温度。如温度升高过快，应停止加酸，否则易发生爆溅。

浓硫酸适当稀释后，在不断搅拌和冷却条件下加浓硝酸。在配制混酸时可用压缩空气进行搅拌，也可用机械搅拌或用循环泵搅拌。用压缩空气搅拌，有时会带入水或油类，并且酸易被夹带出去造成损失。所以不如机械搅拌好。酸类化合物混合时，放出大量的稀释热，温度可达到90℃或更高，在这个温度下，硝酸部分分解为二氧化氮和水，如果有部分硝基物生成，高温下可能引起爆炸，所以必须进行冷却。机械搅拌或循环搅拌可以起到一定的冷却作用。混酸配制过程中，应严格控制温度和酸的配比，直至充分搅拌均匀为止。配酸时要严防因温度猛升而冲料或爆炸。更不能把未经稀释的浓硫酸与硝酸混合，因为浓硫酸猛烈吸收浓硝酸中的水分而产生高热，将使硝酸分解产生多种氮氧化物（NO_2、NO、N_2O_3），引起突沸冲料或爆炸。配制成的混酸具有强烈的氧化性和腐蚀性，必须严格防止触及棉、纸、布、稻草等有机物，以免发生燃烧爆炸。硝化反应的腐蚀性很强，要注意设备及管道的防腐性能，以防渗漏。

硝化反应器设有泄漏管和紧急排放系统，一旦温度失控，紧急排放到安全地点。

3. 硝化器的安全技术

搅拌式反应器是常用的硝化设备，这种设备由釜体、搅拌器、传动装置、夹套和蛇管组成，一般是间歇操作。物料由上部加入釜体内，在搅拌条件下迅速地与原料混合并进行硝化反应。如果需要加热，可在夹套或蛇管内通入蒸汽；如果需要冷却，可通冷却水或冷冻剂。

为了扩大冷却面，通常是将侧面的器壁做成波浪形，并在设备的盖上装有附加的冷却装置。这种硝化器里面常有推进式搅拌器，并附有扩散圈，在设备底部某处制成一个凹形并装有压出管，以保证压料时能将物料全部泄出。

采用多段式硝化器可使硝化过程达到连续化。连续硝化不仅可以显著地减少能量的消耗，也可以由于每次投料少，减少爆炸中毒的危险，为硝化过程的自动化和机械化创造了条件。

硝化器夹套中冷却水压力呈微负压，在进水管上必须安装压力计，在进水管及排水管上都需要安装温度计。应严防冷却水因夹套焊缝腐蚀而漏入硝化物中，因硝化物遇到水后温度急剧上升，反应进行很快，可分解产生气体物质而发生爆炸。

为便于检查，在废水排出管中，应安装电导自动报警器，当管中进入极少的酸时，水的电导率即会发生变化，此时，发出报警信号。另外，对流入及流出水的温度和流量也要特别注意。

4. 硝化过程的安全技术

为了严格控制硝化反应温度，应控制好加料速度，硝化剂加料应采用双重阀门控制。设置必要的冷却水源备用系统。反应中应持续搅拌，保持物料混合良好，并备有保护性气体搅拌和人工搅拌的辅助设施。搅拌机应当有自动启动的备用电源，以防止机械搅拌在突然断电时停止而引起事故。搅拌轴采用硫酸做润滑剂，温度套管用硫酸做导热剂，不可使用普通机械油或甘油，防止机油或甘油被硝化而形成爆炸性物质。

硝化器应附设相当容积的紧急放料槽，准备在万一发生事故时，立即将料放出。放料阀可采用自动控制的气动阀和手动阀并用。硝化器上的加料口关闭时，为了排出设备中的气体，应该安装可以移动的排气罩。设备应当采用抽气法或利用带有铝制透平的防爆型通风机进行通风。

温度控制是硝化反应安全的基础，应当安装温度自动调节装置，防止超温发生爆炸。

取样时可能发生烧伤事故。为了使取样操作机械化，应安装特制的真空仪器，此外最好还要安装自动酸度记录仪。取样时应当防止未完全硝化的产物突然着火。例如，当搅拌器下面的硝化物被放出时，未起反应的硝酸可能与被硝化产物发生反应等。

向硝化器加入固体物质，必须采用漏斗或翻斗车使加料工作机械化。自动加料器上部的平台上将物料沿专用的管子加入硝化器中。

对于特别危险的硝化物，则需将其放入装有大量水的事故处理槽中。为了防止外界杂质进入硝化器中，应仔细检查硝化器中的半成品。

由填料函落入硝化器中的油能引起爆炸事故，因此，在硝化器盖上不得放置用油浸过的填料。在搅拌器的轴上，应备有小槽，以防止齿轮上的油落入硝化器中。

硝化过程中最危险的是有机物质的氧化，其特点是放出大量氧化氮气体的褐色蒸气并使混合物的温度迅速升高，引起硝化混合物从设备中喷出而引起爆炸事故。仔细地配制反应混合物并除去其中易氧化的组分、调节温度及连续混合是防止硝化过程中发生氧化作用的主要措施。

进行硝化过程时，不需要压力，但在卸出物料时，需采用一定压力，因此，硝化器应符合加压操作容器的要求。加压卸料时可能造成有害蒸气泄入操作厂房空气中，为了防止此类情况的发生，应改用真空卸料。装料口经常打开或者用手进行装料以及在物料压出时不可能逸出蒸气，应当尽量采用密闭化措施。由于设备易腐蚀，必须经常检修更换零部件，这也可能引起人身事故。

由于硝基化合物具有爆炸性，因此必须特别注意处理此类物质过程中的危险性。例如，二硝基苯酚甚至在高温下也无危险，但当形成二硝基苯酚盐时，则变为危险物质。三硝基苯酚盐（特别是铅盐）的爆炸力是很大的。在蒸馏硝基化合物（如硝基甲苯）时，必须特别小心。因蒸馏在真空下进行，硝基甲苯蒸馏后余下的热残渣能发生爆炸，这是由于热残渣与空气中氧相互作用的结果。

硝化设备应确保严密不漏，防止硝化物料溅到蒸气管道等高温表面上而引起爆炸或燃烧。如管道堵塞时，可用蒸气加温疏通，千万不能用金属棒敲打或明火加热。

车间内禁止带入火种，电气设备要防爆。当设备需动火检修时，应拆卸设备和管道，并移至车间外安全地点，用水蒸气反复冲刷残留物质，经分析合格后，方可施焊。需要报废的管道，应专门处理后堆放起来，不可随便拿用，避免意外事故发生。

五、磺化反应

1. 磺化反应及其特点

磺化是在有机化合物分子中引入磺酸基（—SO$_3$H）的反应。常用的磺化剂有发烟硫酸、亚硫酸钠、亚硫酸钾、三氧化硫等。如用硝基苯与发烟硫酸生产间氨基苯磺酸钠、卤代烷与亚硫酸钠在高温加压条件下生产磺酸盐等均属磺化反应。

2. 磺化反应过程的危险性分析及安全控制技术

① 三氧化硫是氧化剂，遇到比硝基苯易燃的物质时会很快引起着火；三氧化硫的腐蚀性很弱，但遇水则生成硫酸，同时会放出大量的热，使反应温度升高，不仅会造成沸溢或使磺化反应导致燃烧反应而引起起火或爆炸，还会因硫酸具有很强的腐蚀性，增加了对设备的腐蚀破坏。

② 由于生产所用原料苯、硝基苯、氯苯等都是可燃物，而磺化剂浓硫酸、发烟硫酸、氯磺酸（剧毒化学品）都是氧化性物质，有的是强氧化剂，所以两者在相互作用的条件下进行磺化反应是十分危险的，因为已经具备了可燃物与氧化剂作用发生放热反应的燃烧条件。这种磺化反应若投料顺序颠倒、投料速度过快、搅拌不良、冷却效果不佳等，都有可能造成反应温度升高，使磺化反应变为燃烧反应，引起着火或爆炸事故。

③ 磺化反应是放热反应，若在反应过程中得不到有效地冷却和良好的搅拌，都有可能引起反应温度超高，以致发生燃烧反应，造成爆炸或起火事故。

六、催化反应

催化反应是在催化剂的作用下进行的化学反应。例如，由二氧化硫和氧合成三氧化硫，由氮和氢合成氨，由乙烯和氧合成环氧乙烷等都属于催化反应。

在选择催化剂时，大体有以下几种类型。

① 生产过程中产生水汽的，一般采用具有碱性，中性或酸性反应的盐类、无机盐类、氯化铝、氯化铁、三氧化二磷及氧化镁等。

② 反应过程中产生氯化氢的，一般采用碱、吡啶、金属、氯化铝、氯化铁等。

③ 反应过程中产生硫化氢的，一般采用盐基、卤素、碳酸盐、氧化物等。

④ 反应过程中产生氢气的，应采用氧化剂、空气、高锰酸钾、氧化物及过氧化物等。

1. 催化反应的危险性分析及安全技术

催化反应又分为单相反应和多相反应两种。单相反应是在气态下或液态下进行的，危险性较小，因为在这种情况下，反应过程中的温度、压力及其他条件较易调节。在多相反应中，催化作用发生于相界面及催化剂的表面上，这时温度、压力较难控制。

在催化过程中若催化剂选择的不正确或加入不适量，易形成局部反应激烈；另外，由于催化大多需在一定温度下进行，若散热不良、温度控制不好等，很容易发生超温爆炸或着火事故。从安全要求来看，催化过程中主要应正确选择催化剂，保证散热良好，催化剂加入量适当，防止局部反应激烈，并注意严格控制温度。如果催化反应过程能够连续进行，采用温度自动调节系统，就可以减少其危险性。

在催化反应中，当原料气中某种能和催化剂发生反应的杂质含量增加时，可能会生成爆炸性危险物，这是非常危险的。例如，在乙烯催化氧化合成乙醛的反应中，由于在催化剂体系中含有大量的亚铜盐，若原料气中含有乙炔过高，则乙炔与亚铜反应生成乙炔铜，其为红色沉淀，自燃点在 $260 \sim 270 {}^\circ C$，在干燥状态下极易爆炸，在空气作用下易氧化并易起火。烃与催化剂中的金属盐作用生成难溶性的钯块，不仅使催化剂组成发生变化，而且钯块也极易引起爆炸。

在催化反应过程中有的产生氯化氢，有腐蚀和中毒危险；有的产生硫化氢，则中毒危险性更大。另外，硫化氢在空气中的爆炸极限较宽（$4.3\% \sim 45.5\%$），生产过程还有爆炸危险。在产生氢气的催化反应中，有更大的爆炸危险性，尤其高压下，氢的腐蚀作用使金属高压容器脆化，从而造成破坏性事故。

2. 催化重整过程的安全技术

在加热、加压和催化作用下进行汽油馏分重整，叫催化重整。所用的催化剂有钼铝催化剂、铬铝催化剂、铂催化剂、镍催化剂等。主要反应有脱氢、加氢、芳香化、异构化、脱烷基化和重烷基化等。粗汽油等馏分的催化重整，主要是原料油中脂肪烃脱氢、芳香化和异构化，同时伴有轻度的热裂化，可以提高辛烷值。其他烃类的催化重整，主要用于制取芳香烃。

催化重整反应器应当有附属部件热电偶管和催化剂引出管。反应器和再生器都需要采用绝热措施。为了便于观察壁温，常在反应器外表面涂上变色漆，当温度超过了规定指标就会变色显示。

催化剂在装卸时，要防破碎和污染，未再生的含碳催化剂卸出时，要预防自燃超温烧坏。

加热炉是热的来源，在催化重整过程中，重整和预加氢的反应需要很大的炉子才能供应所需的反应热，所以加热炉的安全和稳定是很重要的。此外，过程中物料预热或塔底加热器、重沸器的热源，依靠热载体加热炉，热载体在使用过程中要防止局部过热分解，防止进水或进入其他低沸点液体造成水汽化超压爆炸。加热炉必须保证燃烧正常，调节及时。

加热炉出口温度的高低，是反应器入口温度稳定的条件，而炉温变化与很多因素有关，例如燃料流量、压力、质量等。为了稳定炉温，保证整个装置安全生产，加热炉应采用温度自动调节系统，操作室的温度指示由测温元件将感受信号通过温度变送器传送过来。

催化重整装置中，安全警报应用较普遍，对于重要工艺参数，温度、流量、压力、液位等都有报警，重要的液位显示器、指示灯、喇叭等警报装置如表 3-1 所示。

表 3-1　催化重整主要报警点与参数范围

警　报　点	警报参数	范　　围	方　　式
重整进料泵	低流量	低于正常量 1/2	喇叭
预分馏塔底	低液面	低于正常 25%	指示灯
预加氢汽提塔底	低液面	低于正常值 20%	指示灯
脱戊烷塔底	低液面	低于正常值 80%	指示灯
抽提塔底	低界面	低于正常值 25%	指示灯
汽提塔底	高液面	高于正常 90%	指示灯
重整循环氢	低流量		喇叭自动保护

重整循化氢和重整进料量，对于催化剂有很大的影响，特别是低氢量和低空速运转，容易造成催化剂结焦，所以除报警外，应备有自动保护系统。这个保护系统，就是当参数变化超出正常范围，发生不利于装置运行的危险状况时，自动仪表可以自行做出工艺处理，如停止进料或使加热炉灭火等，以保证安全。

除了警报和自动保护外，所有压力塔器都应装设"安全阀"。

3. 催化加氢过程的安全技术

催化加氢是多相反应，一般是在高压下有固相催化剂存在下进行的。这类过程的主要危险性，是由于原料及成品（氢、氨、一氧化碳等）大都易燃、易爆或具有毒性，高压反应设备及管道易受到腐蚀并常因操作不当发生事故。

在催化加氢过程中，压缩工段的安全极为重要。氢气在高压下，爆炸范围加宽，燃点降低，从而增加了危险。高压氢气一旦泄漏将立即充满压缩机室并因静电火花引起爆炸。压缩机各段都应安装压力表和安全阀。在最后一段上，安装两个安全阀和两个压力表，更为可靠。高压设备和管道的选材要考虑能防止氢腐蚀的问题，管材选用优质无缝钢管。设备和管线应按照有关规定定期进行检验。

为了避免吸入空气而形成爆炸危险，供汽总管压力需保持稳定在规定的数值。为了防止因高压致使设备损坏，氢气泄漏达到爆炸浓度，应有充足的备用蒸汽或惰性气体，以便应急。另外，室内通风应当良好，因氢气密度较轻，宜采用天窗排气。

为了避免设备上的压力表及玻璃液位计在爆炸时其碎片伤人，这些部位应包以金属网，液面测量器应定期进行水压试验。

冷却机器和设备用水不得含有腐蚀性物质。在开车或检修设备、管线之前必须用氮气吹扫。吹扫气体应当排至室外，以防止窒息或中毒。

由于停电或无水而停车的系统，应保持余压，以免空气进入系统。无论在任何情况下处于带压的设备不得进行拆卸检修。

七、聚合反应

将若干个分子结合为一个较大的、组成相同而分子量较高的化合物的反应过程称为聚合。所以聚合物就是由单体聚合而成的、分子量较高的物质。分子量较低的称作低聚物。例如三聚甲醛是甲醛的聚合物。分子量高达几千甚至几百万的称为高聚物或高分子化合物。例如聚氯乙烯是氯乙烯的聚合物。

聚合反应的类型很多，按聚合物和单体元素组成和结构的不同，可分成加聚反应和缩聚反应两大类。单体加成而聚合起来的反应称为加聚反应。氯乙烯聚合成聚氯乙烯就是加聚反应。加聚反应产物的元素组成与原料单体相同，仅结构不同，其相对分子质量是单体相对分子质量的整数倍。

另外一类聚合反应中，除了生成聚合物外，同时还有低分子副产物产生，这类聚合反应称为缩聚反应。如己二胺和己二酸反应生成尼龙-66 的缩聚反应。缩聚反应的单体分子中都有官能团，根据单体官能团的不同，低分子副产物可能是水、醇、氨、氯化氢等。由于副产物的析出，缩聚物结构单元要比单体少若干原子，缩聚物的相对分子质量不是单体相对分子质量的整数倍。

在现代化学工业中，聚合方法的采用日益广泛。例如在催化剂存在的条件下丁二烯聚合来制造合成橡胶，高压、中压、低压聚乙烯，聚丙烯及丙烯酸酯类的高聚物，聚氯乙烯等。

1. 聚合反应的分类及不安全因素分析

按照聚合方式聚合反应分类如下。

(1) 本体聚合　本体聚合是在没有其他介质的情况下，用浸在冷却剂中的管式聚合釜（或在聚合釜中设盘管、列管冷却）进行的一种聚合方法。例如乙烯的高压聚合、甲醛的聚合等。这种聚合方法往往由于聚合热不易传导散出而导致危险。例如，在高压聚乙烯生产中，每聚合 1kg 乙烯会放出 3.8MJ 的热量，倘若这些热量未能及时移去，则每聚合 1% 的乙烯，即可使釜内温度升高 12~13℃，待升高到一定温度时，就会使乙烯分解，强烈放热，有发生暴聚的危险。一旦发生暴聚，则设备堵塞，压力骤增，极易发生爆炸。

(2) 悬浮聚合　悬浮聚合是用水作分散介质的聚合方法。它是利用有机分散剂或无机分散剂，把不溶于水的液态单体，连同溶在单体中的引发剂经过强烈搅拌，打碎成小珠状，分散在水中成为悬浮液，在极细的单位小珠液滴中进行聚合，因此又叫珠状聚合。这种聚合方法在整个聚合过程中，如果没有严格控制工艺条件，致使设备运转不正常，则易出现溢料，如果溢料，则水分蒸发后未聚合的单体和引发剂遇火源极易引发着火或爆炸事故。

(3) 溶液聚合　溶液聚合是选择一种溶剂，使单体溶成均相体系，加入催化剂或引发剂后，生产聚合物的一种方法。这种聚合方法在聚合和分离过程中，易燃溶剂容易挥发和产生静电火花。

(4) 乳液聚合　乳液聚合是在机械强烈搅拌或超声波振动下，利用乳化剂使液态单体分散在水中（珠滴直径 0.001~0.01μm），引发剂则溶在水里面而进行聚合的一种方法。这种聚合方法常用无机过氧化物（如过氧化氢）做引发剂，如果过氧化物在介质（水）中配比不当，温度太高，反应速率过快，会发生冲料，同时在聚合过程中还会产生可燃气体。

(5) 缩合聚合　缩合聚合也称缩聚反应，是具有两个或两个以上功能团的单体相互缩合，并析出小分子副产物而形成聚合物的聚合反应。缩合聚合是吸热反应，但如果温度过高，也会导致系统的压力增加，甚至引起爆裂，泄漏出易燃易爆的单体。

2. 聚合反应的危险性分析及安全技术

由于聚合物的单体大多是易燃易爆物质，聚合反应多在高压下进行，本身又是放热过程，如果反应条件控制不当，很容易引起事故。所以在聚合过程中，必须采取相应的安全措施。聚合反应过程中的危险性因素有以下几点。

① 单体在压缩过程中或在高压系统中泄漏，发生火灾爆炸。

② 聚合反应中加入的引发剂都是化学活泼性很强的过氧化物，一旦配料比控制不当，容易引起暴聚，反应器压力骤增易引起爆炸。

③ 聚合反应热未能及时导出，如搅拌发生故障、停电、停水，由于反应釜内聚合物黏壁作用，使反应热不能导出，造成局部过热或反应釜飞温，发生爆炸。

针对上述危险性因素，应设置可燃气体检测报警器，一旦发现设备、管道有可燃气体泄漏，将自动停车。

对催化剂、引发剂等要加强储存、运输、调配、注入等工序的严格管理。

反应釜的搅拌合温度应有检测和联锁，发现异常能自动停止进料。

高压分离系统应设置爆破片、导爆管，并有良好的静电接地系统，一旦出现异常，及时泄压。

3. 高压下乙烯聚合的安全技术

高压聚乙烯反应一般在 $1300 \sim 3000 kg/cm^2$（$1kg/cm^2 = 9.807 \times 10^4 Pa$）压力下进行。反应过程流体的流速很快，停留于聚合装置中的时间仅为 10s 到数分钟，温度保持在 $150 \sim 300℃$。在该温度和高压下，乙烯是不稳定的，能分解成碳、甲烷、氢气等。一旦发生裂解，所产生的热量，可以使裂解过程进一步加速直到爆炸。国内外都发生过聚合反应器温度异常升高，分离器超压而发生火灾，压缩机爆炸以及反应器管路中安全阀喷火而后发生爆炸等事故。因此，严格控制反应条件是十分重要的。

采用轻柴油裂解制取高纯度乙烯装置，产品从氢气、甲烷、乙烯到裂解汽油、渣油等，都是可燃性气体或液体，炉区的最高温度达 1000℃，而分离冷冻系统温度低到 $-169℃$。反应过程以有机过氧化物作为催化剂，乙烯属高压液化气体，爆炸范围较宽，操作又是在高温、超高压下进行，而超高压节流减压又会引起温度升高，所有这些条件，都要求高压聚乙烯生产操作要十分严格。

高压聚乙烯的聚合反应在开始阶段或聚合反应进行阶段都会发生暴聚反应，所以必须考虑到这点。可以添加反应抑制剂或加装安全阀（放到闪蒸槽中去）来防止。在紧急停车时，聚合物可能固化，停车再开车时，要检查管内是否堵塞。

高压部分应有两重、三重防护措施，要求远距离操作。由压缩机出来的油严禁混入反应系统，因为油中含有空气进入聚合系统会形成爆炸混合物。

采用管式聚合装置的最大问题是反应后的聚乙烯产物黏挂管壁发生堵塞。由于堵管引起管内压力与温度变化，甚至因局部过热引起乙烯裂解成为爆炸事故的诱因。解决这个问题可采用夹防黏剂的方法火灾聚合管内周期性地赋予流体以脉冲。

聚合装置各点温度反馈具有当温度超过限界时逐渐降低压力的作用，用此方法来调节管式聚合装置的压力和温度。另外，可以采用振动器使聚合装置内的固定压力按一定周期有意地加以变动，利用振动器的作用使装置内压力很快下降 $70 \sim 100 atm$（$1atm = 101325 Pa$），然后再逐渐恢复到原来压力。用此法使流体产生脉冲可将黏附在管壁上的聚乙烯除掉，使管壁保持洁净。

在这一反应系统中，添加催化剂必须严格控制，应装设联锁装置。以使反应发生异常现象时，能降低压力并使压缩机停车。为了防止因乙烯裂解发生爆炸事故，可采用控制有效直径的方法，调节气体流速，在聚合管开始部分插入具有调节作用的调节杆，避免初期反应的突然暴发。

由于乙烯的聚合反应热较大，如果加大聚合反应器，单纯靠夹套冷却或在器内通冷却蛇管的方法是不够的。况且在器内加蛇管很容易引起聚合物黏附，从而发生故障。清除反应热较好的方法是采用使单体或溶剂气化回流，利用它们的蒸发潜热把反应热量带出。蒸发了的气体再经冷凝器或压缩机进行冷却冷凝后返回聚合釜再用。

4. 氯乙烯聚合的安全技术

氯乙烯聚合是属于连锁聚合反应，连锁反应的过程可分为三个阶段，即链的开始、链的增长、链的终止。

氯乙烯聚合所用的原料除氯乙烯单体外，还有分散剂、引发剂。

氯乙烯聚合是在聚合釜中进行的。聚合釜形状为一长形圆柱体，上下为蝶形盖底，上盖有各种物料管、排气管、平衡管、温度计套管、安全阀和人孔盖等。下底有出料管、排水管，壁侧有加热蒸汽和冷却水的进出管。

聚合反应中链的引发阶段是吸热过程，所以需加热。在链的增长阶段又放热，需要将釜内的热量及时移走，将反应温度控制在规定值。这两个过程分别向夹套通入加热蒸汽和冷却水。温度控制多采用串级调节系统。聚合釜的大型化，关键在于采用有效措施除去反应热。为了及时移走热量必须有可靠的搅拌装置，搅拌器一般采用顶伸式。为了防止气体泄漏，搅拌轴穿出釜外部分必须密封，一般采用具有水封的填料函或机械密封。

氯乙烯聚合过程间歇操作及聚合物黏壁是造成聚合岗位毒物危害的最大问题，通常用人工定期清理的办法来解决。这种办法劳动强度大、浪费时间，金属刀对釜体造成的伤痕会给下次清釜带来更大的困难。多年来，国内外对这个问题进行了各种聚合途径的研究，其中接枝共聚和水相共聚等方法较有效，通常也采用加水相阻聚剂或单体水相溶解抑制剂来减少聚合物的黏壁作用。常用的助剂有硫化钠、硫脲和硫酸钠。也可以采用"醇溶黑"涂在釜壁上，减少清釜的次数。

由于聚氯乙烯聚合是采用分批间歇式进行的，反应主要依靠调节聚合温度，因此聚合釜的温度自动控制十分重要。

5. 丁二烯聚合的安全技术

丁二烯聚合过程中接触和使用酒精、丁二烯、金属钠等危险物质。酒精和丁二烯与空气混合都能形成有爆炸危险的混合物。金属钠遇水、空气激烈燃烧，引起爆炸，因此不能暴露于空气中。

丁二烯蒸发器的结构，应有利于消除在系统中猛烈生成聚合物的可能性，并备有安全装置，以防止压力升高而引起爆炸的危险。在蒸发器上应备有联锁开关，当输送物料的阀门关闭时（此时管道可能引起爆炸），该联锁装置可将蒸气输入切断。为了控制猛烈反应，应有适当的冷却系统，并需严格地控制反应温度。冷却系统应保证密闭良好，特别在使用金属钠的聚合反应中，最好采用不与金属钠反应的十氢化萘或四氢化萘作为冷却剂。如用冷水做冷却剂，应在微负压下输送，不可用压力输送。这样可减少水进入聚合釜的机会，避免可能发生的爆炸危险。

丁二烯聚合釜上应装安全阀，通常的办法是同时安装爆破片。爆破片应装在连接管上，在其后再连接一个安全阀。这样可以防止安全阀堵塞，又能防止爆破片爆破时大量可燃气逸出而引起二次爆炸。

爆破片不宜用铸铁而必须用铜或铝制作，避免在爆破时铸铁产生火花引起二次爆炸事故。

聚合生产系统应配有氮气保护系统，所用氮气经过精制，用铜屑除氧，用硅胶或氯化铝干燥，纯度保持在99.5%以上。无论在开始操作或操作完毕打开设备前，都应该用氮气置换整个系统。发生故障，温度升高或发现有局部过热现象时，需立即向设备充入氮气加以保护。

丁二烯聚合釜应符合压力容器的安全要求。聚合物卸出、催化剂更换，都应采用机械化操作，以利安全生产。

正常情况下，操作完毕后，从系统内抽出气体是安全生产的一项重要措施，可消除或减少爆炸的可能性。当工艺过程被破坏，发生事故不能降低温度或发现局部过热现象时，则将气体抽出，同时往设备中送入氮气。

管道内积存热聚物是很危险的。因此，当管内气流的阻力增大时，应将气体抽出，并以惰性气体吹洗之。在每次加新料之前必须清理设备的内壁。

八、裂解反应

1. 裂解反应及其特点

广义地说，凡是有机化合物在高温下分子发生分解的反应过程都称为裂解。而石油化工中所谓的裂解是指石油烃（裂解原料）在隔绝空气和高温条件下，分子发生分解反应而生成小分子烃类的过程。在这个过程中还伴随着许多其他的反应（如缩合反应），生成一些别的反应物（如由较小分子的烃缩合成较大分子的烃）。

裂解是总称，不同的情况可以有不同的名称。如单纯加热不使用催化剂的裂解称为热裂解；使用催化剂的裂解称为催化裂解；使用添加剂的裂解，随着添加剂的不同，有水蒸气裂解、加氢裂解等。

石油化工中的裂解与石油炼制工业中的裂化有共同点，即都符合前面所说的广义定义。但是也有不同，主要区别有：一是所用的温度不同，一般大体以600℃为分界，在600℃以上所进行的过程为裂解，在600℃以下的过程为裂化；二是生产的目的不同，前者的目的产物为乙烯、丙烯、乙炔、联产丁二烯、苯、甲苯、二甲苯等化工产品，后者的目的产物是汽油、煤油等燃料油。

在石油化工中用的最广泛的是水蒸气热裂解，其设备为管式裂解炉。

裂解反应在裂解炉的炉管内并在很高的温度（以轻柴油裂解制乙烯为例，裂解气的出口温度近800℃）下很短的时间内（0.7s）完成，以防止裂解气体二次反应而使裂解炉管结焦。

炉管内壁结焦会使流体阻力增加，影响生产。同时影响传热，当焦层达到一定厚度时，因炉管壁温度过高，而不能继续运行下去，必须进行清焦，否则会烧穿炉管，裂解气外泄，引起裂解炉爆炸。

2. 裂解反应过程危险性分析及安全技术

裂解炉运转中，一些外界因素可能危及裂解炉的安全。这些不安全因素大致有以下几种。

（1）引风机故障　引风机是不断排除炉内烟气的装置。在裂解炉正常运行中，如果由于断电或引风机机械故障而使引风机突然停转，则炉膛内很快变成正压，会从窥视孔或烧嘴等处向外喷火，严重时会引起炉膛爆炸。为此，必须设置联锁装置，一旦引风机故障停车，则裂解炉自动停止进料并切断燃料供应，但应继续供应稀释蒸汽，以带走炉膛内的余热。

（2）燃料气压力降低　裂解炉正常运行中，如燃料系统大幅度波动，燃料气压力过低，则可能造成裂解炉烧嘴回火，使烧嘴烧坏，甚至会引起爆炸。

裂解炉采用燃料油作燃料时，如燃料油的压力降低，也会使油嘴回火。因此，当燃料油压降低时应自动切断燃料油的供应，同时停止进料。

当裂解炉同时用油和气为燃料时，如油压降低，则在切断燃料油的同时，将燃料气切入烧嘴，裂解炉可继续维持运转。

（3）其他公用工程故障　裂解炉其他公用工程（如锅炉给水）中断，则废热锅炉汽包液面迅速下降，如不及时停炉，必然会使废热锅炉炉管、裂解炉对流段锅炉给水预热管损坏。此外，水、电、蒸汽出现故障，均能使裂解炉造成事故。在这种情况下，裂解炉应能自动停车。

九、电解反应

1．电解反应及其特点

电流通过电解质溶液或熔融电解质时，在两个电极上所引起的化学变化，称为电解。电解过程中能量变化的特征是电能转变为电解产物蕴藏的化学能。

电解在工业生产中有广泛的应用。许多有色金属（钠、钾、镁、铅等）和稀有金属（锆、铪等）的冶炼，金属铜、锌、铅等的精炼，许多基本化学工业产品（氢、氧、氯、烧碱、氯酸钾、过氧化氢等）的制备以及电镀、电抛光、阳极氧化等都是通过电解来实现的。

2．食盐电解生产工艺

食盐溶液电解是化学工业中最典型的电解反应之一。食盐水电解可以制得苛性钠、氯气、氢气等产品。目前采用的电解食盐水方法有隔膜法、水银法、离子交换电解法等。电解食盐水的简要工艺流程如图 3-1 所示。

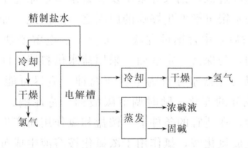

图 3-1　电解食盐水的简要工艺流程

首先溶化食盐，精制盐水，除去杂质，送电解工段。在向电解槽送电前，应先将电解槽按规定的液面高度注入盐水，此时盐水液面超过阴极室高度，整个阴极室浸在盐水中。通直流电后，带有负电荷的氯离子向石墨阳极运动，在阳极上放电后成为不带电荷的氯原子，并结合成为氯分子从盐水液面逸出而聚集于盐水上方的槽盖内，由氯气排出管排出，送往氯气干燥、压缩工段。带有正电荷的氢离子向铁丝网袋阴极运动，通过附在阴极网袋上的隔膜，在阴极铁丝网上放电后，成为不带电荷的氢原子，并结合成为氢分子而聚集于阴极空腔内，氢气由氢气排出管引出，送往氢气干燥、压缩工段。

立式隔膜电解槽生产的碱液约含碱 11％，而且含有氯化钠和大量的水。为此要经过蒸发浓缩工段将水分和食盐除掉，生成的浓碱液再经过熬制即得到固碱或加工成片碱。水银法生产的碱液浓度为 45％左右，可直接送往固碱工段。将浓熔融烧碱再进行电解可得到金属钠。

电解产生的氢气和氯气，由于含有大量的饱和水蒸气和氯化氢气体，对设备的腐蚀性很强，所以氯气要送往干燥工段经硫酸洗涤，除掉水分，然后送入氯气液化工段，以提高氯气的纯度，氢气经固碱干燥，压缩后送往使用单位。

3. 食盐电解过程的危险性分析及安全技术

食盐电解中的安全问题，主要是氯气中毒和腐蚀、碱灼伤、氢气爆炸以及高温、潮湿和触电危险等。

在正常操作中，应随时向电解槽的阳极室内添加盐水，使盐水始终保持在规定液面，否则，如盐水液面过低，氢气有可能通过阴极网渗入到阴极室内与氯气混合。要防止个别电解槽氢气出口堵塞，引起阴极室压力升高，造成氯气含氢量过高，氯气内含氢量达 5% 以上，则随时可能在光照或受热情况下发生爆炸。在生产中，单槽氯含氢浓度一般控制在 2.0% 以下，总管氯含量氢浓度控制在 0.4% 以下，都应严格控制。如果电解槽的隔膜吸附质量差，石棉绒质量不好，在安装电解槽时碰坏隔膜，造成隔膜局部脱落或在送电前注入的盐水量过大将隔膜破坏，以及阴极室中的压力等于或超过阳极时的压力时就可能使氢气进入阳极室，这些都可能引起氯含量高，此时应该对电解槽进行全面检查。

盐水有杂质，特别是铁杂质，致使产生第二阴极而放出氢气；氢气压力过大，没有及时调整；隔膜质量不好，有脱落之处；盐水液面过低，隔膜露出；槽内阴阳极放电而烧毁隔膜；氢气系统不严密而逸出氢气等，都可能引起电解槽爆炸或着火事故。引起氢气或氢气与氯气的混合物燃烧或爆炸的着火源可能是槽体接地产生的电火花；氢气管道系统漏电产生电位差而发生放电火花；排放碱液管道对地绝缘不好而发生放电火花；电解槽内部构件间由于较大的电位差或两极之间的距离缩小而发生放电火花；雷击排空管引起氢气燃烧，以及其他着火源等。水银电解槽若盐水中含有铁、钙、镁等杂质时，能分解钠汞齐，产生氢气而引起爆炸。若解汞室的清水温度过低，钠汞齐来不及在解汞室还原完全，就可能在电解槽继续解汞生成大量氢气，这也是水银电解发生爆炸的原因之一，因此，加入的水温应能保持解汞室的温度接近于 95℃，解汞后汞中含钠量宜低于 0.01%。电解槽盐水不能装得太满，因为在压力下，盐水是要上涨的，为保持一定液面，采用盐水供料器，间断供给盐水。不仅可以避免电流的损失，而且可以防止盐水导管为电流所腐蚀。应尽可能采用盐水纯度自动分析装置，这样可以观察盐水成分的变化，随时调节碳酸钠、苛性钠、氯化钡或聚丙烯酰胺的用量。由于盐水中带入铵盐，在适宜的条件下，铵盐和氯作用而产生三氯化氮，这是一种爆炸性物质。铵盐和氯作用生成氯化铵，氯作用于浓氯化铵溶液生成黄色油状的三氯化氮。

$$3Cl_2 + NH_4Cl \longrightarrow 4HCl + NCl_3 \quad \Delta H = 229.03 kJ/mol$$

三氯化氮和许多有机物质接触或加热至 90℃ 以上，以及被撞击时，即按下式以剧烈爆炸的形式分解：

$$2NCl_3 \longrightarrow N_2 + 3Cl_2 \quad \Delta H = -460.57 kJ/mol$$

因此，在盐水配制系统要严格控制无机铵含量。

突然停电或其他原因突然停车时，高压阀门不能立即关闭，以避免电解槽中氯气倒流而发生爆炸。应在电解槽后安装放空管及时减压，并在高压阀上安装单向阀，可以有效地防止跑氯，避免污染环境。

水银电解法另一个突出的安全技术问题，是防止汞害。其技术措施包括对电解槽内含汞封槽水、氯气和氢气的洗涤水、电解槽维修用的洗槽水、冲洗地板水、汞泵密封用水等废水的处理；电解槽及其附属设备产生汞蒸气的防止措施及通风措施；解汞塔排出碱液中含汞的处理以及盐泥及其他废弃材料、设备中汞的回收处理等。

所有设备的维护检修，例如，拆卸电解槽及检查汞泵等，都应按检修规程进行作业，同时对操作人员要进行充分的教育和训练，使其懂得汞的危害。洗槽时要严格执行操作规程，刮槽时要用专门工具，一般不允许用盐酸洗槽，以防腐蚀槽底。

电解由于有氢气存在，有起火爆炸危险。电解槽应安装在自然通风良好的单层建筑物内。在看管电解槽时所经过的过道上，应铺设橡皮垫。输送盐水及碱液的铸铁总管安装得应便于操作。盐水至各电解槽或每组电解槽中间连通的主管，应该用不导电材料制成或外部敷以不导电层。主管上阀门的手轮也应该是不导电的。

电解槽食盐水入口处和碱液出口处应考虑采取电气绝缘措施，以免漏电产生火花。氢气系统与电解槽的阴极箱之间也应有良好的电气绝缘。整个氢气系统应良好接地，并设置必要的水封或阻火器等安全装置。

电解食盐厂房应有足够的防爆泄压面积，并有良好的通风条件。应安装防雷设施，保护氢气排空管的避雷针应高出管顶3m以上。输电母线涂以油漆，为了使其接触良好，电解槽的母线、电缆终端及分布线末端的接触面应该很平整，在接线之前，将其表面仔细擦拭干净。在生产过程中，要直接连接自由导线以切断一个或几个电解槽时，只能用移动式收电器，这种收电器在断开时不会产生火花。

十、烷基化反应

1. 烷基化反应

烷基化是在有机化合物中的氮、氧、碳等原子上引入烷基（R—）的化学反应。引入的烷基有甲基（—CH_3）、乙基（—C_2H_5）、丙基（—C_3H_7）、丁基（—C_4H_9）等。烷基化常用烯烃、卤代烃、醇等能在有机化合物分子中的碳、氧、氮等原子上引入烷基的物质做烷基化剂。如苯胺和甲醇作用制取二甲基苯胺。

2. 烷基化反应的安全技术

① 被烷基化的物质大都具有着火爆炸危险。如苯是甲类液体，闪点−11℃，爆炸极限1.5%～9.5%；苯胺是丙类液体，闪点71℃，爆炸极限1.3%～4.2%。

② 烷基化剂一般比被烷基化物质的火灾危险性要大。如丙烯是易燃气体，爆炸极限2.0%～11.0%；甲醇是甲类液体，爆炸极限6.0%～36.5%；十二烯是乙类液体，闪点35℃，自燃点是220℃。

③ 烷基化过程所用的催化剂反应活性强。如氯化铝是忌湿物品，有强烈的腐蚀性，遇水或水蒸气分解放热，放出氯化氢气体，有时能引起爆炸，若接触可燃物，则易着火；三氯化磷是腐蚀性忌湿液体，遇水或乙醇剧烈分解，放出大量的热和氯化氢气体，有极强的腐蚀性和刺激性，有毒，遇水及酸（主要是乙酸、硝酸）发热、冒烟，有发生起火爆炸的危险。

④ 烷基化反应都是在加热条件下进行，如果原料、催化剂、烷基化剂等加料次序颠倒、速度过快或者搅拌中断停止，就会发生剧烈反应，引起跑料，造成着火或爆炸事故。

⑤ 烷基化的产品也有一定的火灾危险。如异丙苯是乙类液体，闪点35.5℃，自燃点434℃，爆炸极限0.68%～4.2%；二甲基苯胺是丙类液体，闪点61℃，自燃点371℃；烷基苯是丙类液体，闪点127℃。

十一、重氮化反应

1. 重氮化反应

重氮化是芳伯胺变为重氮盐的反应。通常是把含芳胺的有机化合物在酸性介质中与亚硝酸钠作用，使其中的氨基（—NH₂）转变为重氮基（—N≡N—）的化学反应，如二硝基重氮酚的制取等。

2. 重氮化反应的安全技术

① 重氮化反应的主要火灾危险性在于所产生的重氮盐，如重氮盐酸盐（$C_6H_5N_2Cl$）、重氮硫酸盐（$C_6H_5N_2HSO_4$），特别是含有硝基的重氮盐，如重氮二硝基苯酚[（NO_2）$_2N_2C_6H_2OH$]等，它们在温度稍高或光的作用下，即易分解，有的甚至在室温时也能分解。一般每升高10℃，分解速度加快两倍。在干燥状态下，有些重氮盐不稳定，活力大，受热或摩擦、撞击能分解爆炸。含氮盐的溶液若洒在地上、蒸汽管道上，干燥后也能引起着火或爆炸。在酸性介质中，有些金属如铁、铜、锌等能促使重氮化合物激烈地分解，甚至引起爆炸。

② 作为重氮剂的芳胺化合物都是可燃有机物质，在一定条件下也有着火和爆炸的危险。

③ 重氮化生产过程所使用的亚硝酸钠是无机氧化剂，于175℃时分解，能与有机物反应发生着火或爆炸。亚硝酸钠并非氧化剂，所以当遇到比其氧化性强的氧化剂时，又具有还原性，故遇到氯酸钾、高锰酸钾、硝酸铵等强氧化剂时，有发生着火或爆炸的可能。

④ 在重氮化的生产过程中，若反应温度过高，亚硝酸钠的投料过快或过量，均会增加亚硝酸的浓度，加速物料的分解，产生大量的氧化氮气体，有引起着火爆炸的危险。

第二部分 能力的培养——典型事故案例及分析

一、氧化反应事故

1995年5月18日下午3点左右，江阴市某化工厂在生产对硝基苯甲酸过程中发生爆燃火灾事故，当场烧死2人，重伤5人，至19日上午又有2名伤员因抢救无效死亡，该厂320m²生产车间厂房屋顶和280m²的玻璃钢棚以及部分设备、原料被烧毁，直接经济损失为10.6万元。

1. 事故经过

5月18日下午2点，当班生产副厂长王某组织8名工人接班工作，接班后氧化釜继续通氧氧化，当时釜内工作压力0.75MPa，温度160℃。不久工人发现氧化釜搅拌器传动轴密封填料处出现泄漏，当班长钟某在观察泄漏情况时，泄漏出的物料溅到了眼睛，钟某就离开现场去冲洗眼睛。之后工人刘某、星某在副厂长王某的指派下，用扳手直接去紧搅拌轴密封填料的压盖螺栓来处理泄漏问题，当刘某、星某对螺母紧了几圈后，物料继续泄漏，且螺栓已跟着转动，无法旋紧，经王某同意，刘某将手中的两只扳手交给在现场的工人陈某，自己去修理间取管钳，当刘某离开操作平台约45s，走到修理间前时，操作平台上发生爆燃，接着整个生产车间起火。当班工人除钟某、刘某离开生产车间之外，其余7人全部陷入火中，副厂长王某、工人李某当场烧死，陈某、星某在医院抢救过程中死亡，3人重伤。

2. 事故原因分析

（1）直接原因 经过调查取证、技术分析和专家论证，这起事故的发生，是由于氧化釜搅拌器传动轴密封填料处发生泄漏，生产副厂长王某指挥工人处理不当，导致泄漏更加严重，釜内物料（其成分主要是乙酸）从泄漏处大量喷出，在釜体上部空间迅速与空气形成爆炸性混合气体。遇到金属撞击产生的火花即发生爆燃，并形成大火。因此事故的直接原因是氧化釜发生物料泄漏，泄漏后的处理方法不当，生产副厂长王某违章指挥，工人无知作业。

（2）间接原因

① 管理混乱，生产无章可循。该厂自生产对硝基苯甲酸以来，没有制定与生产工艺相适应的任何安全生产管理制度、工艺操作规程、设备使用管理制度，特别是北京某公司3月1日租赁该厂后，对工艺设备作了改造，操作工人全部更换，没有依法建立各项劳动安全卫生制度和工艺操作规程，整个企业生产无章可循，尤其是对生产过程中出现的异常情况，没有明确如何处理，也没有任何安全防范措施。

② 工人未经培训，仓促上岗。该厂自租赁以后，生产操作工人全部重新招用外来劳动力，进厂最早的1995年4月，最迟的一批人5月15日下午刚刚从青海赶到工厂，仅当晚开会讲注意事项，第二天就上岗操作。因此工人没有起码的工业生产的常识，没有任何安全知识，不懂得安全操作规程，也不知道本企业生产的操作要求，根本不认识化工生产的危险特点，尤其对如何处理生产中出现的异常情况更是不懂。整个生产过程全由租赁方总经理和生产副厂长王某具体指挥每个工人如何做，工人自己不知道怎样做。

③ 生产没有依法办理任何报批手续，企业不具备安全生产基本条件。该厂自1994年5月起生产对硝基苯甲酸，却未按规定向有关职能部门申报办理手续，生产车间的搬迁改造也未经过消防等部门批准，更没有进行劳动安全卫生的"三同时"审查验收。尤其是作为工艺过程中最危险的要害设备氧化釜，是1994年5月非法订购的无证制造厂家生产的压力容器，而且连设备资料都没有就违法使用。生产车间现场混乱，生产原材料与成品混放。因此，整个企业不具备从事化工生产的安全生产基本条件。

二、加氢还原反应事故

1996年8月12日，某省化学工业集团总公司制药厂在生产山梨醇过程中发生爆炸事故。

1. 事故经过

该制药厂新开发的山梨醇于7月15日开始投料生产。8月12日零时山梨醇车间乙班接班，氢化岗位的氢化釜处在加氢反应过程中。4时取样分析合格，4时10分开始出料，至4时20分液糖和二次沉降蒸发工段突然出现一道闪光，随着一声巨响发生空间化学爆炸。1号、2号液糖高位槽封头被掀裂，3号液糖高位槽被炸裂，封头飞向房顶，4台沉降槽封头被炸挤压入槽内，6台尾气分离器、3台缓冲罐被防爆墙掀翻砸坏，室内外的工艺管线、电气线路被严重破坏。

2. 事故原因分析

（1）事故直接原因　氢化釜在加氢反应过程中，氢气不断的加入，调压阀处于常动状态（工艺条件要求氢化釜内的工作压力为4MPa），由于尾气缓冲罐下端残糖回收阀处于常开状态（此阀应处于常关状态，在回收残糖时才开此阀，回收完后随即关好，气源是从氢化釜调压出来的氢气），氢气被送3号高位槽后，经槽顶呼吸管排到室内。因房顶全部封闭，又没有排气装置，致使氢气沿房顶不断扩散积聚，与空气形成爆炸混合气，达到了爆炸极限。二层楼平面设置了产品质量分析室，常开的电炉引爆了混合气，发生了空间化学爆炸。

（2）事故间接原因

① 企业建立的新产品安全技术操作规程，没有经过工程技术人员的论证审定，没有尾气回收罐回收阀操作程序规定。管理人员的安全素质差，不熟悉工艺安全参数，对安全操作规程生疏，对作业人员规程执行情况指导有漏洞，而工人对其操作不明白，以致使氢气缓冲

罐回收阀处于常开状态，形成多班次连续氢气漏至室内，是造成此次事故的直接原因。

② 山梨醇工艺设计不安全可靠（如 3 号高位槽只安装 1 根高 0.6m 的呼吸管，标准规定放空高度高于建筑物、构筑物 2m 以上），其厂房布置设计不符合规范要求（如山梨醇产品分析室离散发可燃气体源仅 15m，规范规定不小于 30m），是此次事故的主要原因。

③ 新产品安全操作规程不完善，缺乏可靠的操作依据，反映出厂领导对新产品安全生产责任制没有落到实处。

④ 山梨醇是该企业新建项目，没有按国家有关新建、改建、扩建项目安全卫生"三同时"要求进行安全卫生初步设计、审查和竣工验收。自己制造安装尾气缓冲罐（属压力容器）时没有装配液位计，山梨醇车间也没有设置可燃气体浓度检测报警装置。厂房上部为封闭式，未设排气装置，这些均违反了《建筑设计防火规范》的规定。

三、硝化反应事故

2003 年 4 月 12 日，江苏省某厂三硝基甲苯（TNT）生产线硝化车间发生特大爆炸事故，事故中死亡 17 人，重伤 13 人，轻伤 94 人；报废建筑物约 $5 \times 10^4 m^2$，严重破坏的 $5.8 \times 10^4 m^2$，一般破坏的 $17.6 \times 10^4 m^2$；设备损坏 951 台（套），直接经济损失 2266.6 万元。此外由于停产和重建，间接损失更加巨大。

1. 事故经过

TNT 是一种烈性炸药，由甲苯经硫硝混酸硝化而成。硝化过程中存在着燃烧、爆炸、腐蚀、中毒四大危险。硝化反应分为 3 个阶段：一段硝化由甲苯硝化为一硝基甲苯（MNT），用四台硝化机并联完成；二段硝化由一硝基甲苯硝化为二硝基甲苯（DNT），用二台硝化机并联完成；三段硝化由二硝基甲苯硝化为三硝基甲苯（TNT），用 11 台硝化机串联起来完成。三段硝化比二段硝化困难得多，不仅反应时间长，需多台硝化机串联，而且硫硝混酸浓度高，并控制在较高温度下进行，因而反应危险性大。这次特大爆炸事故就是从三段 2 号机（代号为 Ⅲ—2＋）开始的。

发生事故的硝化车间由 3 个实际相连的工房组成。中间为 9m×40m×15m 的钢筋混凝土 3 层建筑，屋顶为圆拱形；东西两侧分别为 8m×40m 和 12m×40m 的两个偏房。硝化机多数布置在西偏房内，理化分析室布置在东偏房内。整个硝化车间位于高 3m、四周封闭的防爆土堤内，工人只能从涵洞出入。爆炸事故发生后，该车间及其内部 40 多台设备荡然无存，现场留下一个方圆约 40m、深 7m 的锅底形大坑，坑底积水 2.7m 深。

爆炸不仅使本工房被摧毁，而且精制、包装工房，空压站及分厂办公室遭到严重破坏，相邻分厂也受到严重影响。位于爆炸中心西侧的三分厂、南侧的五分厂、北侧的六分厂和热电厂，凡距爆炸中心 600m 范围内的建筑物均遭严重破坏；1200m 范围内的建筑物局部破坏，门窗玻璃全被震碎，3000m 范围内门窗玻璃部分破碎。在爆炸中心四周的近千株树木，或被冲击波拦腰截断或被冲倒，或树冠被削去半边。

爆炸飞散物——残墙断壁和设备碎块，大多抛落在 300m 半径范围内，少数飞散物抛落甚远，例如，一根长 800mm、$\phi80mm$ 的钢轴飞落至 1685m 处；一个数十吨重的钢筋混凝土块（原硝化工房拱形屋顶的残骸）被抛落在东南方 487m 处，将埋在地下 2m 深处的 $\phi400mm$ 铸铁管上水干线砸断，使水大量溢出；一个数十公斤重的水泥墙残块飞至 310m 处，砸穿三分厂卫生巾生产工房的屋顶，将室内 2 名女工砸成重伤。

根据对生产设备内的炸药量的测算，并从建筑物破坏等级与冲击波超压得关系，以及爆炸坑形状和大小的估算，确定这次事故爆炸的药量约为 40tTNT 当量。

2．事故原因分析

（1）事故直接原因　经过分析认定，事故的起因是Ⅲ—6＋、Ⅲ—7＋机硝酸阀泄漏造成硝化系统硝酸含量过高，最低凝固点前移，致使Ⅲ—2＋机反应激烈冒烟。高温高浓度硫硝混酸与不符合工艺规定的石棉绳（含大量可燃纤维和油脂）接触成为火种，引起Ⅲ—2＋机分离器内硝化物着火，局部过热，引起硝化物分解着火。着火后因硝化机本质安全条件差、没有自动放料装置，工人也没有手动放料。以致由着火转为爆炸。

（2）事故间接原因　这次事故与工厂管理方面的漏洞有很大关系，领导对安全重视不够；生产工艺设备上问题多，解决不力；工人劳动纪律差、有擅自脱岗现象；再加上使用了不符合工艺规定的石棉绳等，因而这起特大爆炸事故是一起在本质安全条件很差的情况下发生的责任事故。

四、聚合反应事故

1990 年 1 月 27 日 1 时 30 分，湖南省某化工厂聚氯乙烯车间发生爆炸事故，造成死亡 2 人、轻伤 2 人；直接经济损失 25 万元，车间停产 3 个月之久。

1．事故经过

1990 年 1 月 27 日 1 时 30 分，湖南省某化工厂聚氯乙烯车间 1 号聚合反应釜 $13m^3$ 搪瓷釜，设计压力为 $(8\pm0.2)\times10^2kPa$。该釜加料完毕后，18 时 40 分达到指示温度，开始聚合；聚合反应过程中，由于其间反应激烈，注加稀释水等操作以控制反应温度。28 日早 6 时 50 分，釜内压力降到 3.42×10^2kPa，温度 51℃，反应已达 12h。取样分析釜内气体氯乙烯、乙炔含量后，根据当时工艺规定可向氯乙烯柜排气到 8 时，釜内压力为 1.7×10^2kPa。白班接班后，继续排气到 8 时 53 分，釜内压力降到 1.5×10^2kPa，即停止排气而开动空气压缩机压入空气向 3 号沉析槽出料。9 时 10 分，3 号沉析槽泡沫太多，已近满量，沉析岗位人员怕跑料，随即通知聚合操作人员把出料阀门关闭，以便消除沉析槽泡沫，而后再启动空气压缩机压入空气压料，但由于出料管线被沉积树脂堵塞，此时虽釜内压力已达到 4.22×10^2kPa，物料仍然压不过来，空气压缩机被迫停机。当时聚合操作人员林某赶到干燥工段找回当班班长廖某（代理值班长）共同处理，当林某和廖某刚回到 1 号釜旁即发生釜内爆炸，将人孔盖螺栓冲断，釜盖飞出，接着一团红光冲出，而后冒出有窒息性气味的黑烟、黄烟。

2．事故原因分析

（1）事故直接原因　事故的直接原因是采用压缩空气出料工艺过程中，空气与未聚合的氯乙烯形成爆炸性混合物（氯乙烯在空气中爆炸范围 4%～22%），提供了爆炸的物质条件。

事故调查中发现，轴瓦的瓦面烧熔痕迹明显者有 13 处，其中两片瓦已熔为一体，说明釜的中轴瓦与轴的干摩擦（料出至轴瓦以下，加之轴不十分垂直）产生的高温（380～400℃）引起了氯乙烯混合气爆炸（氯乙烯自燃点为 390℃）。

（2）事故间接原因　该厂用空气压送聚合液料，在工艺原理上不能保证安全生产，应禁止使用。操作人员对聚合、沉析系统的运行操作不够熟悉，在处理事故时不能抓住要害。

复习思考题

一、简答题

1．化学反应的危险性主要表现在哪几种情况？

2．简述氧化反应过程的安全控制技术。

3. 过氧化物的特点有哪些?

4. 危险性大的还原反应有哪几种?

5. 简述还原反应的安全技术要点。

6. 简述氯化反应安全技术要点。

7. 简述混酸配制的安全技术要点。

8. 简述硝化过程的安全技术要点。

9. 简述催化重整过程的安全技术要点。

10. 简述催化加氢过程的安全技术要点。

11. 聚合反应过程中的危险性因素有哪些?

12. 简述烷基化反应的安全操作技术。

13. 简述重氮化反应的安全操作技术。

二、分析讨论题

1. 分析氧化反应过程危险性因素。

2. 试分析硝化反应的危险性。

3. 试分析磺化反应过程的危险性。

4. 分析催化反应的危险性。

5. 试分析裂解反应过程危险性。

6. 分析食盐电解过程的危险性。

模块四 化工单元操作安全技术

【学习目标】 了解化工单元操作安全性措施；掌握重要的化工单元操作过程的危险性分析及安全控制技术；学会对化工单元操作事故的分析。

第一部分 知识的学习

化工单元操作是化工生产中具有共同的物理变化特点的基本操作，包括物料输送、加热、冷却、冷凝、冷冻、蒸发及蒸馏、气体吸收、萃取、结晶、过滤、吸附、干燥等。这些单元操作遍及各种化工行业。化工单元操作涉及泵、换热器、反应器、蒸发器、各种塔等一系列设备。

化工单元操作既是能量集聚、传输的过程，也是两类危险源相互作用的过程，控制化工单元操作的危险性是化工安全生产工程的重点。

化工单元操作的危险性主要是由所处理物料的危险性所决定的。其中，处理易燃物料或含有不稳定物质物料的单元操作的危险性最大。在进行危险单元操作时，除了要根据物料的理化性质，采取必要的安全对策外，还要特别注意避免以下情况的发生。

1. 防止易燃气体物料形成爆炸性混合体系

处理易燃气体物料时要防止与空气或其他氧化剂形成爆炸性混合体系。特别是负压状态下的操作，要防止空气进入系统而形成系统内爆炸性混合体系。同时也要注意在正压状态下操作，要防止易燃气体物料泄漏，与环境空气混合形成系统外爆炸性混合体系。

2. 防止易燃固体或可燃固体物料形成爆炸性粉尘混合体系

在处理易燃固体或可燃固体物料时，要防止形成爆炸性粉尘混合体系。

3. 防止不稳定物质的积聚或浓缩

处理含有不稳定物质的物料时，要防止不稳定物质的积聚或浓缩。在蒸馏、蒸发、过滤、筛分、萃取、结晶、搅拌、加热升温、冷凝、回流、再循环等单元操作过程中，有可能使不稳定物质发生积聚或浓缩，进而产生危险。例如以下情况。

① 不稳定物质减压蒸馏时，若温度超过某一极限值，有可能发生分解爆炸。

② 粉末过筛时容易产生静电，而干燥的不稳定物质过筛时，微细粉末飞扬，可能在某些位置积聚而发生危险。

③ 反应物料循环使用时，可能造成不稳定物质的积聚而使危险性增大。

④ 反应液静置中，以不稳定物质为主的相，可能分离而形成分层积聚。不分层时，所含不稳定的物质也有可能在局部地点相对集中。在搅拌含有有机过氧化物等不稳定物质的反应混合物时，如果搅拌停止而处于静置状态，那么，所含不稳定物质的溶液就附在壁上，若溶剂蒸发了，不稳定物质被浓缩，往往成为自燃的火源。

⑤ 在大型设备里进行反应，如果含有回流操作时，危险物在回流操作中有可能被浓缩。

⑥ 在不稳定物质的合成反应中，搅拌是个重要因素。在采用间歇式的反应操作过程中，化学反应速率快。大多数情况下，加料速度与设备的冷却能力是相适应的，这时反应是扩散

控制，应使加入的物料马上反应掉；如果搅拌能力差，反应速率慢，加进的原料过剩，未反应的部分积聚在反应系统中，若再强力搅拌，所积存的物料一起反应，使体系的温度迅速上升，往往造成反应无法控制。操作的一般原则是搅拌停止的时候应停止加料。

⑦ 在对含有不稳定物质的物料升温时，控制不当有可能引起突发性反应或热爆炸。如果在低温下将两种能发生放热反应的液体混合，然后再升温引起反应将是十分危险的。在工业生产中，一般将一种液体保持在能起反应的温度下，边搅拌边加入另一种物料进行反应。

一、物料输送

在化工生产过程中，经常需要将各种原材料、中间体、产品以及副产品和废弃物，从前一个工段输送到后一个工段，或由一个车间输送到另一个车间，或输送到仓库储存。这些输送过程都是借助于各种输送机械设备来实现的。由于所输送物料的形态不同（块状、粉状、液体、气体），所采用的输送方式和机械也各异，但不论采取何种形式的输送，保证它们的安全运行都是十分重要的。若一处受阻，不仅影响整条生产线的正常运行，还可能导致各种事故。

1. 固体物料的输送

（1）常见输送设备及输送方式 固体物料分为块状物料和粉状物料，在实际生产中多采用皮带输送机、螺旋输送机、刮板输送机、链斗输送机、斗式提升机以及气力输送（风送）等多种方式进行输送。

气力输送是凭借真空泵或风机产生的气流动力将物料吹走以实现物料输送。与其他输送方式相比，气力输送系统构造简单、密闭性好、物料损失少、粉尘少，劳动条件好，易实现自动化且输送距离远。但能量消耗大、管道磨损严重，且不适于输送湿度大、易黏结的物料。

（2）不同输送方式的危险性分析及安全控制

① 皮带、刮板、螺旋输送机、斗式提升机等输送设备。这类输送设备连续往返运转，在运行中除设备本身会发生故障外，还会造成人身伤害。因此除要加强对机械设备的常规维护外，还应对齿轮、皮带、链条等部位采取防护措施。

a. 传动机构。主要有皮带传动和齿轮传动等。

皮带传动。皮带的形式与规格应根据输送物料的性质、负荷情况进行合理选择，要有足够大的强度，皮带胶接应平滑，并要根据负荷调整松紧度。在运行过程中，要防止因高温物料烧坏皮带，或因斜偏刮挡撕裂皮带的事故发生。

皮带同皮带轮接触的部位，对于操作工人是极其危险的部位，可造成断肢伤害甚至危及生命安全。正常生产时，这个部位应安装防护罩。检修时拆下的防护罩，检修完毕应立即重新安装好。

齿轮传动。齿轮传动的安全运行，取决于齿轮同齿轮，齿轮同齿条、链条的良好啮合，以及具有足够的强度。此外，要严密注意负荷的均匀、物料的粒度以及混入其中的杂物，防止因卡料而拉断链条、链板，甚至拉毁整个输送设备机架。

齿轮同齿轮、齿条、链条相啮合的部位，是极其危险的部位。该处连同它的端面均应采取防护措施，防止发生重大人身伤亡事故。

对于螺旋输送机，应注意螺旋导叶与壳体间隙、物料粒度和混入杂物以防止挤坏螺旋导叶与壳体。

斗式提升机应安装因链带拉断而坠落的防护装置。链式输送机应注意下料器的操作，防止下料过多、料面过高造成链带拉断。

轴、联轴器、键及固定螺钉。这些部位的固定螺钉不准超长，否则在高速旋转中易将人刮倒。这些部位要安装防护罩，并不得随意拆卸。

b. 输送设备的开、停车　在生产中有自动开停和手动开停两种系统。为保证输送设备的安全，还应安装超负荷、超行程停车保护装置。紧急事故停车开关应设在操作者经常停留的部位。停车检修时，开关应上锁或撤掉电源。

长距离输送系统，应安装开停车联系信号，以及给料、输送、中转系统的自动联锁装置或程序控制系统。

c. 输送设备的日常维护。日常维护中，润滑、加油和清扫工作是操作者致伤的主要原因。因此，应提倡安装自动注油和清扫装置，以减少发生这类危险的概率。

② 气力输送。从安全技术考虑，气力输送系统除设备本身因故障损坏外，最大的问题是系统的堵塞和由静电引起的粉尘爆炸。

a. 堵塞。以下几种情况易发生堵塞。

具有黏性或湿性过高的物料较易在供料处、转弯处黏附管壁，造成堵塞管路。

大管径长距离输送管比小管径短距离输送管更易发生堵塞。

管道连接不同心时，有错偏或焊渣突起等障碍处易堵塞。

输料管径突然扩大，或物料在输送状态中突然停车时，易造成堵塞。

最易堵塞的部位是弯管和供料处附近的加速段，由水平向垂直过渡的弯管易堵塞。为避免堵塞，设计时应确定合适的输送速度，选择管系的合理结构和布置形式，尽量减少弯管的数量。

输料管壁厚通常为 3～8mm。输送磨削性较强的物料时，应采用管壁较厚的管道，管内表面要求光滑、不准有褶皱或凸起。

此外，气力输送系统应保持良好的严密性。否则，吸送式系统的漏风会导致管道堵塞。而压送式系统漏风，会将物料带出，污染环境。

b. 静电。粉料在气力输送系统中，会同管壁发生摩擦而使系统产生静电，这是导致粉尘爆炸的重要原因之一。必须采取下列措施加以消除。

输送粉料的管道应选用导电性较好的材料，并应良好地接地。若采用绝缘材料管道，且能产生静电时，管外应采取可靠的接地措施。

输送管道直径要尽量大些。管路弯曲和变径应平缓，弯曲和变径处要少。管内壁应平滑、不许装设网格之类的部件。

管道内风速不应超过规定值，输送量应平稳，不应有急剧的变化。

粉料不要堆积管内，要定期使用空气进行管壁清扫。

2. 液体物料的输送

(1) 液体物料输送设备分类　化工生产过程中输送的液态物料种类繁多、性质各异（有高黏度溶液、悬浮液、腐蚀性溶液等），且温度、压强又有高低之分，因此，所用泵的种类较多。生产中常用的有离心泵、往复泵、旋转泵、流体作用泵四类。

(2) 液体输送过程危险性分析及安全控制

① 离心泵。离心泵在开动前，泵内和吸入管必须用液体充满，如在吸液管一侧装一单向阀门，使泵在停止工作时泵内液体不致流空，或将泵置于吸入液面之下，或采用自灌式离心泵都可将泵内空气排尽。

操作前应压紧填料函，但不要过紧、过松，以防磨损轴部或使物料喷出。停车时应逐渐关闭泵出口阀门，使泵进入空转。使用后放净泵与管道内积液，以防冬季冻坏设备和管道。

在输送可燃液体时，管内流速不应大于安全流速，且管道应有可靠的接地措施以防静电。同时要避免吸入口产生负压，使空气进入系统发生爆炸。

安装离心泵时，混凝土基础需稳固，且基础不应与墙壁、设备或房柱基础相连接，以免产生共振。

为防止杂物进入泵体，吸入口应加滤网。泵与电机的联轴节应加防护罩以防绞伤。

在生产中，若输送的液体物料不允许中断，则需要考虑配置备用泵和备用电源。

② 往复泵。往复泵主要由泵体、活塞（或活柱）和两个单向活门构成。依靠活塞的往复运动将外能以静压力形式直接传给液态物料，借以传送。往复泵按其吸入液体动作可分为单动、双动及差动往复泵。

蒸汽往复泵以蒸汽为驱动力，不用电和其他动力，可以避免产生火花，故而特别适用于输送易燃液体。当输送酸性和悬浮液时，选用隔膜往复泵较为安全。

往复泵开动前，需对各运动部件进行检查。观其活塞、缸套是否磨损，吸液管上之垫片是否适合法兰大小。以防泄漏。各注油处应适当加油润滑。

开车时，将泵体内壳充满水，排除缸内空气。若在出口装有阀门时，需将出口阀门打开。

需要特别注意的是，对于往复泵等正位移泵，严禁用出口阀门调节流量，否则将造成设备或管道的损坏。

③ 旋转泵。旋转泵同往复泵一样，同属于正位移泵。同往复泵的主要区别是泵中没有活门，只有在泵中旋转着的转子。旋转泵依靠旋转时排送液体，留出空间形成低压将液体连续吸入和排出。

因为旋转泵属于正位移泵，故流量不能用出口管道上的阀门进行调节，而采用改变转子转速或回流支路的方法调节流量。

④ "酸蛋"和空气升液器。在化工生产中，也有用压缩空气为动力来输送一些酸碱等有腐蚀性液体的，俗称"酸蛋"。这些设备也属于压力容器，要有足够的强度。在输送有爆炸性或燃烧性物料时，要采用氮、二氧化碳等惰性气体代替空气，以防造成燃烧或爆炸。

对于易燃液体不能采用压缩空气压送。因为空气与易燃液体混合，可形成爆炸混合物，且有产生静电的可能。

对于闪点很低的易燃液体，应用氮或二氧化碳惰性气体压送。闪点较高及沸点在130℃以上的可燃液体，如有良好的接地装置，可用空气压送。输送易燃液体采用蒸汽往复泵较为安全。如采用离心泵，则泵的叶轮应用有色金属或塑料制造，以防撞击发生火花。设备和管道应良好接地，以防静电引起火灾。

用各种泵类输送可燃液体时，其管内流速不应超过安全速度。

另外，虹吸和自流的输送方法比较安全，在工厂中应尽量采用。

3. 气体物料输送过程的安全技术

气体物料的输送采用压缩机。输送可燃气体要求压力不太高时，采用液环泵［液环泵是一种输送气体的流体机械，它靠叶轮的旋转将机械能传递给工作液体（旋转液体），又通过液环对气体的压缩，把能量传递给气体，使其压力升高，达到抽吸真空（作真空泵用）或压送气体（作压缩机用）的目的，二者统称为液环泵］比较安全。抽送或压送可燃性气体时，进气吸入口应该经常保持一定余压，以免造成负压吸入空气形成爆炸性混合物（雾化的润滑油或其分解产物与压缩空气混合，同样会产生爆炸性混合物）。

为避免压缩机汽缸、储气罐以及输送管路因压力增高而引起爆炸，要求这些部分要有足够的强度。此外，要安装经校验的压力表和安全阀（或爆破片）。安全阀泄压应将其危险气体导至安全的地方。还可安装压力超高报警器、自动调节装置或压力超高自动停车装置。

压缩机在运行中，冷却水不能进入汽缸，以防发生"水锤"（水锤是在突然停电或者在阀门关闭太快时，由于压力水流的惯性，产生水流冲击波，就像锤子敲打一样，所以叫水锤）。氧压机严禁与油类接触，一般采用含10%以下甘油的蒸馏水作为润滑剂。其中水的含量应以汽缸壁充分润滑而不产生水锤为准（约80～100滴/min）。

气体抽送、压缩设备上的垫圈易损坏漏气，应经常检查、及时修换。

对于特殊压缩机，应根据压送气体物料的化学性质的不同，而有不同的安全要求。如乙炔压缩机中，同乙炔接触的部件不允许用铜来制造，以防产生比较危险的乙炔铜等。

可燃气体的输送管道，应经常保持正压，并根据实际需要安装逆止阀、水封和阻火器等安全装置。

易燃气体、液体管道不允许同电缆一起敷设。可燃气体管道同氧气管一同敷设时，氧气管道应设在旁边，并保持250mm的净距。

管内可燃气体流速不应过高。管道应良好接地，以防止静电引起事故。

对于易燃、易爆气体或蒸气的抽送、压缩设备的电机部分，应全部采用防爆型。否则，应穿墙隔离设置。

二、加热及传热过程

传热，即热量的传递。化学工业与传热的关系尤为密切。加热是控制温度的重要手段，其操作的关键是按规定严格控制温度的范围和升温速度。

1. 加热剂与加热方法

（1）水蒸气　水蒸气是最常用的加热剂，通常使用饱和水蒸气。用水蒸气加热的方法有两种：直接蒸汽加热和间接蒸汽加热。直接蒸汽加热时，水蒸气直接进入被加热的介质中并与其混合，这种方法适用于允许被加热介质和蒸汽的冷凝液混合的场合。间接蒸汽加热是通过换热器的间壁传递热量。

水蒸气爆炸的危险以及由水蒸气引起的爆炸事故十分普遍，蒸汽爆炸事故中最常见的是水汽化后引起的爆炸事故。

（2）热水　热水加热一般用于100℃以下的场合，热水通常可使用锅炉热水和从蒸发器或换热器得到的冷凝水。

（3）高温有机物　将物料加热到400℃以下的范围内，可使用液态或气态高温有机物作为加热剂。

常用的有机物加热剂有：甘油、乙二醇、萘、联苯与二苯醚的混合物、二甲苯基甲烷、矿物油和有机硅液体等。高温有机物由于具有燃烧爆炸危险、高温结焦和积炭危险，运行中密闭性和温度控制必须严格。另外联苯与二苯醚混合物由于具有较高的渗透性，因此系统的密闭问题十分明显。

（4）无机熔盐　当需要加热到550℃时，可用无机熔盐作为加热剂。熔盐加热装置应具有高度的气密性，并用惰性气体保护。

此外，工业生产中还利用液体金属、烟道气和电等来加热。其中，液体金属可加热到

300～800℃，烟道气可加热到1100℃，电加热最高可达到3000℃。

2．加热过程危险性分析

吸热反应大多需要加热；有的反应必须在较高的温度下进行，因此也需要加热。加热反应必须严格控制温度。一般情况下，随着温度升高反应速率加快。温度过高或升温过快都会导致反应剧烈，容易发生冲料，易燃品大量气化，聚集在车间内与空气形成爆炸性混合物，发生火灾的危险性极大。所以应明确规定和严格控制升温上限和升温速度。

如果是放热反应且反应液沸点低于40℃，或者是反应剧烈、温度容易猛升并有冲料危险的化学反应，反应设备应该有冷却装置和紧急放料装置。紧急放料装置的物料接收器应该导出至生产现场以外没有火源的安全地方。此外，也可以设爆破泄压片。

加热温度如果接近或超过物料的自燃点，应采用氮气保护。

采用硝酸盐、亚硝酸盐等无机盐作加热载体时，要预防与有机物等可燃物接触，因为无机盐混合物具有强氧化性，与有机物接触后会发生强烈的氧化还原反应引起燃烧或爆炸。

与水会发生反应的物料，不宜采用水蒸气或热水加热。采用水蒸气或热水加热时，应定期检查蒸汽夹套和管道的耐压强度，并应安装压力表和安全阀。

采用充油夹套加热时，需将加热炉门与反应设备用砖墙隔绝，或将加热炉设于车间外面。油循环系统应严格密闭，不准热油泄漏。

电加热装置如果电感线圈绝缘破坏、受潮、漏电、短路以及电火花、电弧等均能引起易燃易爆物质着火或爆炸。在加热易燃物质，以及受热能挥发可燃性气体或蒸气的物质时，应采用密闭式电加热器。电加热器不能安装在易燃物质附近。导线的负荷能力应满足加热器的要求。为了提高电加热设备的安全可靠性，可采用防潮、防腐蚀、耐高温的绝缘层，增加绝缘层的厚度，添加绝缘保护层等措施。电感应线圈应密封起来，防止与可燃物接触。电加热器的电炉丝与被加热设备的器壁之间应有良好的绝缘，以防短路引起电火花，将器壁击穿，使设备内的易燃物质或漏出的气体和蒸气发生燃烧或爆炸。

3．换热器安全运行技术

间接加热是化工生产中应用最广泛的加热方法，它是通过换热器来实现的，因此换热器的安全运行对于加热操作过程尤为重要。为了保证换热器长久正常运转，必须正确操作和使用换热器，并重视对设备的维护、保养和检修，将预防维护摆在首位，强调安全预防，减少任何可能发生的事故，这就要求必须掌握换热器的基本操作方法、运行特点和维护经验。

三、冷却、冷凝与冷冻

1．冷却、冷凝

冷却与冷凝被广泛应用于化工生产中。两者的主要区别在于被冷却的物料是否发生相的改变。若发生相变（如气相变为液相）则称为冷凝，否则，无相变只是温度降低则称为冷却。

（1）冷却与冷凝方法　根据冷却与冷凝所用的设备，可分为直接冷却与间接冷却两类。

① 直接冷却法。可直接向所需冷却的物料加入冷水或冰等制冷剂，也可将物料置入敞口槽中或喷洒于空气中，使之自然气化而达到冷却的目的（这种冷却方法也称为自然冷却）。在直接冷却中常用的冷却剂为水。直接冷却法的缺点是物料被稀释。

② 间接冷却法。此法通常是在具有间壁式换热器中进行的。壁的一边为低温载体，如冷水、盐水、冷冻混合物以及固体二氧化碳等，而壁的另一侧为所需冷却的物料。一般冷却水所达到的冷却效果不能低于0℃；20%浓度的盐水，其冷却效果可达0～-15℃；冷冻混

合物（以压碎的冰或雪与盐类混合制成），依其成分不同，冷却效果可达 0～－45℃。间接冷却法在化工生产中应用更广泛。

（2）冷却与冷凝设备 冷却、冷凝所使用的设备统称为冷却、冷凝器。冷却器、冷凝器就其实质而言均属于换热器，依其传热面形状和结构可分为以下几种。

① 管式冷却、冷凝器。常用的有蛇管式、套管式和列管式等。

② 板式冷却、冷凝器。常用的有平板式、夹套式、螺旋式、翼片式等。

③ 混合式冷却、冷凝设备。包括填充塔、泡沫冷却塔、喷淋式冷却塔、文丘里冷却器、瀑布式混合冷凝器。混合式冷凝器又可分为干式、湿式、并流式、逆流式等。

按冷却、冷凝器材质分为金属与非金属材料。

（3）冷却与冷凝的安全技术 冷却、冷凝的操作在化工生产中容易被人们忽视。实际上它很重要，它不仅涉及原材料定额消耗，以及产品收率，而且严重地影响安全生产。在实际操作中应做到以下几点。

① 根据被冷却物料的温度、压力、理化性质以及所要求冷却的工艺条件，正确选用冷却设备和冷却剂。

② 对于腐蚀性物料的冷却，最好选用耐腐蚀材料的冷却设备。如石墨冷却器、塑料冷却器以及用高硅铁管、陶瓷管制成的套管冷却器和钛材冷却器等。

③ 严格注意冷却设备的密闭性，不允许物料窜入冷却剂中。也不允许冷却剂窜入被冷却的物料中（特别是酸性气体）。

④ 冷却设备所用的冷却水不能中断。否则，反应热不能及时导出，致使反应异常，系统压力增高，甚至产生爆炸。另一方面，冷却、冷凝器如断水，会使后部系统温度升高，未冷凝的危险气体外逸排空，可能导致燃烧或爆炸。用冷却水控制系统温度时，一定要安装自动调节装置。

⑤ 开车前首先清除冷凝器中的积液，再打开冷却水，然后才能通入高温物料。

⑥ 为保证不凝性可燃气体安全排空，可充氮保护。

⑦ 检修冷凝、冷却器时，应彻底清洗、置换，切勿带料焊接。

2. 冷冻

在某些化工生产过程中，如蒸气、气体的液化，某些组分的低温分离，以及某些物品的输送、储藏等，常需将物料降到比水或周围空气更低的温度，这种操作称为冷冻或制冷。

冷冻操作的实质是不断地由低温物体（被冷冻物）取出热量，并传给高温物体（水或空气），以使被冷冻的物料温度降低。热量由低温物体到高温物体这一传递过程是借助于冷冻剂实现的。适当选择冷冻剂及其操作过程，可以获得由零度至接近于绝对零度的任何程度的冷冻。一般来说，冷冻程度与冷冻操作的技术有关，凡冷冻范围在－100℃以内的称为冷冻；而在－100～－210℃或更低的温度，则称为深度冷冻。

（1）冷冻方法 化工生产中常用的冷冻方法有以下几种。

① 低沸点液体的蒸发。如液氨在 0.2MPa 压力下蒸发，可以获得－15℃的低温，若在 0.04119MPa 压力下蒸发，则可达－50℃；液态乙烷在 0.05354MPa 压力下蒸发可达－100℃，液态氨蒸发可达－210℃等。

② 冷冻剂于膨胀机中膨胀，气体对外做功，致使内能减少而获得低温。该法主要用于那些难以液化气体（空气、氢等）的液化过程。

③ 利用气体或蒸气在节流时所产生的温度降而获取低温的方法。

(2) 冷冻剂　冷冻剂的种类很多。但目前尚无一种理想的冷冻剂能够满足所有的条件。冷冻剂与冷冻机的大小、结构和材质有着密切的关系。冷冻剂的选择一般考虑如下因素。

① 冷冻剂的汽化潜热应尽可能的大，以便在固定冷冻能力下，尽量减少冷冻剂的循环量。

② 冷冻剂在蒸发温度下的比容以及与该比容相应的压强均不宜过大，以降低动能的消耗；同时，在冷凝器中与冷凝温度相应的压强亦不宜过大，否则将增加设备费用。

③ 冷冻剂需具有一定的化学稳定性，同时对循环所经过设备应尽可能产生小的腐蚀破坏作用；此外，还应选择无毒（或刺激性）或低毒的冷冻剂，以免因泄漏而使操作者受害。

④ 冷冻剂最好不燃或不爆。

⑤ 冷冻剂应价廉而易于购得。

目前广泛使用的冷冻剂是氨。在石油化学工业中，常用石油裂解产品乙烯、丙烯作冷冻剂。丙烯的制冷程度与氨接近，但汽化潜热小，危险性较氨大。乙烯的沸点为 $-103.7℃$，在常压下蒸发即可获得 $-70\sim-100℃$ 的低温，乙烯的临界温度为 $9.5℃$。常用的冷冻剂如下。

① 氨。氨在标准状态下沸点为 $-33.4℃$，冷凝压力不高。它的汽化潜热和单位质量冷冻能力均远超过其他冷冻剂，所需氨的循环量小。它的操作压力同其他冷冻剂相比也不高。即使冷却水温较高时，在冷凝器中也不超过 $1.6MPa$ 压力。而当蒸发器温度低至 $-34℃$ 时，其压力也不低于 $0.1MPa$ 压力。因此，空气不会漏入以致妨碍冷冻机正常操作。

氨几乎不溶于油，但易溶于水，一个体积的水可溶解 700 个体积的氨，所以在氨系统内无冰塞现象。

氨对于铁、铜不起反应，但若氨中含水时，则对铜及铜的合金具有强烈的腐蚀作用。因此，在氨压缩机中不能使用铜及其合金的零件。

氨有强烈的刺激性臭味，在空气中超过 $30mg/m^3$，长期作业会对人体产生危害。氨属于易燃、易爆物质，其爆炸下限为 15.5%。氨于 $130℃$ 开始明显分解，至 $890℃$ 时全部分解。

② 氟里昂。氟里昂冷冻剂有氟里昂 11（CCl_3F）、氟里昂 12（CCl_2F_2）以及氟里昂 13（$CClF_3$）等多种。这类冷冻剂的沸点是随其氟原子数的增加而升高，在常温下其沸点范围为 $-82.2\sim40℃$。

氟里昂冷冻剂无味，不具有可燃性和毒性，同空气混合无爆炸危险，同时对金属无腐蚀，因此是一种比较安全的冷冻剂。但是由于氟里昂破坏大气臭氧层，已限制使用。

③ 乙烯、丙烯。在石油化学工业中，常用乙烯、丙烯为冷冻剂进行裂解气的深冷分离。乙烯沸点较低，能在高压（$30kgf/cm^2$）下于较高的温度（$-25℃$）冷凝，又能在低压（$0.272kgf/cm^2$）下于较低的温度（$-123℃$）蒸发。丙烯在 1atm，可于 $-47.7℃$ 的低温下蒸发，因此可用丙烯作乙烯的冷冻剂。冷水向丙烯供冷使丙烯冷凝，构成乙烯-丙烯复叠式制冷系统。

但是乙烯、丙烯均属于易燃、易爆物质。乙烯爆炸极限为 $2.75\%\sim34\%$，丙烯为 $2\%\sim11.1\%$，如空气中乙烯、丙烯含量达到其爆炸浓度，可产生燃烧爆炸的危险。

乙烯的毒性在于麻醉作用，而丙烯的毒性是乙烯的两倍，麻醉力较强，其浓度在 $110mg/L$ 时，人吸入 $2.5min$ 即可引起轻度麻醉。因此，对长期从事操作的工人有害。

(3) 冷载体　冷冻机中产生的冷效应，通常不用冷冻剂直接作用于被冷物体，而是以一种盐类的水溶液作冷载体传给被冷物。此冷载体往返于冷冻机和被冷物之间，不断自被冷物取走热量，不断向冷冻剂放出热量。

常用的冷载体有氯化钠、氯化钙、氯化镁等溶液。对于一定浓度的冷冻盐水，有一定的冻结温度。所以在一定的冷冻条件下，所用冷冻盐水的浓度应较所需的浓度大，否则有冻结现象产生，使蒸发器蛇管外壁结冰，严重影响冷冻机操作。

盐水对金属有较大的腐蚀作用，在空气存在下，其腐蚀作用更强。因此，一般均采用密闭式的盐水系统，并在盐水中加入缓蚀剂。

（4）冷冻机安全技术　一般常用的压缩冷冻机由压缩机、冷凝器、蒸发器与膨胀阀四个基本部分组成。冷冻设备所用的压缩机以氨压缩机较为多见，在使用氨冷冻压缩机时应注意以下事项。

① 采用不产生火花的防爆型电气设备。

② 在压缩机出口方向，应于汽缸与排气阀间设一个能使氨通到吸入管的安全装置，以防压力超高。为避免管路爆裂，在旁通管路上不装阻气设施。

③ 易于污染空气的油分离器应装于室外。采用低温不冻结，且不与氨发生化学反应的润滑油。

④ 制冷系统压缩机、冷凝器、蒸发器以及管路系统，应注意其耐压程度和气密性，防止设备、管路产生裂纹和泄漏，同时要加强安全阀、压力表等安全装置的检查、维护。

⑤ 制冷系统因发生事故或停电而紧急停车时，应注意被冷物料的排空处理。

⑥ 装有冷料的设备及容器，应注意其低温材质的选择，防止金属的低温脆裂。

四、熔融

1. 熔融过程

在化工生产中常常需将某些固体物料（苛性钠、苛性钾、萘、磺酸等）熔融之后进行化学反应。熔融是指常温下是固体的物质，在达到一定温度后熔化，成为液态，称为熔融状态。

2. 熔融过程危险性分析与安全技术

从安全技术角度考虑，熔融这一单元操作的主要危险来源于被熔融物料的化学性质、固体质量、熔融时的黏稠程度、熔融过程中副产品的生成、熔融设备、加热方式以及物料的破碎等方面。

（1）熔融物料的危险性质　被熔融固体物料本身的危险特性对安全操作有很大影响。熔融物若与皮肤接触，会造成难以剥离的严重烫伤。例如，碱熔过程中的碱，它可使蛋白质变为胶状化合物，又可使脂肪变为胶状皂化物质。碱比酸具有更强的渗透能力，且深入组织较快，因此碱对皮肤的灼伤要比酸更为严重。尤其是固碱熔融过程中，碱屑或碱液飞溅至眼部，其危险性更大，不仅使眼角膜、结膜立即坏死糜烂，同时向深部渗入，损坏眼球内部，导致视力严重减退甚至失明。

（2）熔融物中的杂质　熔融物中的杂质种类和数量对安全操作也是十分重要的。例如，在碱熔融过程中，碱和磺酸盐的纯度是该过程中影响安全的最重要因素之一。如果碱和磺酸盐中含有无机盐等杂质，应尽量除掉，否则，这些无机盐杂质不熔融，而是呈块状残留于反应物中，妨碍反应物质的混合，会造成局部过热、烧焦，致使熔融物喷出，烧伤操作人员。因此，必须经常消除锅垢。

（3）物质的黏稠程度　能否安全进行熔融，与反应设备中物质的黏稠程度有密切关系。反应物质流动性越大，熔融过程就越安全。

为了使熔融物具有较大的流动性，可用水将其稀释。例如，苛性钠或苛性钾有水存在时，其熔点就显著降低，从而使熔融过程可以在危险性较小的低温状态下进行。

在化学反应中，使用40％～50％的碱液代替固碱较为合理，这样可以免去固碱粉碎及熔融过程。在必须用固碱时，也最好使用片碱。

五、蒸发与蒸馏

1. 蒸发

（1）蒸发过程的特点与分类　蒸发是通过加热使溶液中的溶剂不断汽化并被移除，以提高溶液中溶质浓度，或使溶质析出的物理过程。如制糖工业中蔗糖水、甜菜水的浓缩，氯碱工业中的碱液提浓以及海水淡化等采用蒸发的办法。

蒸发过程具有以下特点。

① 蒸发的目的是为了使溶剂汽化，因此被蒸发的溶液应由挥发性的溶液和不挥发性的溶质组成。整个蒸发过程中溶质的数量是不变的。

② 溶剂的汽化可分别在低于沸点和沸点下进行。在低于沸点时进行，称为自然蒸发。如海水制盐用太阳晒，此时溶剂的汽化只能在溶液的表面进行，蒸发速率缓慢，生产效率较低。若溶剂的汽化在沸点温度下进行，称为沸腾蒸发，溶剂不仅在溶液的表面汽化，而且在溶液内部的各个部分同时汽化，蒸发速率大大提高。

③ 蒸发操作是一个传热和传质同时进行的过程，蒸发的速率取决于过程中较慢的那一步过程的速率，即热量传递速率，因此工程上通常把它归纳为传热过程。

④ 由于溶液中溶质的存在，在溶质汽化过程中溶质易在加热表面析出而形成污垢，影响传热效果。当该溶质是热敏性物质时，还有可能因此而分解变质。

⑤ 蒸发操作需在蒸发器中进行。沸腾时，由于液沫的夹带而可能造成物料的损失，因此蒸发器在结构上与一般加热器是不同的。

⑥ 蒸发操作中要将大量溶剂汽化，需要消耗大量的热能，所以，蒸发操作的节能问题将比一般传热过程更为突出。目前工业上常用水蒸气作为加热热源，而被蒸发的物料大多为水溶液，汽化出来的蒸汽仍然是水蒸气，通常将用来加热的蒸汽称为一次蒸汽，将从蒸发器中蒸发出的蒸汽称为二次蒸汽。充分利用二次蒸汽是蒸发操作中节能的主要途径。

（2）蒸发过程的危险性分析　凡蒸发的溶液都具有一定的特性。如溶质在浓缩过程中若有结晶、沉淀和污染产生，这样会导致传热效率的降低，并且产生局部过热，因此，对加热部分需经常清洗。

对具有腐蚀性溶液的蒸发，需要考虑设备的腐蚀问题，为了防腐蚀，有的设备需要用特种钢材来制造。

对热敏性溶液的蒸发，还需考虑温度的控制。特别是由于溶液的蒸发产生结晶和沉淀，而这些物质又是不稳定的，局部过热可使其分解变质或燃烧、爆炸，则更应注意控制蒸发温度。为防止热敏性物质的分解，可采用真空蒸发的方法，降低蒸发温度。或者使溶液在蒸发器内停留的时间和与加热面接触的时间尽量缩短，例如采用单程循环、快速蒸发等。

（3）安全运行操作　蒸发操作的最终目的是将溶液中大量的水分蒸发出来，使溶液得到浓缩，而要提高蒸发器在单位时间内蒸出的水分，在操作过程中应做到以下几方面。

① 合理选择蒸发器。蒸发器的选择应考虑蒸发溶液的性质，如溶液的黏度、发泡性、腐蚀性、热敏性，以及是否容易结垢、结晶等情况。如热敏性的物料蒸发，由于物料所承受的最高温度有一定极限，因此应尽量降低溶液在蒸发器中的沸点，缩短物料在蒸发器中的滞留时间，所以可选择膜式蒸发器。对于腐蚀性溶液的蒸发，蒸发器的材料应耐腐蚀。

② 提高蒸汽压力。为了提高蒸发器的生产能力，提高加热蒸汽的压力和降低冷凝器中二次蒸汽压力，有助于提高传热温度差。因为加热蒸汽的压力提高，饱和蒸汽的温度也相应提高。冷凝器中的二次蒸汽压力降低，蒸发室的压力变低，溶液沸点温度也就降低。

③ 提高传热系数 K。提高蒸发器蒸发能力的主要途径是应提高传热系数 K。通常情况下，管壁热阻很小，可忽略不计。加热蒸汽膜系数一般很大，若在蒸汽中含有少量不凝性气体，加热蒸汽冷凝膜系数下降。据研究测试，蒸汽中含有 1% 不凝性气体，传热总系数下降 60%，所以在操作中，必须及时排除不凝性气体。

在蒸发操作中，管内壁结垢现象是不可避免的，尤其当处理易结晶和腐蚀性物料时，此时传热总系数 K 变小，使传热量下降。在这些蒸发操作中，一方面应定期停车清洗、除垢；另一方面应积极改进蒸发器的结构，如把蒸发器的加热管加工光滑些，使污垢不易生成，即使生成也易清洗，这就可以提高溶液循环的速度，从而降低污垢生成的速度。

对于不易结垢、不易结晶的物料蒸发，影响传热总系数 K 的主要因素是管内溶液沸腾的传热膜系数。在此类蒸发中，应提高溶液的循环速度和湍动程度，从而提高蒸发器的蒸发能力。

④ 提高传热量。提高蒸发器的传热量，必须增加它的传热面积。在操作中，必须密切注意蒸发器内液面的高低。液面过高，加热管下部所受静压强过大，溶液达不到沸腾。

2. 蒸馏

化工生产中常常要将混合物进行分离，以实现产品的提纯和回收或原料的精制。对于均相液体混合物，最常用的分离方法是蒸馏。因为蒸馏过程有加热载体和加热方式的安全问题，又有液相汽化分离及冷凝等的相变安全问题，即能量的转换和相态的变化同时在系统中存在，蒸馏过程又是物质被急剧升温浓缩甚至变稠、结焦、固化的过程，安全运行就显得十分重要。

(1) 蒸馏过程及分类 蒸馏是利用液体混合物各组分挥发度的不同，使其分离为纯组分的操作。对于大多数混合液，各组分的沸点相差越大，其挥发能力相差越大，则用蒸馏方法分离越容易。反之，两组分的挥发能力越接近，则越难用蒸馏方法进行分离。

蒸馏操作可分为间歇蒸馏和连续蒸馏。按操作压力可分为常压蒸馏、减压蒸馏和加压蒸馏。此外还有特殊蒸馏——蒸汽蒸馏、萃取蒸馏、恒沸蒸馏和分子蒸馏。

蒸汽蒸馏通常用于在常压下沸点较高，或在沸点时容易分解的物质的蒸馏，也常用于高沸点物与不挥发杂质的分离，但只限于所得到的产品完全不溶于水。

萃取蒸馏与恒沸蒸馏主要用于分离由沸点极接近或恒沸的各组分所组成的、难以用普通蒸馏方法分离的混合物。

分子蒸馏是一种相当于绝对真空下进行的一种真空蒸馏。在这种条件下，分子间的相互吸引力减少，物质的挥发度提高，使液体混合物中难以分离的组分容易分开。由于分子蒸馏降低了蒸馏温度，所以可以防止或减少有机物的分解。

(2) 不同蒸馏过程危险性分析 在安全问题上，除了根据加热方法采取相应的安全措施外，还应按物料性质、工艺要求正确选择蒸馏方法和蒸馏设备。在选择蒸馏方法时，应从操作压力及操作过程等方面加以考虑。操作压力的改变可直接导致液体沸点的改变，亦即改变液体的蒸馏温度。

处理难挥发的物料（在常压下沸点150℃以上）应采用真空蒸馏。这样可以降低蒸馏温度，防止物料在高温下变质、分解、聚合和局部过热现象的产生。

处理中等挥发性物料（沸点为 100℃左右），采用常压蒸馏较为合适。若采用真空蒸馏，反而会增加冷却的困难。

常压下沸点低于 30℃的物料，则应采用高压蒸馏，但是应注意设备密闭。

① 常压蒸馏。在常压蒸馏中必须注意，易燃液体的蒸馏不能采用明火作热源，采用蒸汽或过热水蒸气加热较为安全。

蒸馏腐蚀性液体时，应防止塔壁、塔盘腐蚀泄漏，导致易燃液体或蒸气泄漏，遇明火或灼热的炉壁而燃烧。

蒸馏自燃点很低的液体时，应注意蒸馏系统的密闭，防止因高温泄漏遇空气自燃。

对于高温的蒸馏系统，应防止冷却水突然窜入塔内，否则水迅速汽化，导致塔内压力突然增高，将物料冲出或发生爆炸。故在开车前应将塔内和蒸汽管道内的冷凝水除尽。

在常压蒸馏系统中，还应注意防止凝固点较高的物质凝结堵塞管道，导致塔内压力增高而引起爆炸。

蒸馏高沸点物料时，可以采用明火加热，这时应防止产生自燃点很低的树脂油状物遇空气而自燃。同时应防止蒸干，使残渣转化为结垢，引起局部过热而着火、爆炸。油焦和残渣应经常清除。

冷凝器中的冷却水或冷冻盐水不能中断。否则，未冷凝的易燃蒸气逸出使系统温度增高，或窜出遇明火而燃烧。

② 减压蒸馏。真空蒸馏是一种较安全的蒸馏方法。对于沸点较高、在高温下蒸馏时又能引起分解、爆炸或聚合的物质，采用真空蒸馏较为合适。如苯乙烯在高温下易聚合，而硝基甲苯在高温下易分解爆炸，这些物质的蒸馏，必须采用真空蒸馏的方法。

真空蒸馏设备的密闭性是非常重要的。蒸馏设备一旦吸入空气，与塔内易燃气混合形成爆炸性混合物，就有引起爆炸或者着火的危险。因此，真空蒸馏所用的真空泵应安装单向阀，以防止突然停泵而使空气倒入设备。

当易燃易爆物质蒸馏完毕，应在充入氮气后，再停真空泵，以防止空气进入系统，引起燃烧或爆炸。

真空蒸馏应注意其操作程序。先打开真空活门，然后开冷却器活门，最后打开蒸汽阀门。否则，物料会被吸入真空泵，并引起冲料，使设备受压甚至产生爆炸。真空蒸馏易燃物质的排气管应通至厂房外，管道上要安装阻火器。

③ 加压蒸馏。在加压蒸馏中，气体或蒸气容易泄漏造成燃烧、中毒的事故。因此，设备应严格进行气密性和耐压实验、检查，并应安装安全阀和温度、压力的调节控制装置，严格控制蒸馏温度与压力。在石油产品的蒸馏中，应将安全阀的排气管与火炬系统相连接，安全阀起跳即可将物料排入火炬烧掉。

此外，在蒸馏易燃液体时，应注意系统的静电消除。特别是苯、丙酮、汽油等不易导电液体的蒸馏，更应将蒸馏设备、管道良好接地。室外蒸馏塔应安装可靠的避雷装置。

应对蒸馏设备经常检查、维修，认真搞好停车后、开车前的系统清洗、置换，避免发生事故。

对易燃易爆物质的蒸馏，厂房要符合防爆要求，有足够的泄压面积，室内电机、照明等电气设备均应采用防爆产品，并且灵敏可靠。

六、吸收

1. 工业气体吸收过程

气体吸收是指气体混合物在溶剂中选择溶解实现气体混合物组分的分离，它是利用气体混合物各组分在液体溶剂中溶解度的差异来分离气体混合物的单元操作。其逆过程是脱吸或解吸。吸收过程是使混合气中的溶质溶解于吸收剂中而得到一种溶液，即溶质由气相转移到液相的相际传质过程。

气体吸收可分为以下三类。

① 按溶质与溶剂是否发生显著的化学反应，可分为物理吸收和化学吸收。如水吸收二氧化碳、用洗油吸收芳烃均属于物理吸收；用硫酸吸收氨及用碱液吸收二氧化碳属于化学吸收。

② 按吸收组分的不同，分为单组分吸收和多组分吸收。

③ 按吸收体系（主要是液相）的温度是否显著变化，分为等温吸收和非等温吸收。

最常用于吸收的设备是填料塔、喷雾塔或筛板塔，气体与溶剂在塔内逆流接触进行吸收操作。

2. 吸收过程危险性分析与安全运行

气体吸收过程要使用不同特性、危险性大的有机溶剂。溶剂在高速流动过程中不仅存在大量汽化扩散的危险，而且还会产生大量静电，导致静电火花的危险。为了安全操作，必须做到以下几方面。

① 控制溶剂的流量和组成，如洗涤酸气的溶液的碱性；如果吸收剂是用来排除气流中的毒性气体，而不是向大气排放，如用碱溶液洗涤氯气，用水排除氨气，液流的失控会造成严重事故。

② 在设计限度内控制入口气流，检测其组成。

③ 控制出口气的组成。

④ 适当选择适于与溶质和溶剂的混合物接触的结构材料。

⑤ 在进口气流速、组成、温度和压力的设计条件下操作。

⑥ 避免潮气转移至出口气流中，如应用严密筛网或填充床除雾器等。

一旦出现控制变量不正常的情况，应能自动启动报警装置。控制仪表和操作程序应能防止气相中溶质载荷的突增以及液体流速的波动。

七、萃取

1. 萃取过程及危险性分析

萃取操作是分离液体混合物的常用单元操作之一，在石油化工、精细化工、原子能化工等方面被广泛应用。液-液萃取也称溶剂萃取，它是指在欲分离的液体混合物中加入一种适宜的溶剂，使其形成两液相系统，利用液体混合物中各组分分配系数差异的性质，易溶组分较多地进入溶剂相从而实现混合液的分离。在萃取过程中，所用的溶剂称为萃取剂，混合液体为原料，原料液中欲分离的组分称为溶质，其余组分称为稀释剂。萃取操作中所得到的溶液称为萃取相，其成分主要是萃取剂和溶质，剩余的溶液称为萃余相。其成分主要是稀释剂，还含有残余的溶质等组分。

单极萃取过程特别应该注意产生的静电积累，若是搪瓷反应釜，液体表层积累的静电很难被消散，会在物料放出时产生放电火花。

萃取过程常常有易燃的稀释剂或萃取剂的使用。除去溶剂储存和回收的适当设计外，还需要有效的界面控制。因为包含相混合、相分离以及泵输送等操作，消除静电的措施变得极为重要。对于放射性化学物质的处理，可采用无需机械密封的脉冲塔。在需要最小持液量和非常有效的相分离的情形，则应该采用离心式萃取器。

溶剂的回收一般采用蒸发或蒸馏操作，所以萃取全过程包含这些操作所具有的危险。

2. 萃取剂的安全选择

萃取时溶剂的选择是萃取操作的关键，它直接影响到萃取操作能否进行，对萃取产品的产量、质量和过程的经济性也有重要的影响。萃取剂的性质决定了萃取过程的危险性大小和特点。因此，萃取操作首要的问题就是萃取溶剂的选择。一种溶剂要能用于萃取操作，首要的条件是它与料液混合后，要能分成两个液相。要选择一种安全、经济有效的溶剂，必须做到以下几点。

① 萃取剂的选择性。萃取剂必须对原溶液中欲萃取出来的溶质有显著的溶解能力，而对其他组分应不溶或少溶，即萃取剂应有较好的选择性。

② 萃取剂的物理性质。萃取剂的某些物理性质也对萃取操作产生一定的影响，例如密度、界面张力、黏度等，都需要加以考虑。

③ 萃取剂的化学性质。萃取剂需有良好的化学稳定性，不易分解、聚合，并应有足够的热稳定性和抗氧化稳定性，对设备的腐蚀性要小。萃取剂的化学性质决定了萃取过程中可能会出现的事故类型。

④ 萃取剂回收的难易。

⑤ 萃取剂的安全问题。萃取剂的毒性以及是否易燃、易爆等，均为选择萃取剂时需要特别考虑的问题，并应设计相应的安全措施。

3. 萃取操作过程安全控制

萃取操作过程系由混合、分层、萃取相分离、萃余相分离等所需的一系列过程及设备完成。工业生产中所采用的萃取流程主要有单极和多极之分。

对于萃取过程，选择适当的萃取设备是十分重要的。

对于腐蚀性强的物质，宜选取结构简单的填料塔，或采用由耐腐蚀金属或非金属材料如塑料、玻璃钢内衬或内涂的萃取设备。对于放射性系统，应用较广的是脉冲塔。如果物系有固体悬浮物存在，为避免设备堵塞，可选用转盘塔或混合澄清器。

对某一萃取过程，当所需的理论级数为 2～3 级时，各种萃取设备均可选用；当所需的理论级数为 4～5 级时，一般可选择转盘塔、往复振动筛板塔和脉冲塔；当需要的理论级数更多时，一般只能采用混合澄清器。

根据生产任务和要求，如果需要设备的处理量较小时，可用填料塔、脉冲塔；处理量较大时，可选用筛板塔、转盘塔以及混合澄清器。

在选择设备时还要考虑物质的稳定性与停留时间。若萃取物系中伴有慢的化学反应，要求有足够的停留时间，选用混合澄清器较为合适。

另外对萃取塔的正确操作也是安全生产的重要环节。

八、过滤

1. 过滤方法

在化工生产中，将悬浮液中的液体与固体微粒分离，通常采用过滤的方法。过滤操作是使悬浮液中的液体在重力、加压、真空及离心力的作用下，通过多孔物质层，而将固体悬浮微粒截流进行分离的操作。

过滤操作过程一般包括悬浮液的过滤、滤饼洗涤、滤饼干燥和卸料四个组成部分。按操作方法可分为间歇过滤和连续过滤。过滤依其推动力可分为以下几种。

① 重力过滤。是依靠悬浮液本身的液柱压差进行过滤。

② 加压过滤。是在悬浮液上面施加压力进行过滤。

③ 真空过滤。是在过滤介质下面抽真空进行过滤。

④ 离心过滤。是借悬浮液高速旋转所产生之离心力进行过滤。

悬浮液的化学性质对过滤操作影响很大。如果液体有强烈腐蚀性，则滤布与过滤设备的各部件要选择耐腐蚀的材料制造。如果滤液的挥发性很强，或其蒸气具有毒性，则整个过滤系统必须密闭。

重力过滤的速度不快，一般仅用于处理固体含量少而易于过滤的悬浮液。加压过滤可提高推动力，但对设备的强度和严密性有较高的要求，其所加压力要受到滤布强度、堵塞、滤饼可压缩性以及对滤液清洁度要求程度的限制。真空过滤其推动力较重力过滤强，能适应很多过滤过程的要求，因而应用较广，但它要受到大气压力与溶液沸点的限制，且需要设置专门的真空装置。离心过滤效率高、占地面积小，因而在生产中得到广泛应用。

2. 过滤材料介质的选择

化工生产上所用的过滤介质需具备下列基本条件。

① 必须具有多孔性、使滤液易通过，且空隙的大小应能截留悬浮液粒；

② 必须具有化学稳定性，如耐腐蚀性、耐热性等；

③ 具有足够的机械强度。

常用的过滤介质种类比较多，一般可归纳为粒状介质（如细砂、石砾、玻璃碴、木炭、骨灰、酸性白土等，适于过滤固相含量极少的悬浮液）、织物介质（可由金属或非金属丝织成）、多孔性固体介质（如多孔陶瓷板及管、多孔玻璃、多孔塑料等）。

3. 过滤过程安全技术

固体可能的毒性或可燃性以及易燃溶剂的应用，使得过滤操作有着固有的危险。必须认真考虑液压及介质故障的影响，如滤布迸裂使得未过滤的悬浮液通过等。如果过滤出的物质在工厂条件下可以发生反应，在过滤机的设计和定位中必须格外小心，因为过滤机壳体中物质的浓度比物料或滤液的大。

过滤机按操作方法分为间歇式和连续式。从操作方式看，连续过滤比间歇过滤安全。连续式过滤循环周期短，能自动洗涤和自动卸料，其过滤速度比间歇过滤高，并且操作人员脱离了与有毒物料的接触，因此比较安全。间歇式过滤由于卸料、装合过滤机、加料等各项辅助操作的经常重复，所以较连续式过滤周期长，并且人工操作，劳动强度大，直接接触毒物，因此不安全。

（1）加压过滤　当过滤过程中能散发有害或爆炸性气体时，不能采用敞开式过滤机操作，要采用密闭式过滤机，并且以压缩空气或惰性气体保持压力。在取滤渣时，应先放压力，否则会发生事故。

（2）离心过滤　应注意其选材和焊接质量，并且应限制其转鼓直径与转速，以防止转鼓承受高压而引起爆炸。因此，在有爆炸危险的生产中，最好不使用离心过滤机，而采用真空过滤机。

离心式过滤机超负荷运转、时间过长，转鼓磨损或腐蚀、启动速度过高均有可能导致事故的发生。对于上悬式离心机，当负荷不均匀时运转会发生剧烈振动，不仅磨损轴承，而且能使转鼓撞击外壳而发生事故。转鼓高速运转，也可能由外壳中飞出而造成重大事故。当离心机无盖或防护装置不良时，工具或其他杂物有可能落入其中，并以很高速度飞出伤人。即使杂物留在转鼓边缘，也很可能引起转鼓振动造成其他危险。

不停车或未停稳清理器壁，铲勺会从手中脱飞，使人致伤。在开停离心机时，不要用手帮忙以防发生事故。

当处理具有腐蚀性物料时，不应使用铜质转鼓而应采用钢质衬铅或衬硬橡胶的转鼓。并应经常检查衬里有无裂缝，以防腐蚀性物料由裂缝腐蚀转鼓。镀锌、陶瓷或铝制转鼓，只能用于速度较慢、负荷较低的情况下，为了安全，还应有特殊的外壳保护。此外，操作过程中加料不匀，也会导致剧烈振动，应引起注意。

离心机应装有限速装置，在有爆炸危险厂房中，其限速装置不得因摩擦、撞击而发热或产生火花；同时，注意不要选择临界速度操作。

九、干燥

1. 干燥过程及危险性分析

化工生产中的固体物料，总是或多或少含有湿分（水或其他液体），为了便于加工、使用、运输和储藏，往往需要将其中的湿分除去。除去湿分的方法有多种，如机械去湿、吸附去湿、供热去湿，其中用加热的方法使固体物料中的湿分汽化并除去的方法称为干燥，干燥能将湿分去除得比较彻底。

（1）干燥过程　干燥按操作压强可分为常压干燥和减压干燥，其中减压干燥主要用于处理热敏性、易氧化或要求干燥产品中湿分含量很低的物料；按操作方式可分为间歇干燥与连续干燥，间歇干燥用于小批量、多品种或要求干燥时间很长的场合；按干燥介质类别可划分为空气、烟道气或其他介质的干燥；按干燥介质与物料流动方式可分为并流、逆流和错流干燥。

干燥在生产过程中的作用主要有以下两个方面。

① 对原料或中间产品进行干燥，以满足工艺要求。如以湿矿生产硫酸时，为满足反应要求，先要对尾砂进行干燥，尽可能除去其水分。

② 对产品进行干燥，以提高产品中的有效成分，同时满足运输、储藏和使用的需要。如化工生产中的聚氯乙烯、碳酸氢铵、尿素，其生产的最后一道工序都是干燥。

干燥按其热量供给湿物料的方式，可分为以下几种。

① 传导干燥。湿物料与加热介质不直接接触，热量以传导的方式通过固体壁面传给湿物料。此法热能利用率高，但物料湿度不宜控制，容易过热变质。

② 对流干燥。热量通过干燥介质（某种热气流）以对流方式传给湿物料。干燥过程中，干燥介质与湿物料直接接触，干燥介质供给湿物料汽化所需要的热量，并带走汽化后的湿分蒸气。所以，干燥介质在干燥过程中既是载热体又是载湿体。在对流干燥中，干燥介质的温度容易调控，被干燥的物料不易过热，但干燥介质离开干燥设备时，还带有相当一部分热能，故对流干燥的热能利用程度较差。在对流干燥过程中，最常用的干燥介质是空气，湿物料中的湿分大多为水。

③ 辐射干燥。热能以电磁波的形式由辐射器发射至湿物料表面，被湿物料吸收后再转变为热能将湿物料中的湿分汽化并除去，如红外线干燥器。辐射干燥生产强度大，产品洁净且干燥均匀，但能耗高。

④ 介电加热干燥。将湿物料置于高频电场内，在高频电场的作用下，物料内部分子因振动而发热，从而达到干燥目的。电场频率在 300MHz 以下的称为高频加热，频率在 $300\sim300\times10^5$ MHz 的称为微波加热。

（2）干燥过程危险性分析　干燥过程中要严格控制温度，防止局部过热，以免造成物料分解爆炸。在干燥过程中散发出来的易燃易爆气体或粉尘，不应与明火和高温表面接触，防止燃爆。

在干燥方法中，间歇式干燥比连续式干燥危险。因为在间歇干燥操作过程中，操作人员不但劳动强度大，而且还需在高温、粉尘或有害气体的环境下操作，工艺参数的可变性也增加了操作的危险性。

① 间歇式干燥。间歇式干燥，物料大部分靠人力输送，热源采用热空气自然循环或鼓风机强制循环，温度较难控制，易造成局部过热引起物料分解，造成火灾或爆炸。干燥过程中所产生的易燃气体和粉尘，同空气混合达到爆炸极限时，遇明火、炽热表面和高温即燃烧爆炸。因此，在干燥过程中，应严格控制温度。根据具体情况，应安装温度计、温度自动调节装置、自动报警装置以及防爆泄压装置。

当干燥物料中含有自燃点很低或含有其他有害杂质时，必须在干燥前彻底清除掉。干燥室内也不得放置容易自燃的物质。

在用电烘箱烘烤能够蒸发易燃蒸气的物质时，电炉丝应完全封闭，箱上应加防爆门。

干燥室与生产车间应用防火墙隔绝，并安装良好的通风设备，一切电气设备开关（非防爆的）应安装在室外。电热设备应与其他设备隔离。

在干燥室或干燥箱内操作时，应防止可燃的干燥物直接接触热源，以免引起燃烧。

② 连续干燥。连续干燥采用机械化操作，干燥过程连续进行，因此物料过热的危险性较小，且操作人员脱离了有害环境，所以连续干燥较间歇式干燥安全。在洞道式、滚筒式干燥器干燥时，主要是防止产生机械伤害。因此，应有联系信号及各种防护装置。

在气流干燥、喷雾干燥、沸腾床干燥以及滚筒式干燥中，多以烟道气、热空气为干燥热源。干燥过程中所产生的易燃气体和粉尘同空气混合易达到爆炸极限，必须严加防止。在气流干燥中，物料由于迅速运动，相互激烈碰撞、摩擦易产生静电。滚筒式干燥中的刮刀，有时和滚筒壁摩擦产生火花，这些都是很危险的。因此，应该严格控制干燥气流风速，并将设备接地；对于滚筒干燥应适当调整刮刀与筒壁间隙，并将刮刀牢牢固定，或采用有色金属材料制造刮刀，防止产生火花。利用烟道气直接加热可燃物时，在滚筒或干燥器上应安装防爆片，以防烟道气混入一氧化碳而引起爆炸。同时注意加热均匀，绝对不可断料，滚筒不可中途停止运转。若有断料或停转，应切断烟道气并通入氮气。性质不稳定、容易氧化分解的物料进行干燥时，滚筒转速宜慢，要防止物料落入转动部分；转动部分应有良好的润滑和接地措施。含有易燃液体的物料不宜采用滚筒干燥。

在干燥中注意采取措施，防止易燃物料与明火直接接触。对易燃易爆物质采用流速较大的热空气干燥时，排气用的设备和电动机应采用防爆的，并定期清理设备中的积灰和结疤。

③ 真空干燥。在干燥易燃、易爆的物料时，最好采用连续式或间歇式真空干燥比较安全。因为在真空条件下，易燃液体蒸发速度快，干燥温度可适当控制得低一些，从而可以防止由于高温引起物料局部过热和分解，以降低火灾、爆炸的可能性。

当真空干燥后消除真空时，一定要等到温度降低后才能放进空气，否则，空气过早进入，有可能引起干燥物着火或爆炸。

2. 干燥过程安全控制

（1）物料控制

① 物料的性质和形状。湿物料的化学组成、物理结构、形状和大小、物料层的厚薄，以及与物料的结合方式等，都会影响干燥速率。在干燥第一阶段，尽管物料的性质对于干燥

速率影响很小，但物料的形状、大小、物料层的厚薄等将影响物料的临界含水量。在干燥第二阶段，物料的性质和形状对于干燥率有决定性的影响。

② 物料的湿度。物料的湿度越高，干燥速率越大。但干燥过程中，物料的温度与干燥介质的温度和湿度有关。

③ 物料的含水量。物料的最初、最终和临界含水量决定干燥各阶段所需时间的长短。

④ 干燥介质的温度和湿度。干燥介质温度越高、湿度越低，则干燥第一阶段的干燥速率越大，但应以不损坏物料为原则，特别是对热敏性物料，更应注意控制干燥介质的温度。有些干燥设备采用分段中间加热的方式，可以避免介质温度过高。

⑤ 干燥介质的流速和流向。在干燥第一阶段，提高气速可以提高干燥速率。介质的流动方向垂直于物料表面时的干燥速率比平行时要大。在干燥第二阶段，气速和流向对干燥速率影响很小。

（2）安全运行操作条件　有了合适的干燥器，还必须确定最佳的工艺条件，在操作中注意安全控制和调节，才能完成干燥任务。

工业生产中的对流干燥，由于所采用的干燥介质不一，所干燥的物料多种多样，且干燥设备类型很多，加之干燥机理复杂，至今仍主要以实验手段和经验来确定干燥过程的最佳条件。

对于一个特定的干燥过程，干燥器一定，干燥介质一定，同时湿物料的含水量、水分性质、温度以及要求的干燥质量也一定。这样，能调节的参数只有干燥介质的流量、进出干燥器的温度，出干燥器时废气的湿度。但这四个参数是相互关联和影响的，当任意规定其中的两个参数时，另外两个参数也就确定了，即在对流干燥操作中，只有两个参数可以作为自变量而加以调节。在实际操作中，主要调节的参数是进入干燥器的干燥介质的温度和流量。

为强化干燥过程，提高其经济性，干燥介质预热后的温度应尽可能高一些，但要保持在物料允许的最高温度范围内，以避免物料发生质变。

同一物料在不同类型的干燥器中干燥时，允许的介质进口温度不同。例如，在箱式干燥器中，由于物料静止，只与物料表面直接接触，容易过热，因此应控制介质的进口温度不能太高；而在转筒、沸腾、气流等干燥器中，由于物料在不断翻动，表面更新快，干燥过程均匀、速率快、时间短，因此，介质的进口温度可较高。

增加空气的流量可以增加干燥过程的推动力，提高干燥速率。但空气流量的增加，会造成热损失增加，热量利用率下降，同时还会使动力消耗增加；气速的增加，会造成产品回收负荷增加。生产中，要综合考虑温度和流量的影响，合理选择。

当干燥介质的出口温度增加时，废气带走的热量多，热损失大；如果介质的出口温度太低，则含有相当多水汽的废气可能在出口处或后面的设备中析出水滴（达到露点），这将破坏正常的干燥操作。实践证明，对于气流干燥器，要求介质的出口温度较物料的出口温度高 $10\sim30℃$ 或较其进口时的绝热饱和温度高 $20\sim50℃$，否则，可能会导致干燥产品返潮，并造成设备的堵塞和腐蚀。

干燥介质出口时的相对湿度增加，可使一定量的干燥介质带走的水汽量增加，降低操作费用。但相对湿度增加，会导致过程推动力减小，完成相同干燥任务所需的干燥时间增加或干燥器尺寸增大，可能使总的费用增加。因此，必须全面考虑，并根据具体情况，分别对待。对气流干燥器，由于物料在设备内的停留时间短，为完成干燥任务，要求有较大的推动力以提高干燥速率，因此，一般控制出口介质中的水汽分压低于出口物料表面水汽分压的 50%；对转筒干燥器，则出口介质中的水汽分压可高些，可达与之接触的物料表面水汽分压的 50%～80%。

对于一台干燥设备，干燥介质的最佳出口温度和湿度应通过操作实践来确定，并根据生产中的饱和温度及时调节。生产上控制、调节介质的出口温度和湿度主要是通过控制、调节介质的预热温度和流量来实现的。例如，对同样的干燥任务，加大介质的流量或提高其预热温度，可使介质的相对湿度降低，出口温度上升。

在有废气循环使用的干燥装置中，通常将循环的废气与新鲜空气混合后进入预热器加热，再送入干燥器，以提高传热和传质系数，减少热损失，提高热能的利用率。但空气量大时，使进入干燥器的湿度增加，将使过程的传质推动力下降。因此，采用循环废气操作时，应根据实际情况，在保证产品质量和产量的前提下，调节适宜的循环比。

干燥操作的目的是将物料中的含水量降至规定的指标之下，且不出现龟裂、焦化、变色、氧化和分解等物理和化学性质上的变化；干燥过程的经济性主要取决于热能消耗及热能的利用率。因此，生产中应从实际出发，综合考虑，选择适宜的操作条件，以达到优质、高产、低耗的目标。

十、粉碎、筛分和混合

1. 粉碎

在化工生产中，为了满足生产工艺的要求，常常需将固体物料粉碎或研磨成粉末以增加其表面积，进而缩短化学反应的时间。将大块物料变成小块物料的操作称粉碎或破碎；而将小块变成粉末的操作称研磨。

（1）粉碎方法　粉碎分为湿法与干法两类。干法粉碎是最常用的方法，按被粉碎物料的直径尺寸可分为粗碎（直径范围为 40～1500mm）、中碎（直径范围为 5～50mm）、细碎、磨碎或研磨（直径范围为 <5mm）。

粉碎方法按实际操作时的作用力可分为挤压、撞击、研磨、劈裂等。根据被粉碎物料的物理性质和其块度大小，以及所需的粉碎度进行粉碎方法的选择。一般对于特别坚硬的物料，挤压和撞击有效。对于韧性物料用研磨或剪力较好，而对脆性物料以劈裂为宜。

（2）粉碎过程危险性与安全控制技术　粉碎的危险主要由机械故障、机械及其所在的建筑物内的粉尘爆炸、精细粉料处理伴生的毒性危险以及高速旋转元件的断裂引起。

机械危险可由充分的防护以及严格的"允许工作"系统的维修控制降至最低限度。高速运转机械的设计应该有足够的安全余量解决可以预见的误操作问题。物质经过研磨其温度的升高可以测定出来，一般约 40℃，但局部热点的温度很高，可以起火源的作用。静电的产生和轴承的过热也是问题。内部的粉尘爆炸在一定的条件下会引起二次爆炸。

粉碎过程中，关键部分是粉碎机，对于粉碎机必须符合以下安全条件。

① 加料、出料最好是连续化、自动化；

② 具有防止破碎机损坏的安全装置；

③ 产生粉末应尽可能少；

④ 发生事故能迅速停车。

对于各类粉碎机，必须有紧急制动装置，必要时可迅速停车。运转中的破碎机严禁检查、清理、调解和检修。如果破碎机加料口与地面一般平，或低于地面不到 1m，均应设安全格子。

为了保证安全操作，破碎装置周围的过道宽度必须大于 1m，如果破碎机安装在操作台上，则操作台与地面之间高度应在 1.5～2.0m。操作台必须坚固，沿台周边应设高 1m 的安全护栏。

为防止金属物件落入破碎装置，必须装设磁性分离器。

圆锥式破碎面应装设防护板，以防固体物料飞出伤人。还要注意加入破碎机的物料块度不应大于其破碎性能。

球磨必须具有一个带抽风管的严密外壳。如研磨具有爆炸性的物质，则内部需衬以橡皮或其他柔性材料，同时需采用青铜球。

对于各类粉碎、研磨设备要密闭，操作室要有良好通风，以减少空气中粉尘含量。必要时，室内可装设喷淋设备。

加料斗需用耐磨材料制成，应严密。在粉碎时料斗不得卸空，盖子要盖严。

对于能产生可燃粉尘的研磨设备，要有可靠的接地装置和爆破片。要注意设备润滑，防止摩擦发热。对于研磨易燃、易爆物质的设备，要通入惰性气体进行保护。

为确保安全，对初次研磨的物料，应事先在研钵中进行试验，以了解是否黏结、着火，然后正式进行机械研磨。可燃物料研磨后，应先行冷却，然后装桶，以防止发热引起燃烧。

粉末输送管道应消除粉末沉积的可能，为此，输送管道与水平夹角不得小于 45°。

当发现粉碎系统中的粉末阴燃或燃烧时，必须立即停止送料，并采取措施断绝空气来源，必要时充入氮气、二氧化碳以及水蒸气等惰性气体。但不宜使用加压水流或泡沫进行补救，以免可燃粉尘飞扬，使事故扩大。

2. 筛分

（1）筛分操作　在化工生产中，为满足生产工艺要求，常常将固体原材料、产品进行颗粒分级。通常用筛子按固体颗粒度（块度）分级，选取符合工艺要求的粒度，这一操作过程称为筛分。

筛分分为人工筛分和机械筛分。筛分所采用的设备是筛子，筛子分固定筛及运动筛两类。若按筛网形状又可分为转筒式和平板式两类。在转筒式运动筛中又有圆盘式、滚筒式和链式等；在平板式运动筛中，则有摇动式和簸动式。

物料粒度是通过筛网孔眼尺寸控制的。在筛分过程中，有的是筛下部分符合工艺要求；有的是筛余物符合工艺要求。根据工艺要求还可进行多次筛分，去掉颗粒较大和较小部分而留取中间部分。

（2）筛分过程危险性分析及安全技术　人工筛分劳动强度大，操作者直接接触粉尘，对呼吸器官和皮肤都有很大危害。而机械筛分，大大减轻体力劳动、减少与粉尘接触机会，如能很好密闭，实现自动控制，操作者将摆脱粉尘危害。

从安全技术角度考虑，筛分操作要注意以下几个方面。

① 在筛分过程中，粉尘如果具有可燃性，应注意因碰撞和静电而引起粉尘燃烧、爆炸；如粉尘具有毒性、吸水性或腐蚀性，要注意呼吸器官及皮肤的保护，以防引起中毒或皮肤伤害；

② 要加强检查，注意筛网的磨损和筛孔堵塞、卡料，以防筛网损坏和混料；

③ 筛分操作是大量扬尘过程，在不妨碍操作、检查的前提下，应将其筛分设备最大限度地进行密闭；

④ 振动筛会产生大量噪声，应采用隔离等消声措施；

⑤ 筛分设备的运转部分要加防护罩以防绞伤人体。

3. 混合

（1）混合过程　凡使两种以上物料相互分散，从而达到温度、浓度以及组成一致的操作，均称为混合。混合分液态与液态物料的混合、固态与液态物料的混合和固态与固态物料的混合。混合操作是用机械搅拌、气流搅拌或其他混合方法完成的。

（2）混合过程危险性及安全技术　混合依据不同的相及其固有的性质，有着特殊的危险，还有与动力机械有关的普通的机械危险，所以混合操作也是一个比较危险的过程。要根据物理性质（如腐蚀性、易燃易爆性、粒度、黏度等）正确选用设备。

对于利用机械搅拌进行混合的操作过程，其桨叶的强度是非常重要的。首先桨叶制造要符合强度要求，安装要牢固，不允许产生摆动。在修理或改造桨叶时，应重新计算其坚牢度。加长桨叶时，还应重新计算所需功率。因为桨叶消耗能量与其长度的五次方成正比。若忽视这一点，可能导致电机超负荷以及桨叶折断等事故发生。

搅拌器不可随意提高转速，尤其当搅拌非常黏稠的物料时。随意提高转速也可造成电机超负荷、桨叶断裂以及物料飞溅等。因此，对黏稠物料的搅拌，最好采用推进式及透平式搅拌机。为防止超负荷造成事故，应安装超负荷停车装置。

对于混合操作的加料、出料，应实现机械化、自动化。

当搅拌过程中物料产生热量时，如因故停止搅拌，会导致物料局部过热。因此，在安装机械搅拌的同时，还要辅以气流搅拌，或增设冷却装置。有危险的气流搅拌尾气应加以回收处理。

当混合能产生易燃、易爆或有毒物质时，混合设备应很好密闭，并且充入惰性气体加以保护。

对于可燃粉料的混合，设备应良好接地以消除静电，并在设备上安装爆破片。

混合设备中不允许落入金属物件，以防卡住叶片，烧毁电机。

① 液-液混合。液-液混合一般是在有电动搅拌的敞开或密闭容器中进行。应依据液体的黏度和所进行的过程，如分散、反应、除热、溶解或多个过程的组合，设计搅拌。还需要有仪表测量和报警装置强化的工作保证系统。装料时就应开启搅拌，否则，反应物分层或偶尔结一层外皮会引起危险反应。为使夹套或蛇管有效除热必须开启搅拌的情况下，在设计中应充分估计到失误，如机械、电器和动力故障的影响以及与过程有关的危险也应该考虑到。

对于低黏度液体的混合，一般采用静止混合器或某种类型的高速混合器，除去与旋转机械有关的普通危险外，没有特殊的危险。对于高黏度流体，一般是在搅拌机或碾压机中处理，必须排除混入的固体，否则会构成对人员和机械的伤害。对于爆炸混合物的处理，需要应用软墙或隔板隔开，远程操作。

② 气-液混合。有时应用喷雾器把气体喷入容器或塔内，借助机械搅拌实现气体的分配。很显然，如果液体是易燃的，而喷入的是空气，则可在气液界面之上形成易燃蒸气-空气的混合物、易燃烟雾或易燃泡沫。需要采取适当的防护措施，如整个流线的低流速或低压报警、自动断路、防止静电产生等，才能使混合顺利进行。如果是液体在气体中分散，可能会形成毒性或易燃性悬浮微粒。

③ 固-液混合。固-液混合可在搅拌容器或重型设备中进行。如果是重质混合，必须移除一切坚硬的无关物质。在搅拌容器内固体分散或溶解操作中，必须考虑固体在器壁的结垢和出口管线的堵塞。

④ 固-固混合。固-固混合用的总是重型设备，这个操作最突出的是机械危险。如果固体是可燃的，必须采用防护措施把粉尘爆炸危险降至最小程度，如在惰性气氛中操作，采用爆炸卸荷防护墙设施，消除火源，要特别注意静电的产生或轴承的过热等。应该采用筛分、磁分离、手工分类等移除杂金属或过硬固体等。

⑤ 气-气混合。无需机械搅拌，只要简单接触就能达到充分混合。易燃混合物和爆炸混合物需要惯常的防护措施。

十一、储存

储存在化工厂中，大至场料堆、大型罐区、气柜、大型仓库、料仓，小至车间中转罐、料斗、小型料池、药品柜等。场所、形式多种多样，这是由物料物品、环境条件及使用需求的多样性所决定的。储存过程的危险性分析及注意事项有以下几个方面。

① 许多储存场所易燃易爆物料数量巨大，存放集中，一旦着火爆炸，火势猛烈，极易蔓延扩大。特别是周边及内部防火间距不足、消防设施器材配置不当，可能造成重大损失。

② 不少物品在存放时，因露天曝晒、库房漏雨、地面积水、通风不良等，未能满足一定的温度、压力、湿度等必要的储存条件，可能出现受潮、变质、发热、自燃等危险。

③ 多种性质相抵触的物品不按禁忌规定混存，例如可燃物与强氧化剂、酸与碱等混放或间距不足，可能发生激烈反应而起火爆炸。

④ 危险化学品容器破坏、包装不合要求，可能发生泄漏，引发火灾爆炸事故。

⑤ 周边烟囱飞火、机动车辆排气管火星、明火作业、储存场所电气系统不合要求、静电、雷击等，都可能形成火源。

⑥ 在储存场所装卸、搬运过程中，违规使用铁器工具、开启密封容器时撞击摩擦、违规堆垛、野蛮装卸、可燃粉尘飞扬等，可能引发火灾爆炸。

第二部分　能力的培养——典型事故案例及分析

一、物料输送事故

1995 年 11 月 4 日，某市造漆厂树脂车间发生火灾。

1. 事故经过

11 月 4 日 21 时 50 分，某市造漆厂树脂车间工段 B 反应釜加料口突然发生爆炸，并喷出火焰，烧着了加料口的帆布套，并迅速引燃堆放在加料口旁的 2176kg 松香，松香被火熔化后，向四周及一楼流散，使火势顷刻间扩大。当班工人一边用灭火器灭火，一边向消防部门报警。市消防队于 22 时 10 分接警后迅速出动，经过消防官兵的奋战，于 23 时 30 分将大火扑灭。

这起火灾烧毁厂房 756m³，仪器仪表 240 台，化工原料产品 186t 以及设备、管道，造成直接经济损失 120.1 万元。

2. 事故原因

造成这起火灾事故的直接原因，是 B 反应釜内可燃气体受热媒加温到引燃温度，被引燃后冲出加料口而蔓延成灾。

造成事故的间接原因，一是工艺、设备存在不安全因素，在树脂生产过程中，按规定投料前要用 200 号溶剂汽油对反应釜进行清洗，然后必须将汽油全部排完，但在实际操作中操作人员仅靠肉眼观察是否将汽油全部排完，且观察者与操作者分离，排放不净的可能性随时存在，在以前曾经发生过两次喷火事件，但均未引起领导重视，也没有认真分析原因和提出整改措施，致使养患成灾；二是物料堆放不当，导致小火酿大灾，按规定树脂反应釜物料应从 3 层加入，但由于操作人员图方便，将松香堆放在 2 层反应釜旁并改从 2 层投料，反应釜喷火后引燃松香，并大量熔化流散，使火势迅速蔓延；三是消防安全管理规章制度不落实、措施不到位，而且具体生产中的安全操作要求、事故防范措施及异常情况下的应急处置都没有落到实处。

二、加热事故

1995年1月13日，陕西省某化肥厂发生再生器爆炸事故，造成4人死亡多人受伤。

1. 事故经过

陕西省某化肥厂铜氨液再生由回流塔、再生器和还原器完成。1月13日7时，再生系统清洗置换后打开再生器人孔和顶部排气孔。当日14时采样分析再生器内氨气含量为0.33%、氧气含量为19.8%，还原器内氨气含量为0.66%、氧气含量为20%。14时30分，用蒸汽对再生器下部的加热器试漏，技术员徐某和陶某戴面具进入再生器检查。因温度高，所以用消防车向再生器充水降温。15时30分，用空气试漏，合成车间主任熊某等二人戴面具再次从再生器人孔进入检查。17时20分，在未对再生器内采样分析的情况下，车间主任李某决定用0.12MPa蒸汽第三次试漏，并四人一起进入，李某用哨声对外联系关停蒸汽，工艺主任王某在人孔处进行监护。17时40分再生器内混合气发生爆炸。除一人负重伤从器内爬出外，其余三人均死在器内，人孔处王某被爆炸气浪冲击到氨洗塔平台死亡。生产副厂长赵某、安全员蔡某和机械员魏某均被烧伤。

2. 事故原因分析

（1）直接原因 经调查认为，这起事故的直接原因主要是在再生器系统清洗、置换不彻底的情况下，用蒸汽对再生器下部的加热器试漏（等于用加热器加热），使残留和附着在器壁等部件上的铜氨液（或沉积物）解析或分解，析出一氧化碳、氨气等可燃气与再生器内空气形成混合物达到爆炸极限，遇再生器内试漏作业产生的机械火花（不排除内衣摩擦静电火花）引起爆炸。

（2）间接原因 事故暴露出作业人员有章不循，没有执行容器内作业安全要求中关于"作业中应加强定时监测"、"做连续分析并采取可靠通风措施"的规定，在再生器内作业长达3小时40分钟，未对其内进行取样分析，也未采取任何通风措施，致使容器内积累的可燃气混合物达到爆炸极限，说明这起事故是由该单位违反规定而引起的责任事故。

三、蒸发事故

2004年9月9日，江苏省某化工厂蒸发岗位发生尿液喷发事故，造成人员烫伤。

1. 事故经过

2004年9月9日晨7点半左右，化工厂四车间蒸发岗位，由于蒸汽压力波动，导致造粒喷头堵塞，当班车间值班主任王某迅速调集维修工4人上塔处理。操作工李某看看将到8点下班交班时间，手里拿一套防氨过滤式防毒面具，一路来到64m高的造粒塔上，查看检修进度。维修工们用撬杠撬离喷头，李某站在维修工们的身后仔细观察。当法兰刚撬开一个缝，这时一股滚烫的尿液突然直喷出来，维修工们眼尖腿快迅速躲闪跑开。李某躲闪不及，尿液扑了他满脸半身，当即昏倒在地，并造成裸露在外面的脸、脖颈、手臂均受到伤害，面额局部Ⅱ度烫伤。

2. 事故原因

李某防护技能差。在他上塔查看维修工的检修进度时，只一味地想看个究竟，位置站得太靠前。当法兰撬开时，反应迟钝、躲闪慢，是导致他烫伤的直接原因。

李某自我防护意识淡薄，疏于防范。

当他提醒别人注意安全时，完全忘记了自己也处在极度危险环境中。虽然他手里拿有防氨过滤式防毒面具，但未按规定佩戴，只是把防护器材当作一种摆设，思想麻痹大意不重视，缺乏防范警惕性，是导致他烫伤的主要原因。

该车间安全管理不到位。在一个不足 6m³ 的狭窄检修现场，却集中有 6 人，人员拥挤，不易疏散开。更严重的是，检修现场进入了与检修无关的人员，检修负责人没有及时制止和纠正，思想麻痹大意未引起重视，结果恰恰烫伤的又是与检修无关的人员，实属不应该，是发生李某烫伤的一个重要原因。

该车间安全技术培训不到位。维修工们只顾一门心思地自顾自的检修，没有考虑周围的环境情况是否发生了不利于检修的变化；检修现场人员自我防范意识太差，拿着防护用具不用，哪有不被烫伤的道理？检修前安全教育不到位，检修的维修工缺乏严格的检查，安全措施未严格落实到位，执行力差。

四、蒸馏事故

2002 年 10 月 16 日，江苏某农药厂在试生产过程中，发生逼干釜爆炸事故，造成逼干釜报废，厂房结构局部受到损坏，4 名在现场附近的作业人员被不同程度地灼伤。

1. 事故经过

亚磷酸二甲酯（以下简称二甲酯）属于有机磷化合物，广泛应用于生产草甘膦、氧化乐果、敌百虫农药产品，也可作纺织产品的阻燃剂、抗氧化剂的原料。工业化生产是用甲醇和三氯化磷直接反应经脱酸蒸馏制得，此工艺副反应物为亚磷酸、氯甲烷、氯化氢，氯甲烷经水洗、碱洗、压缩后回收利用或作为成品出售，氯化氢经吸收后也可作为商品盐酸出售，而亚磷酸则存于二甲酯蒸馏残液中，残液中二甲酯含量一般在 20% 左右。为了回收残液中的二甲酯，在蒸馏釜中习惯采用长时间减压蒸馏的方法，俗称"逼干"蒸馏。尽管采取了这种比较温和的蒸馏方法，但是由于系统中残液沸点比较高，加上残液的密度、黏度较大，釜内物料流动性比较差，物料容易分解，因此，在蒸馏过程往往容易发生火灾、鸣爆事故。

该农药厂在试生产过程中，发生了逼干釜爆炸事故。"逼干"蒸馏了 20 多个小时的残液蒸馏釜，在关闭热蒸汽 1h 后突然发生爆炸，伴生的白色烟气冲高 20 多米，爆炸导致连续锅盖法兰的 48 根 ϕ18mm 螺栓被全部拉断，爆炸产生的拉力达 3.9×10^6 N 以上，釜身因爆炸反作用力陷入水泥地面 50cm 左右，厂房结构局部受到损坏，4 名在现场附近的作业人员被不同程度地灼伤。

2. 事故原因

(1)"逼干釜"连续加热，造成系统温度异常升高　由于降温减压操作不当，压力控制过高，特别是"逼干釜"经过了连续长时间的加热，蒸汽温度超过了 170℃，致使相当一部分有机磷物质分解。而且在分解时，由于加热釜热容量大，物料流动性差，加热面和反应界面上的物料会首先发生分解，分解的结果又会使局部温度上升，引起更大范围的物料分解，从而促使系统内温度进一步上升。

(2)仪表检测误差和反应迟缓，使系统高温不能及时觉察　除了仪表本身的固有误差即仪表精度外，更主要的取决于被测物料的性质和检测点插入的位置等因素。看起来仪表检测到系统的最高温度为 178℃，其实对于这样一个测温滞后时间较长的系统来说，实际温度早已大大超过了 178℃，特别是对于一个温度急剧上升的系统，可能测温仪表还没有来得及完全反应爆炸就发生了，因此，仪表记录到的温度与系统内真实温度的误差至少有数十度以上，从这一点也可以说明系统物质已经长时间处于过热状态，为系统内物料发生分解反应提供了条件。

五、过滤事故

1998 年 5 月 30 日，黑龙江省某化工厂，发生一起氧气压缩机（简称氧压机）过滤器爆炸事故，过滤器烧毁，仪表、控制电缆全部烧坏，迫使氧压机停车 1 个月。

1. 事故经过

5 月 30 日某时，操作人员突然听到一声巨响，并伴有大量浓烟从氧压机防爆间内冒出。操作工立即停氧压机并关闭入口阀和出口阀，灭火系统自动向氧压机喷氮气，消防人员立刻赶到现场对爆炸引燃的仪表、控制电缆进行灭火，防止了事故进一步扩大。事后对氧压机进行检查发现，中间冷却器过滤器被烧毁，并引燃了仪表、控制电缆。

2. 事故原因

从现场检查发现，被烧毁的过滤器外壳呈颗粒状，系燃烧引起的爆炸，属化学爆炸。经分析最后确定为铁锈和焊渣在氧气管道中受氧气气流冲刷，积聚在中间冷却器过滤网处，反复摩擦产生静电，当电荷积聚至一定量时发生火化放电，引燃了过滤器发生爆炸。

燃烧应具备 3 个条件即可燃物、助燃物、引燃能量。这 3 个条件要同时具备，也要有一定的量相互作用，燃烧才会发生。铁锈和焊渣即可燃物，而铁锈和焊渣的来源是设备停置时间过长没有采取有效保护措施而产生锈蚀，安装后设备没有彻底清除焊渣。能量来源是铁锈和焊渣随氧气高速流动时产生静电，静电电位可高达数万伏。当铁锈和焊渣随氧气流到过滤器时被滞留下来，铁锈和焊渣越积越多，静电能也随之增大。铁锈的燃点和最小引燃能量均低。如铁锈粉尘的平均粒径为 $100 \sim 150 \mu m$ 时，燃点温度为 $240 \sim 439 ℃$，较金属本身的熔点低很多，当发生火化放电且氧浓度高时，就发生了燃烧爆炸。

六、干燥事故

1991 年 12 月 6 日，河南某制药厂一分厂干燥器内烘干的过氧化苯甲酰发生化学分解强力爆炸，死亡 4 人，重伤 1 人，轻伤 2 人，直接经济损失 15 万元。

1. 事故经过

该厂的最终产品是面粉改良剂，过氧化苯甲酰是主要配入药品。这种药品属化学危险物品，遇过热、摩擦、撞击等会引起爆炸，为避免外购运输中发生危险，故自己生产。

1991 年 12 月 4 日 8 时，工艺车间干燥器第五批过氧化苯甲酰 105kg，按工艺要求，需干燥 8h，至下午停机。由化验室取样化验分析，因含量不合格，需再次干燥。次日 9 时，将干燥不合格的过氧化苯甲酰装入干燥器。恰遇 5 日停电，一天没开机。6 日上午 8 时，当班干燥工马某对干燥器进行检查后，由干燥工苗某和化验员胡某二人去锅炉房通知锅炉工杨某送热汽，又到制冷房通知王某开真空，后胡、苗二人又回到干燥房。9 时左右，张某喊胡某去化验。下午 2 时停抽真空，在停抽真空 15min 左右，干燥器内的干燥物过氧化苯甲酰发生化学爆炸，共炸毁车间上下两层 5 间、粉碎机 1 台、干燥器 1 台，干燥器内蒸汽排管在屋内向南移动约 3m，外壳撞到北墙飞出 8.5m 左右，楼房倒塌，造成重大人员伤亡。

2. 事故原因

第一分蒸汽阀门没有关，第二分蒸汽阀门差一圈没关严，显示第二分蒸汽阀门进汽量的压力表是 0.1MPa。据此判断干燥工马某、苗某没有按照《干燥器安全操作法》要求"在停机抽真空之前,应提前 1h 关闭蒸汽"的规定执行。在没有关闭两道蒸汽阀门的情况下,下午 2 点通知停抽真空,造成停抽后干燥器内温度急剧上升,致使干燥物过氧化苯甲酰因遇热引起剧烈分解发生爆炸。

该厂在试生产前对其工艺设计、生产设备、操作规程等未按化学危险物品规定报经安全管理部门鉴定验收。

该厂用的干燥器是仿照许昌制药厂的干燥器自制的,该干燥器适用于干燥一般物品,但干燥化学危险物品过氧化苯甲酰就不一定适用。

七、混合事故

2000 年 7 月 17 日,河南省某化肥厂合成车间发生爆炸,被迫停产 20 多个小时,造成一人轻伤,直接经济损失 11.5 万元。

1. 事故经过

7 月 17 日 7 时 5 分,合成车间净化工段一台蒸汽混合器系统运行压力正常,系统中一台蒸汽混合器突然发生爆炸,设备本体倾倒在其附近的另一设备上,上筒节一块 900mm×1630mm 拼板连同撕裂下的封头部分母材被炸飞至 60m 外与设备相对高差 15m 多的车间房顶上,被砸下的房顶碎块,将一职工手臂砸成轻伤。

该设备 1997 年 7 月制造完成,1999 年 2 月投入使用。有产品质量证明书、监督检验证明书,竣工图;主体材质:0Cr19Ni9;厚度:14mm;技术参数如表 4-1 所示。筒体有两个筒节,上筒节由两块 900mm×1630mm 和 900mm×500mm 的三块板拼焊制成;主要进气(汽)、出气(汽)接管材质不详,与管道为焊接连接,结构不尽合理;封头、筒体和焊材选用符合图样和标准规定。

表 4-1 工艺操作条件

设计压力/MPa	设计温度/℃	操作压力/MPa	操作温度/℃	介　质	焊缝系数
2.4	245	2.2	245	蒸汽半水煤气	1.0

2. 事故原因

经调查,设备破坏的主要原因是硫化氢应力腐蚀。表现为:

① 蒸汽发生器发生爆炸是在低应力情况下发生的;

② 流体介质中含有较高浓度的硫化氢及其他腐蚀性化合物,具有硫化氢应力腐蚀条件;

③ 具备一定的拉应力,蒸汽混合器在系统压力正常运行时突然发生爆炸;

④ 具备一定的温度条件,设备运行温度 245℃;

⑤ 从其断裂特征分析,符合硫化氢应力腐蚀特征;应力腐蚀裂纹缓慢伸展,一旦达到瞬断截面立即快速断裂,是完全脆性的;裂纹扩展的宏观方向与拉应力方向大体垂直;瞬断截面瞬断区有可见的塑性剪切唇;

⑥ 未按图样要求进行钝化处理是产生应力腐蚀的又一重要原因。

复习思考题

一、简答题

1. 冷却与冷凝的安全技术有哪些?

2. 如何实现蒸发过程的安全运行操作?

3. 实现吸收过程安全操作应注意哪些事项?

4. 萃取过程危险性因素有哪些?

5. 选择安全的萃取剂，必须注意哪些事项?

6. 简述不同过滤过程的安全操作技术。

7. 简述干燥过程的危险性因素。

8. 简述干燥过程的安全控制技术。

9. 简述筛分过程的安全控制技术。

10. 储存过程的安全注意事项有哪些?

二、分析论述题

1. 分析加热过程的危险性。

2. 试分析蒸发过程的危险性。

3. 简单分析不同蒸馏过程的危险性。

4. 分析粉碎过程的危险性。

5. 分析混合过程的危险性有哪些?

模块五 化工工艺安全技术

第一部分 知识的学习

【**学习目标**】 通过典型化工生产工艺，掌握化工生产的通用安全技术。学会相关生产工艺中的工序安全技术。

一、煤制气生产过程安全技术

1. 煤制气生产工艺

煤气泛指一般可燃性气体、煤或重油等液体燃料经干馏或气化而得的气体产物。煤气是一种清洁无烟的气体燃料，火力强，容易点燃。煤气的主要成分是氢气、一氧化碳和烃类。与空气混合成一定比例后，点燃会引起爆炸。焦炉煤气的爆炸极限为5%～36%，水煤气为6%～72%，发生炉煤气为20%～74%。一氧化碳不仅易燃，而且剧毒。

煤气可分为天然的和人工制造的两种。天然煤气有天然气、油田伴生气、煤矿矿井气与天然沼气；人工制造的有煤气、液化石油气、石油裂解气、焦炉气、炭化炉气、水煤气、发生炉气、各种加压全气化的煤气，还有煤液化伴生的煤气、其他工业余气等。国内煤气生产厂多采用二步气化法：烟煤先经干馏（焦化或炭化）裂解出挥发物，同时生产焦炭或半焦；挥发物经过冷凝，分离出焦油，然后脱氨、脱苯、脱硫化氢等，获得中等热值的煤气。利用自产的焦或半焦作原料，进行再气化后，获得低热值的煤气。上述这两种煤气经混合达到规定标准后，作为城市煤气使用。也有利用重油通过热裂化或催化热裂化，获得较高或中等热值的煤气。煤或焦炭、半焦等固体燃料在高温常压或加压条件下与气化剂反应，可转化为气体产物和少量残渣。气化剂主要是水蒸气、空气（或氧气）或其混合气，气化包括一系列均相与非均相化学反应。所得气体产物视所用原料煤质、气化剂的种类和气化过程的不同而具有不同的组成，可分为空气煤气、半水煤气、水煤气等。煤气化过程可用于生产燃料煤气，作为工业窑炉用气和城市煤气；也可用于制造合成气，作为合成氨、合成甲醇和合成液体燃料的原料，是煤化工的重要过程之一。

2. 煤气生产过程中的危险因素及安全技术

煤的主要危险是自燃，煤粉碎时的粉尘可能会爆炸等。煤的自燃取决于煤的质量。气煤的挥发物含量高，含氧量也高，容易引起自燃。特别当原料中含有细粉末的黄铁矿时，水分不高，则更容易自燃。高挥发分气煤的自燃点很低，大约为150～250℃。煤堆因局部氧化发热，温度升高到75℃就可能进一步自燃；如温度高达140～150℃，则危险性更大。

生产煤气用的油主要是石油炼厂蒸馏塔底的残油，通常称为渣油或蒸馏重油。其物理常数往往因产地和蒸馏的要求不同而有所差别，但大体是相同的。以大庆渣油为例：密度（20℃/4℃）0.925～0.933g/cm³，闪点（开口）218～349℃，凝固点31～33℃，自燃点230～300℃。

渣油的闪点较高，相对其他轻质油而言，火灾危险性较小；但黏度大，易凝固，流动性差，在装卸输送时必须加温。而渣油中含有的一些轻质馏分在加温时容易挥发出来。渣油的自燃点比较低。

煤气生产过程中发生煤气爆炸的主要原因在于：煤气中含氧量高，或煤气系统内侵入空气形成了爆炸性混合物；煤气发生泄漏，在外部空间形成爆炸性混合物。常见的事故有以下八种类型。

① 开炉时的爆炸。开炉升火时，引火物油蒸气挥发进入煤气发生炉系统，形成爆炸性混合气；制气质量不好，含氧量过高的烟气进入除尘器、洗涤塔等装置内，形成爆炸性混合气。

② 停炉时的爆炸。停炉降温、空气进入煤气系统，形成爆炸性混合气。

③ 焖炉时爆炸。焖炉时，没有隔断出口管道和赶走煤气，炉体变冷、空气进入，形成爆炸性混合气。

④ 煤在炉中悬挂下坠时爆炸。

⑤ 断电时爆炸。断电时，鼓风机突然停止运行，发生炉灰盘下的空气压力下降，煤气从炉膛中流入灰斗、流进风管，继而流入鼓风机，形成爆炸性混合物。

⑥ 断水时爆炸。断水时，洗气箱失去水封作用，停炉时煤气倒回空气总管和鼓风机会导致爆炸。

⑦ 检修时爆炸。煤气未切断或未进行彻底清洗，动火作业导致爆炸。

⑧ 煤气泄漏。外部空间形成爆炸性混合物。

3. 煤气净化过程的危险因素及安全技术

煤气净化包括冷凝冷却、排送、脱焦油雾、脱氨、脱硫、脱萘等过程。

(1) 煤气冷凝冷却　煤气冷凝冷却器分直接式和间接式两种。焦炉和炭化炉一般采用间接式，在负压下冷凝冷却粗煤气。煤气冷凝冷却器底部液封必须有效，防止吸入空气。

(2) 排送机（鼓风机）　排送机是保持煤气净化系统平衡的关键设备之一。如果排送机发生故障，制气炉产生的煤气使系统压力上升，煤气外泄。炭化炉会因为煤气送不出去扩散在炉面上而引起爆炸；水煤气因排送不出去，将使中间气柜冒气；发生炉在继续鼓风的情况下，炉内压力升高，煤气从炉顶外窜。因此，排送机的旁通阀或总旁通阀应保持开闭灵活。排送机与有关生产过程的设备应有联锁装置并设置紧急备用电源等。

(3) 电捕焦油器　利用高压直流电在气体中的局部放电以收焦油雾的一种净化装置，电压高达 70kV。对于正压操作的电捕焦油器，保持煤气中含氧量不超过 1%。负压操作的电捕焦油器更需要严格控制含氧量，应设置含氧量超限（1%）的自动停车处理联锁装置。电捕焦油器的液封筒在负压条件下运行操作，必须保持一定的深度，以防空气倒入系统。要有良好的设备接地，事故状态时应先切断电源。

(4) 脱氨　煤气中含有少量的氨，可用水或稀硫酸吸收除去。脱氨工艺按脱氨的产品分为生产浓氨水和生产硫酸铵两种。硫酸铵生产腐蚀性强，主要设备有煤气预热器、饱和器、除酸器和氨水蒸馏釜等。氨的爆炸极限为 $16\% \sim 27\%$。高温情况下遇有火源能引起燃烧或爆炸。

(5) 脱苯　苯是一种易燃液体，闪点为 $-15℃$。煤气厂一般采用洗油吸收法脱除煤气中的苯。脱苯工段设有粗苯、轻苯、重苯、溶剂油、轻重馏分等易燃物质中间储槽。

(6) 脱硫　原料煤中含有的硫最终混在煤气中，需经脱硫除去。煤气脱硫分为湿法和干法两种。湿法脱硫是用碱性溶液自上而下地与煤气逆流接触，吸收煤气中的硫化氢。吸收液在再生塔或再生器内用空气鼓风氧化。干法脱硫一般采用深 2m 左右的长方形干箱，内置氧化铁脱硫剂，接触硫化氢后生成硫化铁。湿法脱硫液位调节器处应有防止空气夹带吸入脱硫塔的设施，以防止在脱硫塔内形成爆炸性气体。硫化釜排放硫黄时，周围必须严禁明火。干法脱硫比湿法脱硫危险，用过的脱硫剂中含有硫化铁、木屑和油类，容易自燃。油类的蒸气会形成爆炸性混合物。

（7）脱萘 为了保证煤气输配管网内不发生萘结晶堵塞现象，通常采用轻柴油脱萘。清除变换气中的一氧化碳，一般采用铜氨溶液吸收、液氮洗涤和甲烷化等方法。液氮洗涤最危险，其原因是当空气分离系统操作不正常时，随氮气带出的氧气与可燃气体混合；或当加入变换气的空气量不准确时，可燃气体与变换气混合，这些都会在设备内形成易爆的混合气体。采用液氮洗涤法，在低温设备中会积累易爆的液体或固体物质。这些物质在常温时呈气态，可和空气一起从设备中逸出。当用液氮法处理含有不饱和烃类和氧化氮气体等杂质的变换气或焦炉气时，存在的危险更大。因为这些杂质在低温条件下凝结，以焦油状态积聚在设备中，有自行爆炸的危险。

二、合成氨生产过程安全技术

氨合成的主要任务是将脱硫、变换、净化后送来的合格的氢氮混合气，在高温、高压及催化剂存在的条件下直接合成氨。

分析以往大型合成氨装置开停车和操作过程中发生的事故案例，其中设计错误占事故总数的比例为 10%～15%；施工安装等错误占总数的 14%～16%；设备、机械、管件、控制仪表等方面的缺陷占 56%～61%；操作人员错误占 13%～15%。大多数的事故、火灾和爆炸是由于各种工艺设备泄漏出可燃气体造成的。

1. 氨合成生产过程

工业上合成氨的各种工艺流程，一般都以压力的高低来分类。

高压法压力为 70～100MPa，温度为 550～650℃；中压法压力为 40～60MPa，低者也有用 15～20MPa，一般采用 30MPa 左右，温度为 450～550℃；低压法压力为 10MPa，温度为 400～450℃。中压法是当前世界各国普遍采用的方法，它不论在技术上还是能量消耗、经济效益方面都较优越。国内中型合成氨厂一般采用中压法进行氨的合成。压力一般采用 32MPa 左右。从国外引进的 30 万吨大合成氨厂，压力多为 15MPa。合成氨工艺流程如图 5-1 所示。

从化学平衡和化学反应速率两方面考虑，提高操作压力可以提高生产能力。而且压力高时，氨的分离流程简单。高压下分离氨，只需水冷却就足够，设备较为紧凑，占地面积也较小。但是，压力高时，对设备材质、加工制造的要求均高。同时，高压下反应温度一般较高，催化剂使用寿命缩短，所有这些都给安全生产带来了困难。

工业上氨的合成有多种流程，但总包括以下步骤。

① 精制的氢氮混合气由压缩机压缩到合成需要的压力。

② 原料气经过最终精制。

③ 净化的原料气升温并合成。

④ 出口气体经冷冻系统分离出液氨，剩下的氢氮混合气用循环压缩机升压后重新导往合成塔。

⑤ 驰放部分循环气以维持气体中惰性气含量在规定值以下。

国内大多数合成氨厂采用两级分氨流程。典型流程如图 5-2 所示。

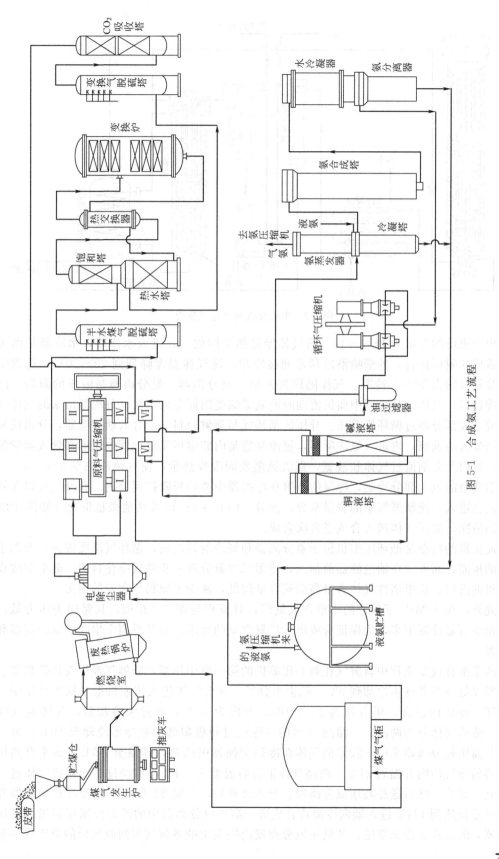

图 5-1　合成氨工艺流程

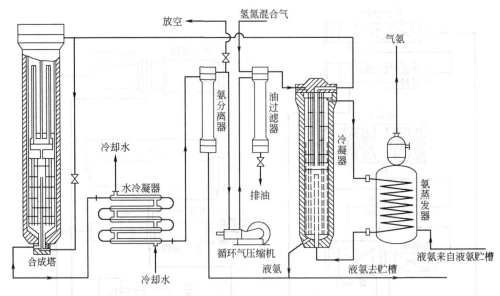

图 5-2　中压合成两级分氨流程

出合成塔的含氨为 14%～18% 的气体经过热量回收后，进入水冷器，水冷器是由无缝钢管做成的耐压排管，外壁喷淋冷却水间接冷却，使气体温度降低到 20～30℃，过程中有一部分氨（约占 50%）冷凝。气体随即进入第一氨分离器，氨分离器是耐压的圆筒，内有填料或挡板，气体在分离器中曲折流动时液氨雾滴受阻而分离。从氨分离器出来的气体有少量驰放，大部分经过循环机升压。升压的循环气与新鲜原料气汇合入油过滤器，分出往复式循环机带入的油滴，再进入氨冷凝器，氨冷凝器是内装耐压无缝钢管的蛇形盘管或排管的换热器，管内外分别流过气体和液氨，借液氨蒸发而吸收热量，使气体冷冻至 0～-8℃，将气体中残余的氨大部分冷凝，冷凝的液氨在冷凝器中被挡板阻拦而分离。新鲜气所以在氨冷器前汇合进入，使新鲜气中的少量水分、油分、CO、CO_2 以及其他微量催化毒物溶于液氨而得到清除。之后气体送入合成塔再次合成。

此流程的特点是循环压缩机位于氨分离器和氨冷凝器之间，循环气温度较低，有利于压缩机的压缩；新鲜气在油过滤器前加入，使第二次氨分进一步达到净化目的；放空管线设在循环机的进口，这里惰性气体含量高而氨含量较低，减少了原料气和氨的损失。

此外，在 15MPa 下操作的小型合成氨厂，其流程与图 5-2 相似，只是因为压力低，水冷后很少有氨冷凝下来，为保证合成塔入口氨含量的要求，通常设两个串联的氨冷凝器和氨分离器。

凯洛格合成氨流程中新鲜气在离心压缩机的第一缸中压缩，新鲜气经甲烷化换热器、水冷却器及氨冷却器逐步冷却到 8℃。除去水分后，新鲜气体进入压缩机第二缸继续压缩，并与循环气在缸内混合，压力升到 15.5MPa，温度为 69℃，经过水冷却器，气体温度降至 38℃。然后气体分为两路，一路约 50% 的气体经过两级串联的氨冷器冷却至 10℃。另一路气体与高压氨分离器来的 -23℃ 的气体在冷热交换器内换热，降温至 -9℃，而来自高压氨分离器的冷气体则升温到 24℃。两路气体汇合后温度为 -4℃。再经过氨冷器将气体进一步冷却到 -23℃，然后送往高压氨分离器。分离液氨后，含氨 2% 的循环气经冷热交换器和热热交换器预热到 141℃ 进入轴向冷激式合成塔。高压氨分离器中的液氨经减压后进入低压氨分离器，液氨送去冷冻系统，从低压氨分离器内闪蒸出的驰放气与回收氨后的放空气一起做燃料。

该流程具有以下特点：采用离心式压缩机回收合成氨的反应热，预热锅炉给水；采用三级氨冷，三级闪蒸，将三种不同压力的氨蒸气分别返回离心式压缩机相应的压缩级中，这比全部氨气一次压缩至高压、冷凝后一次蒸发到同样压力的冷冻系数大，功耗少；放空管线位于压缩机循环段之前，此处惰性气体含量最高，但氨含量也最高，由于放空气回收氨，故对氨损失影响不大；氨冷凝在压缩机循环段之后，能够进一步清除气体中夹带的密封油、CO_2等杂质。缺点是循环功耗较大。

与凯洛格流程比较，托普索氨合成工艺流程在压缩机循环段前冷凝分离氨，循环功耗较低；但操作压力较高，仅采用二级氨冷；采用径向合成塔，系统压力降低；由于压力较高，对离心压缩机的要求提高。

新鲜气经过三缸式离心机加压，每缸后均有水冷却器及分离器，以冷却加压后的气体并分离出冷凝水，然后新鲜气与经过第一氨冷器的循环气混合通过第二氨冷器，温度降低到0℃左右，进入氨分离器分离出液氨，从氨分离器出来的气体中约含氨3.6%，通过冷热交换器升温至30℃，进入离心压缩机第三缸所带循环段补充压力，而后经预热进入径向冷激式合成塔。出塔气体通过锅炉给水预热器及各种换热器温度降至10℃左右与新鲜气混合，从而完全循环。

氨合成工艺条件主要包括压力、温度、空间速度、气体组成等。

实际生产中，希望合成塔催化剂层中的温度分布尽可能接近最适宜温度曲线。由于催化剂只有在一定的温度条件下才具有较高的活性，还要使最适宜温度在催化剂的活性范围内。如果温度过高，会使催化剂过早地失去活性；而温度过低，达不到活性温度，催化剂起不到加速反应的作用。不同的催化剂有不同的活性温度。同一种催化剂在不同的使用时期，其活性温度也有所不同。

空间速度的大小意味着处理量的大小，在一定的温度、压力下，增大气体空间速度，就加快了气体通过催化剂床层的速度，气体与催化剂接触时间缩短，在确定的条件下，出塔气体中氨含量要降低。对应于每个空间速度，有一个最适宜温度和氨含量。

压力为30MPa的中压法合成氨，空间速度（简称空速）选择$2000 \sim 3000h^{-1}$之间，氨净值为10%～15%。因合成氨是连续生产工艺，空速可以提高。空速大，处理的气量大，虽然氨净值有所降低但能增加产量。但空速过大，氨分离不完全，增大设备负荷，不利于安全生产。因此，空速也有一个最适宜范围，这不仅决定着氨的产量，也关系着装置的安全生产。

除对压力、温度、空速进行控制外，还应控制进塔气体组成，即不仅要控制进塔氢氮比，还应根据操作压力、催化剂活性等条件对循环气中惰性气体含量加以控制。

2. 合成氨过程危险性分析及安全控制技术

合成塔安全操作控制指标见表5-1。

氨合成工序使用的设备有合成塔、分离器、冷凝器、氨蒸发器、预热器、循环压缩机等。可燃气体和氨蒸气与空气混合时有爆炸危险，氨有毒害作用，液氨能烧伤皮肤，生产还采用高温、高压工艺技术条件，所有这些都使装置运行过程具有很大危险性。严格遵守工艺流程，尤其是控制温度条件是安全操作的最重要因素。设备和管道内温度剧烈波动时，个别部件会变形，破坏设备。

氨合成过程的主要危险性及安全措施如下。

（1）催化剂一氧化碳中毒　当新鲜空气中一氧化碳和二氧化碳（微量）总含量超过安全

表 5-1　合成塔安全操作控制指标

控制类别	控　制　点	计量单位	控制指标	备　　注
温度	催化剂热点	℃	460～520	碳钢材料带中置锅炉
	出口气体	℃	≤235	
	一次出口气体	℃	≤380	
	二次出口气体	℃	≤130	
	塔壁	℃	≤120	
	水冷器出口气体	℃	≤40	
压力	进口	MPa	≤31.4	
	进出口压差（轴向塔）	MPa	≤1.77	
	进出口压差（径向塔）	MPa	≤1.18	
	气氨总管	MPa	≤0.29	
气体成分	$n(H_2)/n(N_2)$		2.8～3.2	
	循环气中惰性气体含量	%	12～22	
其他	电加热器最高电压	V	按设计值	
	电加热器电流	A	按设计值	

指标时，会使合成塔催化剂床层温度波动。其原因是一氧化碳与氢反应生成了水蒸气，它氧化了催化剂中的 α-Fe 使其活性下降。如不及时处理，整个催化剂层温度下跌，使生产无法进行。

催化剂中毒后，合成塔催化剂层温度会出现"上掉下涨"的情况，整个反应下移、减弱，系统压力升高等。

一般当一氧化碳、二氧化碳含量在 $25～50cm^3/m^3$ 时，可根据不同含量通知（信号）压缩工段减负荷处理，以减少进入合成塔的有毒气量，并关小塔副阀或调节冷激气量，相应减少循环气量，尽量维持合成塔温度，争取做到"上不掉、下不涨"，同时要联系有关岗位采取措施，把有毒气的含量降至指标以内。若一氧化碳、二氧化碳含量到 $50～70cm^3/m^3$（50～70ppm）时，中毒情况加剧，操作情况恶化，催化剂层温度迅速下降，热平衡不能维持时，必须快速停止新鲜空气的导入，如遇压缩工段切气不及时，可先打开新鲜空气放空阀，打开阀门的开度要避免新鲜气压力的大幅度波动，造成临时停车。当精炼气合格，塔导气后上部温度复升，为了不使下部温度在增加循环量时继续上升，可用氨分离器的放空阀排放，适当降低系统压力以减少热点处的氨反应，再视上、下部温度情况加大循环量，亦可短时适当提高催化剂层温度 5～10℃ 等办法使毒物更好解析。另外，在处理中要注意维持氨分离器和冷凝塔液位，尤其对氨分离液位因氨发生反应的变化而升降明显，需及时注意。

（2）铜液带入合成塔　精炼工段铜液塔生成负荷重，塔内堵塞、液位计失灵或操作不当等能导致塔后气体大量带铜液。由于夹带铜液在碱洗塔、滤油器等设备内不能彻底分离就随新鲜空气补入循环气一起进入合成塔内。

铜液带入合成塔对生产危害较大，这是因为铜液中的一氧化碳、二氧化碳和水分会使催化剂暂时中毒，铜液带入合成塔内会使铜液附着在催化剂表面使其失去活性；还会损失内件，也会发生使用电炉时短路烧坏电炉丝。一般当冷凝温度、循环氢含量、补充气、循环气量等正常时，发生塔温剧降，系统压力升高，有可能是铜液带入塔内。有效的处理方法是紧急停塔，立即切断新鲜气源，不使毒物再进入系统。具体操作与一氧化碳中毒时基本相同，此外尚需排放滤油器内铜液和做塔前吹净以彻底清除系统内铜液，还要通知压缩机岗位分离器排除铜液。

（3）液氨带入合成塔　由于冷凝塔下部氨分离器的液位调节不当或失灵等，就会使液氨带入合成塔。带氨严重时会造成合成塔垮温，甚至还会损坏内件。

液氨带入合成塔时，入塔气体温度下降，进口氨含量升高，催化剂上层温度剧降，系统压力会升高。处理上要通知液位计岗位检查冷凝塔放液阀，降低液位，设法排除液位计失灵故障；本岗位立即减少循环量和关小塔副阀、冷激阀等以抑制催化剂温度继续下降。当出现系统压力上升，可采用减量和塔后放空的方法。如催化剂层温度降至反应点以下，温度已不能回升，只能停止新鲜气的导入，按升温操作规定，降压开电炉进行升温，待温度上升至反应点后逐步补入新鲜气，当温度回升正常时，应适当加大循环量，防止温度猛升，一般带液氨消除后，温度恢复较快，要提前加以控制。合成塔开始少量带氨时，可以从其他操作条件不变而塔出口温度下降中觉察到，冷凝塔液位的及时检查和调节是防止大量带氨的主要举措。

（4）氨氮比例失调　氨生产中要达到良好的合成率，循环气中氨氮比控制在 2.8～3.2 范围内才能实现。一般氨氮比失调是由于新鲜气中氨氮比控制不当所致。处理不及时会造成减量生产，甚至发生催化剂层温度下垮，系统压力猛升的事故，这时只能卸压、开电炉升温来恢复生产。

当氨氮比过高或过低时，都会出现催化剂层的温度降低、压力上升的现象。在催化剂层温度下降时应关小塔副阀和冷激阀进行调节，不见效时，可减少循环量，如果氨氮比太低，塔后可以适当多放一些，以降低惰性气体含量，提高氢气分压，使新鲜气补充稍多一些有利反应速率，若遇氨氮比较高，不宜增加塔后排放，当系统压力高时，可酌情减少压缩机负荷，待其正常时再适当加量。

（5）合成塔内件损坏　内件损坏总的原因是与材质、制造、安装质量和操作有关，操作方面的原因是合成塔操作不当，是由温度、压力变化剧烈所引起。具体表现在升、降温速率太快，操作塔副阀猛开、猛关；塔进口带氨以及对合成塔加减负荷时幅度过大。

内件泄漏降低了塔的生产能力，严重时需停车检修。由于泄漏点的部位不同，生产上会分别出现催化剂层入口温度降低，催化剂层温度、塔压差、氨净值下降，热电偶单边各点温度指示下降或有突变，塔出口温度降低，压力升高等现象。处理这些问题时除有时不能坚持生产需停塔检修外，对泄漏部位所反映出的不同工况采取不同的操作方法，一般仍能维持生产。

具体处理方法有利用压差原理加大循环量、适当放宽塔压差指标。改用电热炉；适当提高热点温度；减少副线流量、循环量；增高塔压力、排除惰性气体、降低氨冷器温度等。总之，对内件损坏、泄漏所反映出的不正常的情况要进行全面分析及时处理，在证实泄漏部位和有效操作方法后，要制定出临时操作规定。为防止操作因素引发的内件泄漏，在日常的生产中对合成塔压力，温度的升、降速率，塔主、副阀的开启度以及合成塔负荷的加减量都应做严格控制。

（6）电热器烧坏　电热器烧坏主要由电器故障和操作不当两大原因造成。电器故障有电炉丝设计、安装缺陷，如电炉丝安装不同心，碰到中心管壁；绝缘瓷环固定不好；电炉丝过长或绝缘云母片破损等造成短路。操作不当的原因有：合成塔气体倒流，使催化剂粉末堆积在加热器的瓷环上，由于粉末导电造成短路；带铜液入塔，铜离子被氢还原成金属铜附在绝缘处造成短路；滤油器分离效果差，油污带入合成塔经高温分解的炭粒堆积在绝缘处；循环气量不足，使电炉产生热量不能及时移走，以致高温烧坏；开、停电炉违反规定，如发生开车时先开电炉后开循环机、停车时先停循环机等的错误操作；在催化剂升温时遇循环机跳闸后未及时停电炉等。

电炉丝确认被烧坏后应停塔修理。为避免电炉丝烧坏事故的发生，操作人员要认真操作，杜绝发生气体倒流等现象；升温操作中电流、电压不得超过规定的最大值并注意安全气量，循环量和电炉功率调节时要密切配合；电炉绝缘不合格不得强行使用；遵守开、停电炉顺序的规定。

（7）催化剂同平面温差过大　造成温差过大的原因有

① 催化剂填装不均匀和内件制造安装不当，气体产生"偏流"造成温差；

② 内件损坏，造成泄漏，使泄漏处催化剂层的温度较低；

③ 分层冷却合成塔内冷介质分布不均；操作不当，操作条件变化过大等。

催化剂层同平面温差过大，使活性不能充分发挥，影响产量，亦可能因温差过大使内件受热不均产生应力而造成损坏，同时还会使温度高的部分易上升，温度低的部分易下降，造成催化剂层温度难以控制。

如果温差确系前述三项原因引起，操作方面只能改善操作条件，制止其发展，不使其继续扩大。当发生催化剂层同平面温差已有继续扩大趋势时，可采取以下方法：减少塔负荷，降低系统压力，抵制高温区的反应；减少循环量，适当提高催化剂层温度，促进低温区的反应有所加强；如以上方法无效，可再先行降压生产或再升压生产一段时间，以求缩小温差，亦可试用停塔方法，使其在静止状态下利用催化剂层自身热量的传导缩小温差。生产中有时还会发生温差较大，但未见扩大趋势或温差忽大忽小等情况，亦应降压生产和稳定操作条件，以收到一定效果。径向塔受气体分布管及冷激气不匀的影响，处理上除可行的降压操作外，有效方法尚在摸索，有人认为不宜采用提高低温部位催化剂温度的方法，否则会造成生产能力过快降低。

（8）合成塔壁温过高　造成壁温过高的原因有：操作上循环量太小或塔副阀开得过大，使通过内套与外筒的气量减小，导致对外壁的冷却作用减弱；内套破裂泄漏，气体走近路，使内套与外筒间的流量减少；内套安装与筒体不同心，导致两者间间隙不均匀；内套保温层不符合要求或部分损坏；突然断电停车时塔内反应热带不出，热辐射使塔壁温度升高。

塔壁温度控制在120℃以下，温度高会加强钢材的脱碳，使其材质疏松，减弱塔外壳的耐压强度，不但缩短了使用寿命，而且还会影响到合成塔的安全。

塔壁温度高的处理方法有：加大循环量或开大塔主阀，关小塔副阀；视情况停车检修；不能坚持生产时停车检修相关部件；遇断电发生壁温超标，酌情卸压降温。

（9）循环机输气量突然减少　原因大多由设备缺陷引起。如气阀阀片或活塞环损坏，循环机副线阀泄漏，安全阀漏气等。

输气量的突然减少会导致空速的降低，促使催化剂层温度剧烈上升，合成塔出口气温和氨含量的增高，若遇循环量减少过多，调节不当或处理不及时，可能会在短时间内使催化剂层温度上升至脱活温度，甚至烧坏。

处理方法有：开大塔副阀降温，如循环量减少较多时，若开大塔副阀一时不能见效，应迅速减少补充气量、降低系统压力；可适当开塔后放空阀，降低系统压力，减缓温度继续上升的趋势；另外，适当提高氨冷器温度，对维持塔温有一定的作用。如发生循环机跳闸或其他原因引起的循环机输气量完全中断时，需作临时停车处理；通知（信号）压缩机减相应气量，关死新鲜气补充阀并酌情用塔后放空降低系统压力，在停循环机时，注意防止气体倒流，在处理过程中会波及其他系统的正常操作条件时，务必加强联系。

（10）放氨阀后输氨管线爆裂　原因有分离器液位过低或没有液位，使高压气进入输氨管线；氨罐或中间储罐进口阀未开以及其他故障使输氨压力憋高；管道材质不良或腐蚀严重，强度降低。

管线爆裂会分别出现合成塔进口压力降低，输氨压力骤降以及现场氨气弥漫等情况。处理时要依据爆裂部位，结合本单位输氨管配置流程，切断（或打开）相关阀门，减小负荷。停单塔或者全系统停车。输氨管爆裂现场有大量气、液氨喷出，易发生中毒和灼伤，现场处理人员要戴隔离式防毒面具及防护服、靴，并用水喷洒，减轻氨气对人身的伤害。

（11）中置锅炉干锅　干锅原因一般是锅炉给水泵跳闸或自调失灵，除盐水的供给中断而操作人员未及时发现以及操作不当所致。

干锅导致合成停塔，严重干锅会影响锅炉使用寿命甚至危及安全。从下列情况可判断干锅：锅炉进口温差缩小；锅炉的液位指示消失；在合成塔负荷不变时锅炉的出口温度超指标；从锅炉水的取样阀或排污阀放出大量蒸汽；锅炉给水流量及蒸汽流量明显减少等。

处理方法是：合成塔做停塔处理并循环降温；锅炉要先开蒸汽放空阀，然后切断锅炉汽包与蒸汽管网的连通；稍开升温蒸汽阀，待合成塔二次出口温度不大于 200℃ 时可向锅炉缓缓加水至正常液位，然后合成塔重新开车。另外，还可以在循环降温至 300℃ 左右用电炉保温，查明干锅原因后，缓缓向炉内加水至正常液位，然后开塔投产。干锅时禁止立即向锅炉加水。

三、纯碱生产过程安全技术

1. 纯碱生产工艺

目前，我国生产纯碱的主要方法是氨碱法和联碱法，本书介绍的是氨碱法。氨碱法主要是以原盐、无烟煤、石灰石、液氨和硫化钠做原料，把原盐先溶化成饱和盐水，除去盐水中的钙、镁等杂质，再吸收氨制成氨盐水，然后再进行碳化得到溶解度较小的碳酸氢钠，过滤后煅烧成纯碱，过滤母液加入石灰乳反应，并蒸馏回收反应生成物氨再循环使用。所得蒸馏废液经处理后将清液排弃，废渣堆放。石灰石经煅烧生成二氧化碳气体和石灰，分别用于碳化工序和蒸馏工序。工艺流程图见图 5-3。

纯碱生产过程具体可分为如下几个步骤。

① 将石灰石在窑内煅烧，分解成氧化钙和二氧化碳，二氧化碳经过除尘以后用于碳化工序，氧化钙用于蒸馏工序回收氨。

② 原盐制成饱和盐水，除去其中的钙、镁等杂质。

③ 盐水的氨化和碳化，用精制盐水吸收氨后，再经过碳化生成重碱。

④ 重碱煅烧，把洗好的重碱送到煅烧炉内煅烧，制成轻质纯碱，并回收生成的二氧化碳，用于碳化工序。

⑤ 蒸馏回收氨是将碳化过滤母液加石灰乳分解，生成氨，用蒸馏的方法加以回收。

纯碱生产工艺涉及的原料、中间产物、产品及其废料有：石灰石、原盐、氨、无烟煤、氧化钙、二氧化碳、一氧化碳、氢氧化钙、氯化铵、氯化钙、盐酸、碳酸氢钠、碳酸钠等。

2. 纯碱工业生产的危险性分析

纯碱生产具有高度的连续性，在工艺过程中，许多物质往往具有易燃、易爆、易中毒和易腐蚀性的特性，稍有不慎，就有可能引起事故的发生，给员工的生命和企业的财产安全造成危害。纯碱生产主要危险性如下。

（1）火灾爆炸

① 为生产配套的电力系统，如变压器、低压配电装置、电、电缆以及各种泵的电机，当存在设备、材质质量不好或安装施工质量不好，以及电缆沟被车压坏等情况时，可能引起

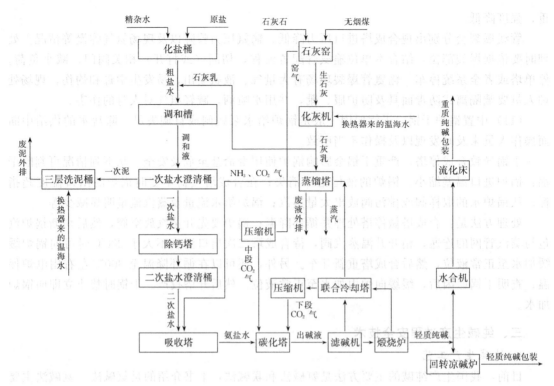

图 5-3 纯碱生产工艺流程简图

短路或漏电，或由于电负荷过载，均能导致电器设施过度发热，引发电器、电缆的绝缘材料或附着物（如油脂、有机易燃物等）着火而发生火灾。

② 在纯碱生产过程中用到氨，氨是一种中间媒介质，在生产过程中它是循环使用的。氨在储存、输送和使用的过程中，如果设备、管道存在缺陷或人为操作失误导致液氨泄漏，遇明火就极可能发生爆炸着火。

③ 防火、防爆区域（如液氨库区）内使用的电气设备、机械设备的电机、照明、开关箱，如果不使用防爆型或使用防爆级别不够的设备，在电气设备作业时，一旦产生电火花，就有爆炸火灾的危险。

④ 在设备检修时（如给碳化塔检修），如果检修的设备没与系统彻底断开、隔离，没对检修的设备进行置换、清洗，未进行易燃易爆物质测定，违章进行动火、烧焊作业，就存在发生爆炸的危险。

⑤ 进入塔、罐、釜作业或检修时，如果照明灯电压等级不是安全电压或没有保护罩，灯泡接口产生的电火花，存在着引起爆炸的危险。

⑥ 生产过程中使用到多种压力容器和压力管道（煅烧炉、压缩空气储罐），当设备存在缺陷且带病运行或人为操作失误，都可能引起爆炸事故的发生。

（2）电伤害　这类危险主要发生在电源配电装置和生产设施中的各种机泵的电动机、通排风设备以及动力、照明电气线路、照明和电焊作业上。

在安装施工过程中，由于选用了质量低下或安装质量有缺陷的电气设备、器材而导致生产过程中发生事故，或在工作和维修保养过程中，由于作业人员不能按照电气工作安全操作规程进行操作，或缺乏安全用电常识的非电气技工对电气设备自主进行操作、维修，均可能造成触电事故的发生。

（3）机械伤害　生产装置里有许多起重设备、转动设备、高压设备，如吊车、电动葫芦、卷扬机、离心机、引风机、空压机、压缩机、皮带运输机、各种泵等，对起重设备未定期检修，或对转动设备的转动部位未加防护以及操作人员的失误等，均有可能对员工造成机械伤害。

（4）高处坠落与落物打击　在纯碱生产装置中，有许多设备布置在不同高度的层面上，因此需设置一定数量的直钢梯、斜钢梯、釜罐、高位槽和平台。若梯、台的防护栏杆、围栏、踏板设施不完善、不合理；人员疏忽大意及蛮干；在高处检修维护时，违反高空作业安全操作规程，未采取安全防护措施，都有可能发生高处坠落、落物打击事故。

（5）腐蚀性危害　在纯碱生产过程中，用到几种酸碱，如重碱车间用来对钛板进行酸洗的盐酸，热电车间用来水处理的氢氧化钠，都具有较强的腐蚀性，以及二次盐水在吸氨以后生成的氨盐水也具有腐蚀性。这些物质在储存、输送和使用的过程中，由于管道、设备的缺陷或人为操作失误而导致发生泄漏，且作业人员没有采取有效的防护措施，都有可能对人造成危害。

（6）中毒危害　在纯碱生产过程中，涉及多种有毒物质。如用作中间媒介质的氨，石灰窑中的二氧化碳、一氧化碳，重碱车间用来对钛板进行酸洗的盐酸等，这些有毒物质一旦发生泄漏，将会对人体造成危害。发生中毒概率较高的主要有这三个岗位：一是盐水车间的除钙岗位，容易发生一氧化碳中毒；二是重碱车间的碳化岗位，容易发生氨中毒；三是石灰车间的电除尘岗位，容易发生一氧化碳中毒。

（7）噪声危害　在纯碱生产过程中，用到各种离心机、鼓风机、空压机、电动机、球磨机、以及各种机泵等，如果选型不好或者未采取降低噪声措施，当作业人员长期处于此环境下，会对人的听觉系统造成伤害，也会对神经系统、心血管系统造成不良影响。噪声危害较严重的地方主要有热点车间的球磨机房、石灰车间的投料间、压缩车间的压缩机房以及各车间的风机房。

（8）高温灼伤与中暑

① 在纯碱生产过程中，很多设备及管道中流有较高温度的溶液，一旦由于设备缺陷或人员操作失误导致高温液体泄漏喷出，且人员未采取任何防护措施，易造成人员烫伤。

② 蒸汽、反应罐、干燥器的设备和管道，介质温度都很高，有的甚至达到100℃以上。这些设备及管线的隔热保温层若有脱落之处，人体直接接触时可能发生高温灼伤。

③ 一些高温设备的热辐射，导致环境温度升高，如在煅烧车间以及热电车间的锅炉房，尤其是在夏季，如未采取防暑降温措施，人员长期在此环境下工作，有中暑的危险。

（9）粉尘危害　粉尘对人的危害作用主要有两个方面：其一是具有一般性的刺激作用，可引起呼吸系统、眼、皮肤等器官的疾病；其二，也是最主要的，就是引起肺部细胞的纤维化。长期吸入大量的有害粉尘，能使肺部产生弥漫性的纤维性病变而导致全身性疾病——即尘肺病。包装车间包装现场、煅烧车间以及石灰车间粉尘浓度较高，若不采取防护措施，就会对员工的身体健康造成危害。

（10）车辆伤害　许多生产工厂，在原料和产品运输中用到多种车辆交通工具，如火车、叉车、装载车、吊车、各种型号的卡车等，在车辆作业和行驶过程中，如果司机违反厂内安全作业及行驶规定，就会对员工的生命安全造成危害。

综上所述，纯碱生产过程存在很多危险因素。要求企业领导要高度重视生产安全，员工必须严格遵守各项规章制度，增强自身的安全意识和安全技能，注意好每个细节，防患于未然，这样才能实现纯碱生产的安全、稳定、可持续发展。

3. 纯碱工业生产的安全技术

(1) 盐水工段

① 盐运岗位。

a. 严禁从皮带底部或皮带上过往，禁止用皮带运送其他物品，横过皮带必须过梯，停皮带后皮带上面严禁站人。

b. 去盐场看盐，到盐箅子投盐必须两人以上，投盐和清箅子时，要站在爬梯上，手拉绳子，将周围盐拉净后，方能清箅子。

② 化盐岗位。

a. 开停车时必须戴绝缘手套，以防触电。

b. 严禁在流槽盖上行走。

c. 化盐桶停修或清扫时，不准向桶内进盐，或扔其他杂物，修理或清扫化盐桶时应加安全网，必要时设专人监护。

③ 加灰岗位。

a. 石灰乳管线开启前，操作人员戴好防护眼镜，详细检查各处法兰、弯头等处有无泄漏，防止喷出伤人。

b. 调和槽搅拌在运转中，不准用铁棍投砂管。

c. 用蒸汽冲石灰乳管时，石灰乳管出口处附近不准站人。

d. 投石灰乳管线，必须戴好胶皮手套和防护眼镜。

e. 处理和清扫调和槽时，必须切断电源，挂上警示牌。

④ 除钙岗位。

a. 开塔前，必须检查各阀门、仪表灵活好用，各盲板处理无误，厂房照明充足。

b. 除钙塔压力保持平稳，如果取出液带气时，应立即查明原因，迅速处理，防止 CO 中毒。

c. 除钙塔高层要设警示标志，禁止在此逗留。检修时，必须取样分析，合格后方可进行，并设专人监护。

d. 严禁携带易燃易爆物品进岗位，工作地点不可以吸烟，需动火时必须办理动火手续。

e. 停用的设备和管线必须将物料放空，以防冬季冻裂。

f. 蒸煮除钙塔时，蒸汽压力不能超过 0.1MPa，放水时要预先检查下方是否有人，并发出警告或信号，防止烫伤。

g. 塔内和二次泥罐动火时，必须置换，经分析合格后方可动火。

h. 停塔时，必须将进塔的各进气阀门关闭后，加上盲板。抽加盲板时，要戴好手套和防毒面具，并设专人监护。

i. 开关考克或阀门后，不准将扳手挂在考克或阀门上，要存放在指定地点。

⑤ 酸洗岗位。

a. 酸洗设备、管线时，必须征得岗位操作工的同意，并插好进出设备的盲板。

b. 对带有有害气体的设备或管线抽加盲板时，应首先办理"抽堵盲板许可证"，抽加盲板时，不得面对法兰口，以防气、液喷出伤人。

c. 进行酸洗作业时，必须穿戴好防护服和眼镜及其护面，操作人员要熟悉酸的化学性质及酸的防护方法。

d. 在酸洗过程中，因有硫化氢产生，严禁动火，以防爆炸伤人。

e. 酸洗胶管通过路边要采取防护措施，并设置安全标志，防止车压坏，管线溢出酸伤人。

f. 在酸洗过程中，从循环罐溢出硫化氢时，要求操作人员站在上风口，防止中毒。

g. 酸洗系统未泄压时，严禁拆动螺丝，防止酸液外溢伤人。

h. 浓酸的搬运、装卸、配制清洗液时，必须两人以上操作，监护人不得离开岗位。

（2）重碱工段

① 湿法吸收岗位。

a. 如果硫化钠管堵塞，一定要戴胶皮手套和防护眼镜并穿水鞋进行处理。

b. 工作中一旦有含氨液体溅到眼镜里，立即用水或硼酸进行清洗并视实际情况送医院治疗。

c. 用酸冲洗液位计管时，一定要戴好眼镜、乳胶手套、水鞋，以防烧伤。

② 碳化岗位。

a. 严格遵守岗位操作规程。

b. 当阀门、管线突然破裂泄漏氨盐水、中和水或 CO_2 气体时，必须判明风向并站在上风处，戴好防毒面具再进行处理。

c. 碳化压塔改气时要严防 CO_2 超压。

d. 不要长时间站在楼顶以防 CO 中毒。

e. 冲洗碳化塔水箱必须在水外排处设专人监护，防止 CO 中毒。

③ 过滤岗位。

a. 在碱车两侧工作架上检查、加油时要特别小心。防止衣袖带入机器内，发生人身伤害事故。

b. 过滤机检修时，必须切断电源，挂上禁止送电牌，盖好下碱镏子。

c. 过滤机在运转时，不准取拿刮刀上积存的杂物。

④ 离心机岗位。

a. 严格遵守岗位操作规程。

b. 离心机筛篮内有物料时，切勿启动开车。

c. 转子未启动时，油泵和推料装置运行不能超过 15min。

d. 离心液贮桶没有拉空时，严禁停搅拌。

e. 离心机进料绞龙运行中严禁将物件及手伸入绞龙口处。

f. 清除离心机筛篮的结疤或滤饼结块时，需用木挂板。

⑤ 湿法蒸馏岗位。

a. 严格执行岗位操作规程。

b. 开蒸汽阀时，必须事先放倒淋，并慢慢开启，防止水冲击。

c. 取样时必须戴手套和眼镜，人体与取样口要错开位置。

d. 操作中如果有含氨液体溅到眼镜里，应立即用水或硼酸冲洗并及时送医院治疗。

⑥ 液氨库岗位。

a. 工艺指标。液氨罐压力≤1.6MPa；空罐氨气压力≥0.05MPa；液氨贮量≤80%（有效容积）。

b. 严格执行依法制定的《锅炉、压力容器管理制度》。

c. 罐区设安全标志，不准堆放易燃、易爆物品，非本岗位工作人员未经许可，不准入内。

d. 安全阀、压力表必须灵活好用，照明使用防爆灯具。

e. 操作人员必须经政府有关部门培训取得《特殊工种作业证》，方能上岗作业。

f. 卸槽车向吸收塔补充气氨时，避免压差过大造成事故。

g. 设备检修按规定办理各种票、证、单。严格执行安全措施。不许动的设备、管线、阀门、考克要挂禁动牌。

h. 开关阀门要缓慢，并选择上风操作，一旦发生氨气爆炸或着火，首先切断电源。

i. 发生漏氨事故时，必须穿戴好防护用品，必须有人现场监护进行处理。

j. 新装或检修后的罐，首次使用需要用氮气置换至氧含量≤0.3%。

⑦ 干法蒸馏岗位。

a. 严格执行安全规章制度，不违章作业。

b. 严格按操作规程操作，防止超温、超压等。

c. 严禁出现预灰桶至沉砂器连接堵塞，出现固定氨塔塔下压力消失，预灰桶液面涨的情况。

d. 检查各除尘点负压情况并进行调节，防止灰粉外扬损害眼镜及呼吸器官。

e. 操作中防止预灰桶正压，同时防止灰仓偏流或空仓以防止冒灰。

⑧ 干法吸收岗位。

a. 严禁氨盐水滤过器及钛板换热器压力超标，倒钛板换热器时应注意不要正对阀门开关，以防氨盐水喷出伤人。

b. 操作中如果不慎含氨液体溅入眼内，应立即就近用清水或硼酸冲洗，若伤势严重应立即送往医院治疗

c. 用浓酸冲洗液位计管时，一定要戴好防护眼镜，乳胶手套、穿好水鞋，以防酸灼伤。

（3）压缩工段

① 压缩机岗位。

a. 开车前必须打开设备放空阀，排掉设备及管道积水，防止发生事故。

b. 润滑油要实行三级过滤，以保证设备良好润滑。

c. 潮湿季节，启动各消防器材和防毒面具要妥善保管好。

d. 检修压缩机时，应关闭出口阀及放空阀，并在出口管加盲板，防止气体倒出中毒。

e. 开车时所有人员要远离电机，以免出现故障伤人。

② 透平岗位。

a. 透平压缩机检修时，二段出口应加盲板。

b. 进入隔声罩内干活，应提前开启引风机，保持通风良好，并有人监护。

c. 严禁在各种转动设备上行走、跨越或停留。

d. 各运转设备严禁超温、超压和超负荷运转。

e. 严禁戴手套擦设备。

③ 螺杆压缩机岗位。

a. 开车前主机出、入口管线需认真进行排放冷凝水。

b. 螺杆压缩机必须使用规定的润滑油，并保持润滑油质量。

c. 螺杆压缩机检修时应在出口加盲板后再进行。

d. 螺杆压缩机的安全装置应完好、齐全、灵活好用。

e. 冬季应切实做好所属设备的防冻工作。

（4）煅烧工段

① 轻灰司炉岗位。

a. 严格执行《安全生产管理制度》、《安全技术规程》中的有关规定，不违章作业。

b. 严格按操作规程作业，禁止超温、超压。

c. 进入煅烧炉之前应先通风，炉凉后切断电源，挂检修牌，外部设专人监护，方可进入。

d. 严禁在作业设备上行走。

e. 开车前要仔细检查煅烧炉内是否有人作业。

f. 严禁跨越绞龙，更不允许站在绞龙盖上。

g. 经常检查防毒面具等防护用品的好坏，确保事故状态好用。

② 重灰岗位。

a. 严格执行安全技术规程和有关安全的各项规定。

b. 对运转设备，严禁在运行中打开检查孔。

c. 严禁在绞龙、刮板和皮带上行走。

d. 不准超压运行。

③ 塔泵岗位。

a. 给泵加填料时，要先放净水释放管线中压力后再进行。

b. 进入塔内检修要先置换、降温，并挂检修牌，外部有专人监护方可进入。

c. 夏季做好防雨、防潮工作。

④ 热碱回收岗位。

a. 进入循环罐、贮罐进行清扫时，应先置换通风方可进入。

b. 严禁打开作业管线检查，防止碱液伤人。

（5）成品包装工段

① 各种安全防护装置、信号标志、仪表及消防器材都必须保持灵敏好用，不准挪动或拆除。

② 给缝包机挂线、检修缝包机时，要把落料皮带停下。

③ 进入中间仓、碱仓等料仓进行清理或检修时，要通风、降温、照明，切断进碱设备电源，并有专人监护。

④ 套袋、缝包时精力要集中，以防伤手。

⑤ 不得在运输皮带机上跨越、行走。严禁从皮带上面和下面通过，必要时应从安全桥或走梯通过。

⑥ 设备未断电，不准进行传动部分及设备内部的清理工作，如需清理时，必须办理停送电手续。

⑦ 禁止用湿手触摸电气开关。

⑧ 皮带机在运转时，禁止进行清扫、修理、擦拭等工作及撤除防护装置。

（6）石灰工段

① 原石岗位。

a. 皮带操作工应有统一、明确的联系指挥信号和事故信号。

b. 进入岗位前要按规定穿戴好劳动保护用品，扣紧袖口，禁止将衣服敞开，禁止用绳或线绑扎衣、裤的袖口，必须戴安全帽。

c. 皮带机开车时，需将线路拨到联锁位置；两台以上皮带机在同一线上连续运料时，必须待前面的皮带机开动后，顺序向后开动，停车时方向相反进行，紧急情况下可以联锁停车。

d. 禁止在皮带机上运送零件、机具、材料和其他无关物料。

e. 禁止在皮带机上敲打大块物料。

f. 皮带机运行时，操作工不得脱离岗位。投放物料要均匀，严禁超负荷，超速运行。

g. 皮带机跑偏，清理皮带辊筒、托辊各运转部件时，必须停车处理并挂警示牌。

h. 皮带机停止运行前，必须将皮带上所载物料全部卸完（紧急停车除外）。

i. 发生下列情况时可紧急停车：即将或已经发生人身事故时；皮带即将断裂或已经断裂时；皮带辊或机架落进较大物体，将发生危险时；电机发生高热、冒烟或电流超过负荷较大时；在同一操作线上，其中一台发生故障或漏斗堵塞时。

j. 开车拉料时开喷淋装置，并调节合适的水量。

② 配料岗位。

a. 吊石斗严禁乘人。

b. 吊石机运行中，严禁向吊石架探头、伸手或伸物。

c. 不准在配石给料机下穿越和在上面工作。

③ 灰窑岗位。

a. 窑顶应设安全标志，非工作时间禁止入内。需要到窑顶工作时必须做到以下几点。

与当班司窑联系，并说明工作内容及采取的安全措施。工艺控制由司窑负责实施，其他由上窑作业人员负责实施。工作完毕，立即联系司窑，恢复正常工艺条件。

必须两人以上，站在上风口，窑顶压力微负压，且必须有一人监护。

无值班长同意，无可靠的安全措施，严禁在进料钟内工作。

若必须在下风处工作，要进行分析，合格后方可进行，必要时戴防毒面具。

六级以上大风不准到窑顶作业，因抢修上窑作业，要采取必要的安全措施。

上、下窑必须慢行，手扶栏杆，以防滑倒伤人。如身体不适，要立刻离开现场。

b. 进入窑内上部作业时，必须做到以下几点。

此区域，由于窑气汇集，危险性大，工作时必须高度重视，采取可靠安全措施。

工艺保证措施由司窑负责实施，其他安全措施由作业负责人负责实施，安全员负责监督、落实各项安全措施。

值班长联系调度，在检修期间，压缩严禁换车或停车。切断该窑及附机全部电源，取下熔断器，打开放气筒，停止窑下鼓风，窑上压力保证负压 $10 \sim 20 \mathrm{mmH_2O}$（$1 \mathrm{mmH_2O} = 9.80665 \mathrm{Pa}$），水温降至 35℃以下。

由分析人员随时取出窑内气体，进行 CO 和 O_2 成分的分析，确认合格，才能运行工作人员进窑作业。

窑下禁止出灰，以防造成石层移动，发生意外。

窑顶人孔至石层上下通道，都要保证畅通方便，以备紧急情况能迅速撤出，各人孔都有专人监护接应。

进窑人员戴好长管式防毒面具，并系好安全带或防护绳索。

c. 进入窑内下部作业时必须做到以下几点。

凡到该处检修或施工都要办理"进入设备作业证"，认真写明采取的安全措施、在窑内工作时间及人员名单等内容。工艺保证措施由司窑负责实施，其他安全措施由作业人员负责实施。

取灰工进窑加油，打瘤子等，必须取得司窑的同意，并设专人监护方可进窑。

进入窑内下部作业，不得停风，必要时可减风，但风压要大于顶压。遇到突然停风应立即撤离。

因工作需要必须停风进窑时，要经值班长及生产调度批准。然后敞开窑门关闭蝶阀，切断与窑气总管线的联通。打开窑上的放气筒，自然通风，或开引风机抽窑气放空。进窑前必须分析 O_2 和 CO 的含量，合格后方可施工，工作中随时分析气体成分，发现异常立即采取措施。

监护人员必须坚守岗位，每隔 2～3min 到视孔瞭望，随时注意作业人员的安全情况。

窑内工作人员感到不适时，应立即离开现场，到空气新鲜的地方。

d. 清扫或检查泡沫塔时，必须加进出气盲板，打开塔各人孔盖，通风置换后经分析合格办理"进入设备作业证"方可施工，并设专人监护，否则不准入内。

④ 化灰岗位。

a. 工作前佩戴好必要劳动保护用品。

b. 严禁身体各部位接触石灰乳，若石灰乳灼伤，立即用水冲洗，再用硼酸液冲洗，严重者送医院治疗。

c. 灰乳流槽盖板应齐全牢固，严禁在灰乳流槽上行走。

d. 严格执行有关的《皮带机安全技术操作规程》。

⑤ 静电除尘岗位。

a. 进入静电除尘塔内工作时，必须停电，经过可靠接地放电挂牌，窑气进出口加盲板，切断电源，通风置换并分析合格后，办理有关票证方可施工，并设专人监护。

b. 整流机室内保持清洁，不允许有任何杂物。所有设备导线接头应牢固，绝缘良好，隔离开关接合应大于 45°，接合紧密，接地放电应准确无误，落实可靠。

c. 严禁开路送电，防止高压硅柱被击穿，清扫设备时必须用酒精，严禁使用油或水。

d. 设备运行中，严禁打开整流机室的安全门和电除尘塔上人孔。

e. 绝缘箱温度必须大于 60°，达不到时，严禁送电。

f. 严禁带易燃、易爆物品到整流机室内和在整流机室内吸烟，整流机室内地面必须铺垫绝缘胶板。

g. 设备运转中不准触动转动部位，安全装置必须牢固可靠。

h. 配电控柜及高压整流油箱应接地，接地电阻小于 4Ω。

i. 操作人员必须经过培训考试合格后方可独立操作。

⑥ 布袋除尘岗位。

a. 生产过程石灰粉尘多，设备噪声大。

b. 生石灰及其粉尘对人体有较强的灼烫腐蚀。

c. 应根据岗位特点，设置相应的安全措施，工作人员佩戴规定的安全防护用品。

d. 对转动设备进行清扫、检查或检修时，必须停电并挂"禁止送电"警示牌后方可进行。

e. 设备运行中不准伸手取物。

(7) 净化工段

① 开废液管线阀门时一定要缓慢进行，以免将管线损坏。

② 开废液阀和检查漏点时，不要正视有泄漏的地方，以免烫伤。

③ 要严格遵守《皮带运输机安全技术操作规程》。

④ 在用绞碎机绞絮凝剂时，严禁用手直接向绞碎机内加絮凝剂。

⑤ 绞碎机因挤住而停转时，必须切断电源后方能打开。

⑥ 加完絮凝剂后应立即将化药桶盖上，以免人或工具掉入桶内。

四、氯碱生产过程安全技术

1. 氯碱工业概况

氯碱工业是生产烧碱和氯，并以氯为主要原料生产多种氯产品的综合性生产企业。烧碱是最基本的化工原料之一，在国民经济中占有很重要的地位，在有机合成、石油化工、轻工业、冶金等众多工业中都得到了广泛应用。氯气是烧碱生产的重要关联产品，氯是无机和有机合成工业中不可或缺的重要化工原料，氯产品的发展十分迅速。

近年来，市场竞争日益激烈，我国各氯碱企业为了提高自身的竞争力，纷纷扩大烧碱装置规模，1999 年起，掀起了一轮烧碱扩建高潮，2000 年其生产能力已从 1998 年的 6860kt/a 增至 8000kt/a。2007 年统计，我国有烧碱生产企业 220 余家，全国烧碱总产量 1759.3 万吨。

我国的氯碱生产工艺有了较大变化，采用先进生产工艺的生产装置逐年增加，但总的来说，生产工艺与国外相比仍相对落后，再加上其他一些因素，生产成本普遍偏高。预计到 2010 年，国内烧碱产量控制在 1650 万吨左右，继续提高先进节能的离子膜法电解技术的比例，到 2010 年达到总产量的 50%～60%；产品生产基地化，通过能耗和环保指标淘汰一批小型氯碱装置，形成一批 50 万～100 万吨/年世界级规模的大型企业。鼓励能源、资源的综合利用和节能、环保、安全技术改造，支持采用国产化离子膜技术，扩张阳极与改性隔膜技术，完全淘汰石墨阳极隔膜法和水银法工艺。

2. 氯碱生产工艺

烧碱生产方法有 3 种，即水银电解法、隔膜电解法、离子膜电解法，水银电解法在我国已基本淘汰。隔膜电解法中依电解槽中的阳极又分为石墨阳极电解法、金属阳极电解法，目前我国主要以金属阳极电解法为主。

而离子膜制碱工艺更以其先进的工艺方法和优良的技术指标得到了迅猛的发展。经过数年的不断改进，无论是盐水的精制方法、电解槽型、电极材料，还是离子膜本身性能都有了极大的提高，离子膜烧碱以其投资少、出槽 NaOH 浓度高、能耗低、氯气纯度高、氯中含氧含氢低、氢气纯度高、无污染、生产成本低、氢氧化钠质量好而得到蓬勃发展。

隔膜烧碱的生产工艺主要是以食盐加水溶解制成饱和的食盐水溶液，添加有关化学物质除去盐水中杂质，将饱和的纯净食盐水溶液预热后经各列支管送入各离子膜电解槽和金属阳极电解槽，在直流电的作用下对食盐水溶液进行电解，生产高温湿氯气、氢气，含一定碱量的电解液；高温湿氯气用硫酸做干燥剂经干燥、冷却处理后送往用氯单位，氢气经洗涤、冷却、加压处理后送往用氢单位，电解液在强制循环蒸发器内经加热处理后制成合格的含 42%氢氧化钠的成品液碱。

离子膜烧碱的生产工艺主要是将饱和的食盐水溶液经过滤除去盐水中的固体悬浮物后送入离子膜电解槽电解，生产出合格的含 32%氢氧化钠的高纯液体烧碱，氯气、氢气和淡盐水。

氯碱生产装置中设计到的原料、中间产物、产品以及其他的主要物料有：氯化钠、氯气、氢气、氢氧化钠、液氯、浓硫酸、氯化氢、次氯酸钠、氯化钡以及检修用的氮气、氧气。

3. 氯碱工业生产的危险性分析

在氯碱生产过程中存在着很多危险因素，稍有不慎，就可能发生火灾、爆炸、中毒等各类事故。具体危险性分析如下。

（1）火灾、爆炸危险性分析

① 由物质的危险特性分析可知，生产过程中氯为助燃物，且氯中含氢为 3.2%～5%时，

遇明火会发生爆炸；在隔膜电解槽中，当阴极隔膜破裂或阴极网上吸附的隔膜不均匀时，或当阴极液面下降到隔膜顶端以下时，以及有事故情况下与电解槽连接的氯气、氢气总管中的正常压力被严重破坏时，会发生氯气、氢气混合，当达到爆炸极限时，会发生爆炸，引起火灾。该危险因素存在于电解系统中。

② 氢气为易燃易爆物质，其爆炸极限宽，点火能量小。在高纯盐酸工段中用氢气和氯气合成氯化氢气体，如果氯气与氢气的配比不当或出现其他异常情况，空气或氧气与氢气相混合达到爆炸极限，均可能发生火灾、爆炸。同时，由于装置中存在有毒的氯气及氯化氢气体，一旦发生火灾爆炸则可能会连带发生有毒气体的泄漏，后果将更加严重。氢气处理系统的设备、管道、阀门发生泄漏，且泄漏出的氢气积聚不能及时散去时，遇各种原因产生的明火花都有发生爆炸、火灾的可能性。该危险因素存在于氢气处理系统中。

③ 氢氧化钠吸潮时对铝、锌和锡有腐蚀性，并可释放易燃、易爆的氢气，该危险因素存在于氢氧化钠容器中，因此，应注意对氢氧化钠容器材质的选择。

④ 浓硫酸为不燃物，但浓硫酸罐如果在检修作业中清洗不彻底，经水稀释后，会与金属容器、附件等发生化学反应放出氢气，达到爆炸极限时遇明火、高热极易发生火灾、爆炸事故。该危险因素存在于浓硫酸罐检修作业中。

⑤ 盐水配置过程中要严格控制盐水中无机氨与总氨含量在标准值以下，以免在液氯生产处理阶段造成三氯化氮富集，酿成爆炸事故。

⑥ 压力容器在运行中操作不当、超压操作也会发生物理爆炸。

⑦ 干氯与金属钛会发生剧烈反应，引起爆炸事故的发生。

⑧ 违章作业、违章检修或检修设备没有置换、分析不合格而违章动火；违章携带火种进入氢气处理系统，使用易产生火花的工具检修储存设备等也可引起火灾、爆炸。

（2）电伤害危险性分析　烧碱生产过程中，电伤害的危险性比较突出。由于有大量的带电设备及各种高低压电气设备，在电解生产过程中使用的是强大的直流电，而且电解槽连接铜排均是裸露的，外表无绝缘防护层，电解操作时直流电负荷很大，因此在电解操作和日常管理及检查过程中，如缺乏必要的安全措施或违章操作，就非常容易发生电灼伤、电击等触电事故，严重时人会触电身亡。

看槽工或操作工在处理电气设备故障或电槽故障时，极易发生触电伤害；较高的建筑物所设避雷针及接地网如果发生故障，过电压将会危及人身安全；另外，电气设备老化，酸碱对绝缘层的腐蚀均能造成漏电而发生触电事故。

（3）机械伤害　在整个生产及检修过程中，既有起重机械、输送机、离心机，还有压缩机、泵等带压转动设备，如防护措施不到位，或操作失误，这些起重、旋转、带压设备都可能对操作人员、检修人员造成机械伤害。

（4）高处坠落　氯碱工业生产中有位于高处的操作平台，如化盐桶顶部，蒸发操作台，高纯盐酸的操作台等，因检查和操作、检修的需要，操作人员需定期登上高大设备或建筑物、操作平台，如稍有不慎，就会造成高处坠落事故。

（5）腐蚀性伤害　氯碱工业生产中使用的物质中有硫酸、氢氧化钠、盐酸等物质，按照《常用危险化学品的分类及标志》（GB 13690—92）规定，腐蚀性商品按腐蚀性强度和化学组成分为酸性腐蚀品、碱性腐蚀品，硫酸、盐酸属 8.1 类酸性腐蚀品，烧碱属 8.2 类碱性腐蚀品。

氯碱工业中使用的氢氧化钠、浓硫酸、盐酸等物质，均具有较强的腐蚀性，对人体、设备、管道、建筑物都有较强的腐蚀性。在防护不当或误操作时会引发泄漏或喷溅，作业人员如果不采取有效的防护措施，导致眼睛或皮肤接触，会引起烧碱、硫酸、盐酸灼伤。

（6）中毒伤害　氯碱工业生产中氯气、盐酸气、氯化钡等多种物质都有很大的毒性。其中最为典型的是氯气，氯气是一种常压下比空气重的有毒的黄绿色气体，属于窒息性毒物，能强烈刺激眼及上呼吸道，损害肺组织而引起肺水肿。国家规定车间空气中氯气的最高允许浓度仅为 $1mg/m^3$。

（7）噪声危害　鼓风机、压缩机、各种泵等设备在运转过程中会产生较大的空气动力性噪声，另外，高压蒸气正常或事故时的气体放空、管道振动等将产生额外的噪声危害。长时期在高强度噪声环境中作业会对人的听觉系统造成损伤，会引起头晕、恶心、听力衰退及神经衰弱等症状，甚至导致不可逆噪声性耳聋。

（8）高温危害性　氯碱工业生产中，高温设备及物料除易引起火灾及爆炸危险外，还易造成人员的灼伤和烫伤，如蒸发工段的蒸汽管道、精盐水配置过程中各种加热设备等，由于操作人员的误操作或设备发生故障，或操作人员防护措施不当，均可造成操作及检修人员的灼伤。

从上述分析可知，我国是氯碱工业大国，氯碱产品在整个国民经济建设中具有重要的基础支撑作用。与此同时，氯碱生产过程中存在中毒、火灾、爆炸、电伤害、机械伤害等多种危害，安全是氯碱生产的头等大事。只有每一位氯碱生产作业人员都具备了良好的安全意识、高度的责任心，小心谨慎，规范操作，防患于未然，才能有效避免、减少各类事故的发生，真正实现氯碱工业的安全健康可持续发展。

4．隔膜法制碱安全技术

（1）盐水工段

① 皮带及化盐岗位。

a．及时清理皮带周围失落的原盐，以防滑跌。

b．不准随意翻越皮带。运行中不得拆修，不得用手接触转动部分，不准进行清扫、擦洗、调整。

c．混合器使用时必须先进水再开汽，停车时必须先停汽再停水。

d．劳动保护穿戴要齐全，衣服纽扣要扣紧，女同志长发要系紧，避免散落，以防绞入皮带中。

② 配水精制岗位。

a．取样分析、配制盐水时，要戴好防护镜，避免酸碱烧伤，如发生烧伤，应立即送医院急救。

b．各罐取样分析时，要注意防滑跌，取样瓶必须系牢，防止掉入罐中堵塞管道。

c．经常与泵工岗位保持联系，控制好碳酸钠、氯化钡、氯化钙用量。

③ 砂滤及二次中和岗位。联系要酸时，要坚守岗位，防止跑酸伤人。处理酸系统故障，应谨慎小心，严禁用手直接接触盐酸，防止酸液落入眼内。发生烧伤，立即用大量清水冲洗至少 15min，并送医院处置。

（2）电解工段

① 金属阳极电解槽看槽岗位。

a．电解室与禁火区内严禁明火、吸烟、不准堆放易燃易爆物品。设置必要消防设施，动火时必须办理动火证，在室内或容器和管道内，氢含量必须小于其爆炸下限的 20% 才允许动火。

b. 氢气着火要及时与空气隔绝，可采用泡沫灭火器或干粉灭火器、氮气灭火，并迅速和有关方面联系。氢气着火未消除前，绝不允许停电、降负荷及停氢气泵。

c. 遇到氯气外溢，必须戴好防毒口罩或防毒面具进行处理，遇氯气中毒，需让患者迅速脱离现场进行抢救。

d. 电解液溅入眼睛或溅到皮肤上，可用清水彻底冲洗或用硼酸溶液彻底清洗，严重时必须送医院救治。

e. 电解室内严禁金属导电体在正负两极相碰，以免引起触电事故。

f. 加强巡回检查，防止电解槽冲盘根、结盐与断水，消除事故隐患。

g. 氯气总管氯内含氢要严格控制在 0.4％以下，对电解槽（特别是新槽）的氯内含氢，必须加强管理，按制度进行定期分析。当采取各种措施无效，氯内含氢量大于 2.5％时，必须除槽。

h. 氢气压力必须保持微正压，以免空气进入管内引起爆炸事故。氯气压力必须保持微负压，以免氯气外溢影响健康或引起中毒。

i. 电解槽上进行操作时要严格遵守操作规程，严禁一手与电解槽接触，另一手接地，以免触电。

j. 在操作时必须穿好工作服、绝缘鞋等劳动保护用品，在调换玻璃管件时一定要戴好手套，防毒面具随班放在事故柜内，并处于完善好用状态。

② 送碱岗位。

a. 要穿戴好劳保用品，防止碱液灼伤皮肤；戴好防护眼镜，以防灼伤眼睛，一旦碱液触及皮肤及溅入眼里，立即用大量清水冲洗，严重者立即送医院诊治。

b. 盐水预热器的蒸汽压力不得超过设定值。

c. 发现有人氯气中毒时，立即将患者移到空气新鲜通风良好地方，松开患者衣服纽扣和帽子，喝甘草合剂，严重者迅速送医院。

③ 氯气干燥岗位。

a. 要穿戴好劳保用品，防止硫酸灼伤。当硫酸触及皮肤皮肤及眼睛时立即用大量流动清水冲洗至少 15min，严重者送医院治疗。

b. 要注意防止氯气中毒。

c. 空气中含氯不得超过 $1mg/m^3$。

④ 氯气泵岗位。

a. 要穿戴好劳保用品，防止硫酸灼伤。

b. 车间空气中含氯不得超过 $1mg/m^3$，注意防止氯气中毒。

⑤ 氢气泵岗位。

a. 直流电停电时，必须立即关小氢气泵入口，防止大量氢气抽入。

b. 氢气泵房内严禁动火。

c. 严格控制氢气真空度，防止空气抽入引起爆炸。

5. 离子膜法制碱安全技术

（1）盐水过滤精制岗位

① 在没必要的情况下不要站在压力设备视镜前。

② 最早在带压设备管线检修时，先将其与操作系统断开，泄压后方可进行检修。

③ 机泵检修时，协助钳工关闭进出口阀门。

④ 注意防止酸碱烧伤。

（2）电解岗位

① 要穿戴好劳保用品，防止碱液灼伤皮肤；戴好防护眼镜，以防灼伤眼睛，一旦碱液触及皮肤及溅入眼里，立即用大量清水冲洗，严重者立即送医院诊治。

② 电解槽必须有良好的绝缘，严禁用潮湿的手去接触电解槽。

③ 在电解槽上操作特别注意，切勿一手碰电槽，一手触地或与接地的物料管线接触。

④ 空气中含氯量不得超过 $1mg/m^3$。

⑤ 要注意防止氯气中毒，如果发现氯气中毒，应立即救治。

⑥ 氯气总管含氢量不得高于 0.4％。

⑦ 电解室内严禁一切动火。

（3）脱氯、氯气冷却、压缩岗位

① 要穿戴好劳保用品，防止酸碱液灼伤。

② 车间空气中含氯不得超过 $1mg/m^3$，注意防止氯气中毒。

（4）氢气冷却、压缩岗位

① 氢气压缩机房严禁动火。

② 防止氢气大负压，以免空气吸入引起爆炸。

五、氯乙烯生产及聚合过程安全技术

1. 物质、物系危险性分析

（1）氯乙烯燃烧爆炸危险性分析　氯乙烯在通常状态下是无色、容易燃烧和有特殊香味的气体，在稍加压的条件下，可以很容易地转变成液体。

氯乙烯气体对人体有麻醉性，在 20％～40％浓度下，会使人立即致死。在 10％浓度下，于 1h 内人的呼吸器官由急动而逐渐变得缓慢，最后可以导致呼吸停止。在慢性中毒情况下，会使人感到眩晕，并已知氯乙烯对人的肺脏有刺激作用。

氯乙烯稍溶于水，在 25℃时，100g 水中可溶解 0.11g 氯乙烯；水在氯乙烯内的溶解度，在 -15℃时，100g 氯乙烯可溶解 0.03g 水。氯乙烯可溶于烃类、丙酮、乙醇、含氯溶剂如二氯乙烷及多种有机溶剂内。氯乙烯的物理性质见表 5-2。

表 5-2　氯乙烯的物理性质

物理性质	数　值	物理性质	数　值
相对分子质量	62.499	-20℃	0.2730
熔点/℃	-153.8	-10℃	0.2481
沸点/℃	-13.4	空气中爆炸极限(体积分数)/％	4～22
比热容(20℃)/J·kg^{-1}·K^{-1}		溶解热/J·g^{-1}	75.9
蒸气	858	汽化热/J·g^{-1}	330
液体	1352	标准生成热/kJ·mol^{-1}	35.18
临界温度/℃	156.6	标准生成自由能/kJ·mol^{-1}	51.5
临界压力/MPa	5.60	蒸气压/kPa	
临界体积/cm^3·mol^{-1}	169	-30℃	50.7
压缩因子	0.265	-20℃	78.0
Pitzer 偏心因子	0.122	-10℃	115
偶极矩/℃·m	$5.0×10^{-30}$	0℃	164
黏度/mPa·s		自燃温度/℃	472
-40℃	0.3388	闪点(开杯)/℃	-77.75
-30℃	0.3028	液体密度(-14.2℃)/g·cm^{-3}	0.969

　　氯乙烯是分子内包含氯原子的不饱和化合物。由于双键的存在，氯乙烯能发生一系列化学反应，工业应用最重要的化学反应是其均聚与共聚反应。

　　① 均聚反应。氯乙烯分子内的双键很活泼，在光照、受热、有机过氧化物等引发剂存在条件下，双键打开发生均聚反应。工业上使用的聚合方法包括悬浮聚合、乳液聚合、溶液聚合和本体聚合，这些聚合方法对氯乙烯都适用，氯乙烯聚合应用最多的是悬浮聚合。

　　② 共聚反应。为了改进聚氯乙烯树脂的性能，可在氯乙烯聚合过程中加入其他单体形成共聚产物。氯乙烯能和多种单体进行共聚反应。

　　③ 碳氯键的取代反应。对于亲核取代来说，和烷基卤化物相比氯乙烯具有较大惰性。然而，近年来的研究表明，在钯和其他过渡金属存在条件下，在亲核状态能够迅速发生氯交换反应。借助这种反应可生成乙烯基酯、乙烯基醚、醇盐和乙酸乙烯。聚乙烯和氟化氢反应生成氟乙烯。这类反应的机理通常认为是初期形成 π 配合物通过加成-消去反应转变成产物。在低价过渡金属存在下，氯乙烯与一氧化碳反应生成烯丙酰氯。氯乙烯和丁基锂反应，而后在乙醚中和二氧化碳在低温下反应形成高收率的 α-、β-不饱和化合物得到 γ-、σ-不饱和化合物。将氯乙烯镁与有机酸反应可制备乙烯基酮和醇。

　　④ 氧化反应。在气相中，氯乙烯氧化得到 74%（体积分数）的 ClCHO 和 25%（体积分数）的 CO。在高氧氯比条件下，这个反应沿非链反应途径进行。同三重态 [O (3p)] 原子反应获得高收率的一氧化碳和氯乙醛。在温度 250℃ 气相条件下用氧气对氯乙烯进行氧化生成非 C_2 的羰基化合物，主要产物是 CO、HCl、HCO_2H 及 ClCHO。这个氧化反应沿着非自由基途径进行。臭氧与氯乙烯的反应可用于在氯乙烯生产厂中从气流移出臭氧的过程。在气相或液相里臭氧分解生成甲酸和甲酰氯。在 $-20\sim-15℃$，紫外线照射下，氯乙烯和氧反应生成过氧化物 OCH_2CHClO。加热到 35℃，这个过氧化物分解成甲醛、CO 和 HCl。在 pH 值为 10 的水溶液中，用高锰酸钾可将氯乙烯氧化成二氧化碳。这个氧化反应可用于废水的净化。次氯酸和氯乙烯反应生成氯乙醛。

　　⑤ 加成反应。氯乙烯可沿离子或自由基途径进行氧化反应。在液相暗处，使用 $FeCl_3$ 催化剂以离子途径形成 1,1,2-三氯乙烷；在氯乙烯分子中引入硫原子，于紫外线照射下氯乙烯和硫化氢反应生成 2-氯乙硫醇；在吡啶存在下，氯乙烯和氯化硫酰反应，生成 1,1,2-三氯乙烷和 1,2-二氯乙烷硫酰氯。

　　⑥ 裂解反应。对于热裂解反应来说，氯乙烯比饱和氯代烷烃更稳定。将氯乙烯加热至 175~450℃ 时产生少量的乙炔。即使是在 525~575℃ 下，氯乙烯的转化率仍然很小，形成的主要产物是氯丙烯和乙炔。在 510~795℃ 的温度范围内，氯乙烯在空气中燃烧所生成产物是伴有一氧化碳的氯化氢和二氧化碳。温度低于 450℃ 时，在干燥状态下，氯乙烯与金属接触并分解反应发生，然而在水存在下，由于有微量的氯化氢存在，氯乙烯将对铁、铜和铝等金属产生腐蚀作用。微量的氯化氢是因为氧气和氯乙烯反应生成过氧化物，随后过氧化物水解产生氯化氢。

　　(2) 氯乙烯毒性毒害危险　氯乙烯在室温下是气体，在生产聚氯乙烯的过程中以 0.2~1.5MPa 压力下的液体状态输送。其聚合过程多采用釜式反应器，间歇操作，因而在生产厂内需设置相当复杂的管道，在若干带压容器间加以输送。这样就存在着氯乙烯从带压设备内往外泄漏的危险。还有氯乙烯的聚合并非完全转变成聚合物，在聚合后需要移除大约占原始投料 10%~20% 的单体。

　　2. 乙炔气相加成氯化氢生产氯乙烯安全控制技术

　　(1) 乙炔气相加成氯化氢生产氯乙烯生产工艺　用乙炔和氯化氢制氯乙烯生产流程如图

5-4 所示。

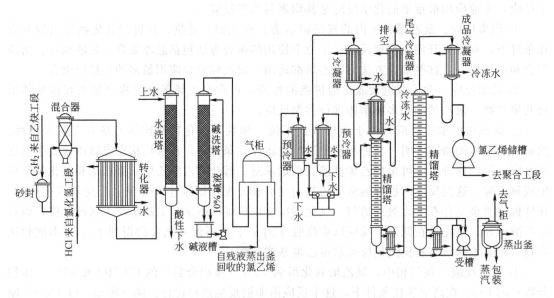

图 5-4　用乙炔和氯化氢制氯乙烯生产流程

乙炔与氯化氢混合脱水及催化转化的工艺流程见图 5-5。

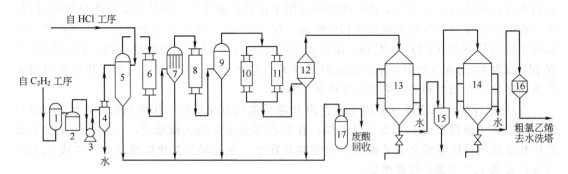

图 5-5　乙炔与氯化氢混合脱水及催化转化的工艺流程
1—阻火器；2—液封；3—水环式压缩机；4—旋风分离器；5—混合器；6,8—第一、
第二石墨冷凝器；7,9,12—酸雾过滤器；10,11—石墨预热器；
13,14—转化器；15—分离器；16—脱汞器；17—酸罐

　　净化后的湿乙炔气，经过阻火器和安全液封后，通过水环泵加压，再经旋风分离器除去其中夹带水分。而后与氯化氢以摩尔比 1∶(1.05~1.1) 混配，分别由切线方向进入脱水混合器。由混合器出来气体通过第一石墨冷凝器，使混合气送入第二石墨冷却器，以冷冻盐水进行冷却，使其冷却到 -17~-13℃，继续通过酸雾过滤器除去酸雾。

　　经过以上处理后的混合气加以预热，将其通过两台并联的石墨预热器加热至 80℃ 左右。而后依次进入第一和第二反应器，以氯化汞为催化剂，使乙炔和氯化氢转变成氯乙烯。

　　从反应器出来的产物经脱汞器除汞后，送至产品净化与精制。产物的净化与精制工艺流程，如图 5-6 所示。

　　合成反应产物由底部进入水洗塔，以水喷淋洗去其中含有的未反应氯化氢，而后送入碱洗塔，以 5%~15% 氢氧化钠溶液逆向接触，以除去产物中残余的氯化氢及二氧化碳，使产

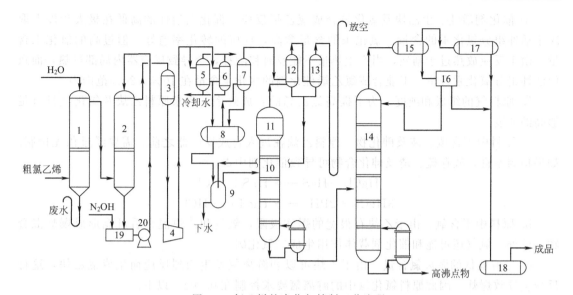

图 5-6　氯乙烯的净化与精制工艺流程

1—水洗塔；2—碱洗塔；3—冷却器；4—压缩机；5～7—全凝器；8—缓冲器；
9—水分离器；10—低沸点塔；11—塔顶回流冷凝器；12,13—尾凝器；
14—高沸点塔；15,17—第一、第二成品冷凝器；16—回流冷凝器；
18—成品储罐；19—碱槽；20—碱泵

物氯乙烯纯化。通过以上处理的产物经冷却降温，送入压缩机将其加压至 500kPa，压缩后的产物经油分离器除油后进入全凝器。

液化后的氯乙烯经水分离器分出水分，而后送入低沸点塔。塔底用热水加热，温度控制在 40℃，塔顶温度为 20℃，操作压力 500kPa 左右。乙炔等轻组分由塔顶蒸出，进入尾气冷凝器，用−30℃盐水进行冷却，冷凝液送入水分离器，未冷凝气体经阻火器后排放。

去除轻组分后的液态氯乙烯由低沸点塔塔釜排出，连续送入高沸点塔，用以脱除二氯乙烷等高沸点副产物。该塔塔底以热水加热，温度控制在 15～40℃，操作压力为 200～300kPa。塔顶蒸出成品氯乙烯，经冷凝器冷凝，除部分回流外，其余送成品储罐。塔釜为高沸物，主要为二氯乙烷，作为副产物采出。

（2）生产工艺过程机理分析　在气相中，乙炔和氯化氢加成生成氯化氢，选用的催化剂多为金属氯化物，工业生产中选用氯化汞，通常制成载体催化剂，使用的载体为活性炭。

$$CH \equiv CH + HCl \longrightarrow CH_2 = CHCl \qquad \Delta H = -124kJ/mol$$

工业氯化汞催化剂多用浸渍制造，活性组分氯化汞含量在 10%～20% 范围内。

实践表明，当反应温度低于 140℃ 时，催化剂活性稳定。由于温度低，反应速率很慢，乙炔的转化率低。反应温度高到 140℃ 以上，催化剂显示出明显的失活，并随着温度的升高失活现象加剧。催化剂失活得主要原因是活性组分氯化汞的升华。当温度高于 200℃ 时，会出现大量氯化汞升华，使催化剂的活性迅速下降。工业生产上反应温度控制在 160～180℃。

乙炔和氯化氢的气相加成过程中，可能生成的副产物是二氯乙烷及少量的二氯乙烯。

通过对乙炔、氯化氢加成反应机理的研究，发现表面反应过程在吸附的氯化氢和气相的乙炔间进行。

（3）工艺控制条件及危险性分析　由乙炔和氯化氢加成生产氯乙烯，影响反应的主要因素包括催化剂活性、原料纯度、原料的配比、物料空速及反应温度等。

① 催化剂活性。由乙炔及氯化氢合成氯乙烯反应，催化剂活性的高低在极大程度上取决于活性组分氯化汞的含量。氯化汞的含量愈高，反应的转化率愈好。但过高的氯化汞含量，由于反应放热过于剧烈，当产生热量不能及时移除掉，会导致反应器内局部过热，而致使活性组分氯化汞升华。工业合成氯乙烯催化剂的氯化汞含量在 $10\%\sim20\%$ 范围内。

② 原料气的组成和纯度。为了提高氯乙烯的合成效率，要求原料乙炔及氯化氢具有足够高的纯度。

a. 原料中不含硫、磷及砷化物。原料乙炔在进入合成反应器之前，需要经过预先精制。如果精制不良，残存硫、磷及砷化合物可导致催化剂中毒。

$$HgCl_2 + H_2S \longrightarrow HgS + 2HCl$$

$$3HgCl_2 + 2PH_3 \longrightarrow Hg_3P_2 + 6HCl$$

b. 原料中不含氧。由于乙炔有很宽的爆炸极限，氧气和乙炔混合后可能形成爆炸混合物。此外，氧气还可能和催化剂载体作用生成二氧化碳。

c. 尽可能低的游离氯含量。由于乙炔可以和游离氯发生激烈反应而生成氯乙炔，这种反应会导致爆炸。因此原料氯化氢中的游离氯要求控制在 0.002% 以下。

$$CH \equiv CH + Cl_2 \longrightarrow Cl—HC = CH—Cl$$

d. 尽可能低的水分含量。原料氯化氢可与水生成盐酸，致使设备的腐蚀；此外，水分还可使催化剂组分氯化汞溶解，导致催化剂活性下降。因此，水分含量应控制在 0.03% 以下。

③ 原料的配比。乙炔和氯化氢的过量都对反应不利，特别是乙炔过量，可能导致催化剂的分解及中毒。因此，实际工业生产要求严格控制原料的配比，通常乙烯与氯化氢比值控制在 $1:(1.05\sim1.10)$（摩尔比）范围内。选择氯化氢有时稍过量，主要是为了确保乙炔完全反应，避免因乙炔过剩而导致催化剂中毒。

④ 反应温度。温度直接影响反应转化率，温度过低，乙炔转化不完全。随着温度的提高，乙炔转化率增加，但副反应也随之增加，导致副产物数量增多。与此同时，随着反应温度的提高，反应速率加快。如果反应释放出的热量不能及时移除掉，就可能致使反应器内局部过热。

工业上投入使用的新鲜催化剂，温度可控制在 $130℃$ 左右，随着时间的延长，催化剂活性不断下降，反应温度需要相应提高，到使用后期，反应温度可提高到 $180℃$ 左右。

⑤ 反应气体通过的空速。乙炔随着空速的提高，反应物和催化剂的接触时间下降，致使乙炔的转化率降低，相反，空速降低，乙炔的转化率提高，同时，高沸点副产物的生成量也增多，致使反应的选择性下降。

（4）生产工艺安全控制技术　乙炔和氯化氢生产氯乙烯的生产过程包括合成原料的净化、压缩、化学转化、产品精馏等几个部分。

① 原料气的净化。为了防止催化剂中毒，原料乙炔首先进行净化处理，以次氯酸钠溶液为清净剂，用其洗涤乙炔以除去其中包含的硫化氢、磷化氢及砷化氢等有害杂质。工业生产中，次氯酸钠中的有效氯通常控制在 $0.07\%\sim0.08\%$ 范围内。

② 化学转化。净化后的乙炔和氯化氢气体通过填装氯化汞催化剂的固定床反应器，按照工艺要求，乙炔的转化率需要在 97% 以上。如果达不到这个指标就需要更换新的催化剂。

③ 产物的精制。从反应器出来的产物中，除含有氯乙烯以外，还含有大量的氯化氢、未反应的乙炔，以及氯气、氢气、二氧化碳。此外，还包含少量的副产物：乙醛、二氯乙烷、二氯乙烯和乙烯基乙炔等。为了生产聚合级的单体氯乙烯，必须将这些杂质除去。

为此，首先进行水洗和碱洗，通过水洗除去氯化氢和乙醛，并使产物进一步冷却；碱洗进一步除去残存氯化氢及部分二氧化碳。

3. 乙烯氧氯化法合成氯乙烯安全控制技术

(1) 乙烯氧氯化法的反应机理分析　使用载于 γ-氧化铝载体上的氯化铜催化剂，由乙烯、氯化氢和氧气进行氧氯化反应的反应机理，氧化还原机理如下。

① 吸附的乙烯与催化剂氯化铜作用生成 1,2-二氯乙烷，与此同时，氯化铜被还原成氯化亚铜。

② 氯化亚铜被氧化成二价铜，并形成含有氧化铜的配合物。

③ 配合物再和氯化氢作用，生成氯化铜和水。

(2) 乙烯氧氯化法的生产工艺安全控制技术

① 温度。乙烯氧氯化反应是强放热反应。从生产安全角度考虑，必须对过程温度进行严格控制。如果反应温度过高，将使乙烯完全氧化生成二氧化碳，反应加速，导致产物中一氧化碳和二氧化碳的含量过高。同时副产物三氯乙烷的生成量也会增多，致使反应的选择性下降。过高的温度对催化剂也产生不良影响，由于活性组分氯化铜的挥发损失将随着温度升高而加剧，从而使催化剂寿命缩短。反应速率及选择性的温度效应如图5-7，图 5-8 所示。

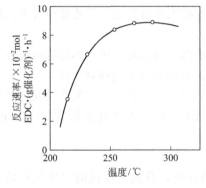

图 5-7　反应速率的温度效应

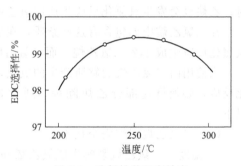

图 5-8　选择性的温度效应

乙烯氧氯化反应使用 $CuCl_2/\gamma\text{-}Al_2O_3$ 催化剂，温度升高反应速率迅速提高；250℃ 以上，温度效应不明显。

在 250℃ 以下，温度升高反应选择性提高；250℃ 以上，温度升高反应选择性下降。在相同条件下，温度对乙烯燃烧的效应如图 5-9 所示。

由图可见，在 250℃ 以下乙烯燃烧反应不明显，温度升至 250℃ 以上，乙烯燃烧反应迅速增加。

为确保氯化氢的转化率接近完全转化，反应温度以控制得低一些为好。最适宜的操作温度范围和使用的催化剂活性有关。当使用高活性氯化铜催化剂时，最适宜的温度范围在 220～230℃ 附近。

② 压力。压力对乙烯氧氯化反应的影响，主要考虑两个因素：第一是对反应速率的影响，乙烯氧氯化反应是减小体积的过程，增加压力有利于反应向生成二氯乙烷的方向进行，使反应速率提高；第二是对反

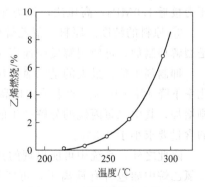

图 5-9　乙烯燃烧的温度效应

应选择性的影响，随着压力的增加，反应生成副产物的数量增加，导致反应选择性变差。稍增加压力对反应有利，但压力不宜过高。通常操作压力在 1MPa 以下，流化床反应器压力宜低，固定床反应器压力可稍高。

③ 原料的配比。乙烯氧氯化反应如下：

$$2CH_2 = CH_2 + 4HCl + O_2 \longrightarrow 2CH_2Cl—CH_2Cl + 2H_2O$$

按照化学计量关系乙烯：氯化氢：氧气＝1：2：0.5。如果使氯化氢过量，过量的氯化氢将吸附在催化剂表面上，使得催化剂颗粒膨胀。对于流化床反应器的操作来说，催化剂的膨胀使得床层迅速升高，甚至可能产生不正常现象。反之，如果乙烯过量，可使氯化氢接近于完全转化，但也不可使乙烯过量太多，否则将加剧燃烧反应，使尾气中碳氧化物含量增多。氧气稍有过量对反应有利，过多也可加剧燃烧反应。工业操作采用乙烯稍稍过量，氧气大约过量 50%，氯化氢则为限制组分。典型工业操作的原料配比为乙烯：氯化氢：氧气＝1.05：2：0.75。

④ 原料的纯度。对原料乙烯的要求，就氧氯化反应来说乙烯浓度的高低并无太大影响，也可以使用稀乙烯原料进行氧氯化反应。比如使用 70% 的乙烯、30% 的惰性组分为原料，惰性组分可为饱和烃也可为氮气。惰性组分的存在还能起到移出反应热的作用，使反应系统的温度容易控制。

在原料乙烯中不允许有乙炔、丙烯和丁烯，这些烃类的存在不仅会使氧氯化反应产物二氯乙烷的纯度降低，而且会给后续工序二氯乙烷裂解过程带来不良后果。当乙烯中含有乙炔时，乙炔也会发生氧氯化反应生成四氯乙烯、三氯乙烯等。

在二氯乙烷中如包含有这些杂质，在加热汽化过程中就容易引起结焦。丙烯也可能进行氧氯化反应生成 1,2-二氯乙烷，而二氯丙烷对二氯乙烷的裂解有较强的抑制作用。

当使用由二氯乙烷裂解所产生的氯化氢时，很可能其中含有乙炔。为避免乙炔发生氧氯化反应，必须将这部分乙炔除掉。通常是采用加氢精制，使乙炔含量控制在 $20mL/m^3$ 以下。

(3) 二氯乙烷裂解安全技术

① 温度。二氯乙烷裂解生成氯乙烯和氯化氢是可逆反应，升温使反应向生成氯乙烯方向移动；与此同时，温度提高有利于化学反应速率加快。但是，温度过高时，二氯乙烷的深度裂解，以及产物氯乙烯的分解、聚合等副反应相应加速。当温度超过 600℃ 时，副反应速率超过主反应速率。综合分析，最适宜的操作温度确定在 500～550℃ 范围内。

② 压力。二氯乙烷裂解是体积增加的反应，提高压力对过程不利。但从另一方面考虑，加压有利于抑制分解析炭反应的进行。可划分为：低压法，压力在 0.6MPa 附近；中压法，压力接近 1.0MPa；高压法，压力在 1.5MPa 以上。

③ 原料的纯度。原料二氯乙烷中带有杂质将对裂解反应产生不良影响，最有害的杂质是裂解抑制剂，可使裂解反应速率减慢和促进反应管内结焦。

抑制剂中危害最大的是二氯丙烷。当其含量达到 0.1%～0.2% 时，就可使二氯乙烷转化率下降 4%～10%。如果采用提高温度的办法来弥补转化率的下降，将使副反应及结焦急剧增加，其中二氯丙烷的分解产生的氯丙烯具有更强烈的抑制作用。因此，原料中二氯丙烷的含量要求小于 0.3%。

除此之外，系统中可能出现的其他抑制剂包括三氯甲烷、四氯化碳等多氯代烃类。原料二氯乙烷中如包含有铁离子，可能加速深度裂解反应，因此对铁含量要求不超过 $100mg/m^3$。为了减少物料对反应管的腐蚀，要求其中的水分控制在 $5mg/m^3$ 以下。

④ 物料通过反应器的空速。物料在反应器内的停留时间愈长，二氯乙烷的反应转化率愈高。但是，停留时间过长会使结焦积炭副反应迅速增加。通常工业生产采取较短的停留时间，以获得较高的氯乙烯产率。如果生产控制反应转化率在 50％～60％附近，停留时间为 10s 时，反应选择性可达到 97％。

4. 氯乙烯聚合安全控制技术

（1）氯乙烯聚合方法　自由基聚合的实施方法主要有本体聚合、悬浮聚合、乳液聚合和溶液聚合四种。本体聚合是聚合时除单体外，不加起引发作用的反应介质而仅加少量单体油溶性引发剂的聚合。悬浮聚合是在机械搅拌下使不溶于水的单体分散为油状液滴悬浮于水中，在油溶性引发剂引发下的聚合方法。乳液聚合是单体在乳化剂存在下分散于水中成为乳液状，并在水溶性引发剂存在下的聚合方法。溶液聚合是单体溶于适当溶剂中进行引发聚合的方法。

PVC 树脂多采用乳液和溶液聚合法生产。后来悬浮聚合工艺开发成功后，显示出悬浮生产的 PVC 树脂质量高、工艺过程简单、成本低等优点，生产工厂纷纷转向用悬浮法生产 PVC 树脂。由于乳液法所得的 PVC 树脂的原始颗粒只有 1μm 左右，适合生产 PVC 树脂糊，树脂糊可搪塑成型，亦可用于制造高质量人造革、地板革和壁纸，这是一般悬浮法 PVC 树脂所不能代替的。近年来发展起来的微悬浮聚合也能生产粒度很细的 PVC 树脂。VC（氯乙烯）的本体聚合工艺经多年研究已用两段聚合发成功地解决了过去难以解决的工业生产工艺问题，产品优于悬浮法。

（2）悬浮聚合工艺流程及过程分析　悬浮法制聚氯乙烯工艺流程如图 5-10 所示。

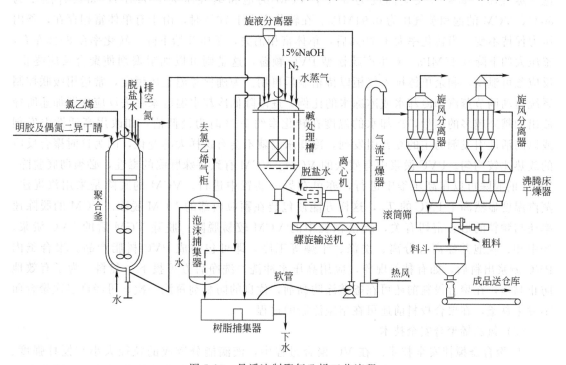

图 5-10　悬浮法制聚氯乙烯工艺流程

在常温常压下，VCM 为气体，其沸点为 −13.4℃，加压后可转变为液态。VC 的悬浮聚合就是在压力釜内将液态 VCM 在搅拌作用下分散成小液滴，悬浮在水介质中，在分散剂保护下，由油溶性引发剂引发的聚合过程。有时在聚合体系中还加有缓冲剂、链转移剂、扩链剂或共聚单体，以制备低或高相对分子质量的聚合物或制备共聚物。自由基聚合实施方法所用原材料及产品形态见表 5-3。

表 5-3　自由基聚合实施方法所用原材料及产品形态

聚合方法	所 用 原 材 料				产品形态
	单体	引发剂	反应介质	助剂	
本体聚合	√	√	—	—	粒状树脂、粉状树脂、板、管、棒材等
乳液聚合	√	√	H_2O	乳化剂等	聚合物乳液、高分散性粉状树脂、合成橡胶胶粒
悬浮聚合	√	√	H_2O	分散剂等	粉状树脂
溶液聚合	√	√	有机溶剂	(分子量调节剂)	聚合物乳液, 粉状树脂

悬浮聚合是先将去离子水加到聚合釜内，在搅拌下聚合配方中的其他助剂如分散剂、缓冲剂等加入，然后加引发剂，密封聚合釜并抽空。必要时可以用氮气排出釜内空气使残留氧含量降至最低，最后加入单体。单体的加入可通过计量或用合适的称量容器按质量加入。然后，通过反应釜夹套中水和蒸汽混合的加热装置迅速将釜温升至预定温度并进行聚合，为了缩短聚合周期，也可以在反应釜脱氧后即开始加热釜内物料，到预定温度时再加入单体，并开始聚合。聚合反应开始后，釜内就放热。每 1kgVCM 生成 PVC 要释放 1532kJ 热量。这些热量靠釜夹套冷却水、内冷管及釜顶冷凝器排去。釜内需严格保持预定的聚合温度以保证聚合物的相对分子质量复合树脂所要求的规格。反应釜内的压力取决于聚合温度下 VCM 的饱和蒸气压。如聚合反应温度为 50℃，VCM 的饱和蒸气压为 0.7MPa，如聚合温度为 60℃，VCM 的饱和蒸气压为 0.94MPa。在转化率小于 70% 时，由于有单体富相存在，釜内压力保持不变。当转化率大于 70% 后，单体富相消失，釜压开始下降。转化率在 85% 左右，釜压大约下降 0.15MPa。对生产疏松型 PVC 颗粒，这是则可以加阻聚剂使聚合反应终止。反应釜可泄压，剩余单体排入气柜以待精制后再用。为确保釜温釜压恒定，常运用级联控制系统自动调节蒸汽和冷却水或冰冻水的比例，逐渐降低冷却水温度来移去反应逐渐加速所释放出的越来越多的热量，冷却水的温度在转化率约 70% 时为最低值。如改用高活性引发剂或以高活性引发剂为主的复合引发剂，冷却水温就不会有这样大的变化，因为这时聚合反应的放热比较均匀。PVC 淤浆中有残余的 VCM。VCM 有致特殊肝癌的毒性，必须彻底脱除。VCM 的脱除可以在高压釜中进行，亦可在另一装置中进行。VCM 的脱除是采用汽提法，蒸汽温度显然高于 PVC 的 T_g，这样方能使包装在颗粒内部的 VCM 脱除。VCM 的脱除速率还与颗粒的形态密切有关，疏松颗粒中的 VCM 较易脱除。脱除 VCM 后的 PVC 淤浆，经中和、脱泡并经离心分离、洗涤、干燥等工序，即可包装成 PVC 树脂产品。聚合釜内 PVC 淤浆出料后，如有黏釜现象，应用高压水冲洗，洗净后方可投下一釜料。为了有效地防止黏釜，在聚合投料前还可在釜壁涂防黏剂，优良的防黏剂每涂一次，可经许多次聚合而不发生黏釜，在聚合投料前还可在釜壁涂脂的过程。

（3）氯乙烯聚合安全技术

① 聚合釜搅拌安全技术。在 VC 聚合过程中，液滴能分散成的粒径大小与搅拌强度、分散剂界面张力有关。转化率达 4%～10% 时，初级粒子聚结成聚结体的积度也和搅拌有一定关系。反应釜各处的物料均匀，反应热的较好释放更与搅拌密切有关。

a. 对搅拌特性的要求。根据 VC 悬浮聚合中搅拌的诸多作用，要求搅拌具有一定剪切强度和循环次数，并要求其在釜内能量均匀分布。VC 悬浮聚合中，循环次数一般选用 6～8

次/min。循环次数过少，釜内易出现滞留区。循环时间过长，容易发生颗粒间凝聚。釜内流动和剪切能量分布要均匀，不应存在流动死角。

b. 常用的搅拌装置。常用搅拌装置有搅拌桨和挡板两大部分。VC悬浮聚合中常用的搅拌桨有平桨、斜桨和三叶后掠式桨叶。如釜内无挡板，搅拌功率取决于桨叶尺寸和层数，与层间距无关。如釜内有挡板，则层间距对搅拌功率有较大影响。实际经验得出，桨叶层间距与釜径比一般应控制在 0.5～1.0。

② 聚合釜轴封泄漏。目前国产 30m³ 聚合釜多采用机械密封，由于密封结构和密封材质不够理想，其使用效果和寿命明显低于国外同类机械密封，应加强这方面的研究，同时严格定期检查维修，以防止对周围空气的严重污染。

③ 暴聚排料。由于配料不准、引发剂过量或水比例过低造成结块，或突然停水、停电，都容易造成聚合温度失控，压力骤升，安全阀起跳，使大量VCM外逸。暴聚排料会使周围空气中VCM浓度很高，除严重污染环境外还有可能发生空间爆炸。因此必须制定严格的措施紧急降温处理，准备足够的终止剂以便突然停电时可迅速投入釜内将聚合反应终止。

④ 聚合釜人孔、手孔及釜管口垫的破裂。聚合釜上的人孔、手孔和釜管口垫如果在聚合过程中发生破裂，亦会造成大量VCM泄漏，并难以在现场扑救和处理，因此危险性极大。必须坚持开釜前严格执行检查、定期更换和试压制度。

⑤ 清釜安全。尽量减少工人进入釜内清釜。如必须进釜内清釜，应先用水置换，用空气吹扫，开真空泵抽气，直至釜内 VCM 含量合格为止。另外清釜前还要严格检查各路VCM通往釜内的阀门是否已关紧，清釜人员下釜时应配备长管面具和安全带。不断往釜内通新鲜空气，釜上设专人监护等。

PVC 一般多为无定形结构聚合物，呈白色半透明固体。密度为 1.35～1.43g/cm³。为提高PVC的耐热老化、光老化性，常在PVC中加入铅、锌、钡、镉化物或有机锡化物。为提高PVC的加工性能和塑性，可添加各种增塑剂。

（4）聚氯乙烯防黏釜问题　在PVC工业生产中，黏釜问题不仅存在于悬浮聚合，也存在于乳液、本体聚合。在聚合反应过程中聚合物由于物理或化学因素附着于釜壁或搅拌上，一般先形成薄层覆盖物，后又在其上形成沙粒状沉积物。这种沉积物不仅会导致聚合釜传热系数和生产能力下降，还会影响制品的外观和质量。黏釜物的清理不仅要延长釜的辅助时间，降低设备运转率，还增加工人进釜操作，造成很大职业危害。由于黏釜影响传热系统，因而也影响聚合釜温度自动控制的实施。因此，黏釜问题一直是PVC工业生产中备受关注的问题。

在 1974 年前，清除黏釜物多由操作工进入釜内刮除和用水清洗釜壁沉积物。从已知VCM 致癌后，这种方法应尽量避免。国内外聚氯乙烯生产者对如何防止黏釜进行了大量研究，开发了许多防黏釜技术。解决黏釜问题有如下四类方法。

① 对聚合釜表面及有关构件进行特殊研磨，如采用电解研磨可使表面光洁度升高，使黏釜难以发生。

② 在聚合配方中加添加剂。如 Goodrich 的专利在聚合配方中加入一种水相阻聚剂硼氢化钠和油溶性阻聚剂苯胺黑。

③ 在釜内及有关构件上涂覆防黏釜涂层。

④ 在已存在黏釜的情况下，及时用溶剂来清洗黏釜物或用超高压水并借助可调节喷枪和旋转喷嘴实现水力清釜。近年来开发许多种防黏聚合物，各种缩聚产物和二氧化硅来涂覆很光洁的不锈钢釜，可在聚合完150釜后还未形成一定规模黏聚物。

PVC 生产中涉及的原料主要有 VCM、引发剂、表面活性剂和其他添加剂。有些工厂使用活性很高的引发剂，要求在很低温度下储存，有的对储存方式有特殊要求。

VCM 和空气在一定比例范围内会形成爆炸性混合物。如果在 PVC 的生产发生相当量 VCM 外泄事故，泄漏现场在排除泄漏的 VCM 之前，要停止开动或关闭任何电器开关，要避免金属间的撞击，要严禁任何机动车辆驶近现场，以防止诱发空间爆炸。如发生空间爆炸其危害性将十分严重，应尽全力防止。

从 1974 年确认 VCM 对人有致癌作用后，世界各国对 PVC 生产操作环境的空气中氯乙烯的平均浓度都先后作了严格规定。美国规定 8h 平均浓度不得超过 1ppm（$2.564mg/m^3$）。日本规定空气中 VCM 平均浓度不应高于（2 ± 0.4）ppm。英国、加拿大和荷兰规定，空气中 VCM 的平均浓度不得超过 10ppm。中国规定空气中的 VCM 的含量不得超过 11.7ppm，即 $30mg/m^3$。人凭嗅觉发现有 VCM 气味时，其浓度已达 $1290mg/m^3$，比中国规定标准大 40 多倍。因此各工厂应建立灵敏的检测系统，监测车间内 VCM 浓度，确保其浓度在要求限度内。

为了保证上述生产环境要求，PVC 工厂在聚合完毕后，立即将未反应的 VCM 彻底的除去。例如，以往在 VCM 聚合完毕后，残留单体的排除和回收很不完全。总有 1% 左右的 VCM 留在淤浆中，在后续过程中除去。即便是在悬浮法产品中，VCM 的含量还高达 10～1000mg/kg。1% 的 VCM 则散发到车间和残留于产品中。现在反应完毕后将单体抽气排除，再通蒸汽加热至 80～110℃，大量蒸汽通过 PVC 淤浆然后用泵抽走，这些蒸气通过冷凝器分离，回收 VCM。然后淤浆再进入干燥工序。

六、聚丙烯生产过程安全技术

1. 聚丙烯生产工艺

（1）丙烯的性质　丙烯分子式为 C_3H_6，相对分子质量 42.078，结构简式 CH_2—CH＝CH_2。在常压条件下是无色可燃性气体，比空气重，它具有特殊的香味。

（2）生产工艺综述　近 40 年来，聚丙烯（PP）技术发展很快，至今已有几十种技术路线，按聚合类型可分为四类，即溶液法、溶剂法、本体法及气相法生产工艺。按聚合后处理工序分类，则可分为三类。最原始的聚丙烯生产工艺有以下工序：聚合、分离及单体回收、脱灰、脱无规物、干燥等，被称为第一代工艺。第二代工艺省去了脱灰工序，第三代工艺则省去了脱灰和脱无规物工艺。聚丙烯工艺技术见表 5-4。

表 5-4　聚丙烯工艺技术

聚 合 类 别	聚 合 物 料	聚 合 类 别	聚 合 物 料
均聚和无规共聚	抗冲共聚	搅拌釜气相法	气相法
环管本体法	气相法	浆液法	浆液
釜式本体法	气相法	溶液法	—
流化床气相法	气相法		

三代聚丙烯工艺比较见表 5-5。

20 世纪 70 年代以来，聚丙烯生产技术日新月异，它在催化体系、聚合方式和工艺过程，以及在产品应用等方面，与聚乙烯互相借鉴，互相渗透，互相补充，又互相竞争，形成了错综复杂的局面。聚丙烯技术发展到今天，就整个工业生产来说，溶液法是最古老的方法，成本高，无规物含量高，目前已被淘汰，只有某些用于生产无规物等特殊目的的产品时使用。溶剂法技术由于要使用溶剂，相比之下流程较长，操作与投资费用较高，也已属于落

表 5-5　三代聚丙烯工艺比较

催化剂	特征	工艺	反应介质	脱灰工序	脱无规聚丙烯工序	丙烯消耗/t·t^{-1}	能耗/kJ·t^{-1}
第一代	一般型	浆液 本体	烃类 液体丙烯	有 有	有 有	1.050～1.150	$(1.05～1.88)×10^7$
第二代	高活性高等 规性	浆液 本体	烃类 液体丙烯	无 有	有 有	1.015	$6.7×10^6$
第三代	超高 活性	气相 本体	气体丙烯 液体丙烯	无 无	无 无	1.010	$5.4×10^6$

后工艺，20 世纪 80 年代以后新建、改建的大型工厂，一般不再采用这种工艺，但由于溶剂法工艺历史长，工艺比较成熟，可靠性好，操作条件温和，产品质量易于控制，以前的聚丙烯工厂均采用这种技术，已形成相当规模的生产能力，因此在 20 世纪 80 年代初仍占主导地位。

本体法是以液态丙烯（含部分丙烷）为溶剂的聚合方法，也称第二代工艺，美国 Phillips 公司于 1963 年工业化后，由于减少了溶剂回收工序，易于操作，发展较快，目前已相当成熟。20 世纪 70 年代后期改造、新建工厂，大多基于此法。气相法被称为第三代工艺，采用流化技术，丙烯在气相中聚合，由 BASF 公司在 1969 年首先工业化，现有搅拌床、流化床等工艺，用部分液体汽化撤除反应热的方式。由于高效催化剂的开发，自 20 世纪 70 年代后期发展很快，被认为是最有希望的工艺。

目前世界上大规模新建、扩建和改造的工厂，基本采用本体法和气相法两种工艺，据报道，1997 年以来，世界范围聚丙烯新增生产能力的 55% 都是采用气相工艺。除少量浆液法改造之外，其余均为液相、本体加气相反应器的组合工艺。

（3）聚丙烯工艺过程　由于以高等规度、高活性为代表的第三代催化剂在目前聚丙烯生产中占统治地位，伴之工业化的工艺技术也已摒弃传统的脱灰、脱无规物等产品杂质、溶剂再生等复杂的操作，聚丙烯生产过程简化为以下几道工序。

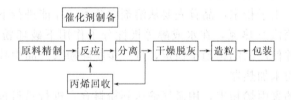

① 催化剂制备工段。一般分为两部分，即催化剂自身的设备及聚合前催化剂预处理，不同工艺对催化剂制备的步骤与要求都不尽相同。

聚合催化剂由主催化剂和数种辅助催化剂组成。主催化剂一般为专有技术，由工艺技术所有者提供，辅助催化剂一般有若干家制造厂生产。但 BASF 工艺催化剂与此不同，作为其优点之一，BASF 技术在提供 PP 生产技术同时，也提供催化剂制备的工艺，催化剂生产原料可以在市场上购买。但同时带来的问题是催化剂制备流程过于繁杂，作为小批量生产不够经济。另外，这种催化剂的性质与第三代催化剂也有相当大的差距。现在，BASF 已开发了高效催化剂，以代替原来的催化剂。

催化剂的预处理工序是将购得的催化剂，经加工处理，如进行预聚合等操作，以提高其机械稳定性、立体等规性和催化剂活性，并使三者之间达到最佳平衡。

各工艺对催化剂预处理的方法也不尽相同。

催化剂制备阶段，主要有催化剂储罐、处理罐、计量泵、换热器等设备。

② 原料精制阶段。对于丙烯聚合，极性组分如水、硫化物、一氧化碳、二氧化碳等，不饱和烃如丙炔、丙二烯、丁烯、丁二烯等及其他如有机砷等均为有害物质，能使催化剂中毒，活性降低。因此，需要在进聚合反应器之前除去这些杂质。

精制的方法分物理脱除和化学脱除两种。物理脱除包括精馏、吸附、过滤等方式除去杂质。化学脱除一般用固体催化剂床层脱除硫、砷等杂质。

精制的工艺，作为微量物质脱除，有许多种工艺和催化剂技术，一般用吸附法脱除水分。用氧化锌、氧化铜等催化剂脱除硫化氢、羰基硫等。氧、一氧化碳、二氧化碳等轻组分，可用固体催化剂，也可用精馏方法脱除。对烃类组分，常用方法仍是精馏分离，微量氧脱除则用镍催化剂。

供给聚合装置的原料是合格的聚合级丙烯，因此不合格原料进装置以后需设置于精制工段。本工段一般由吸附干燥床和催化剂床层、精馏塔及附属设备、再生氮气系统等组成。

③ 聚合工段。聚合工段是聚丙烯工艺技术的核心。反应系统的主要设备是反应器、循环压缩机、脱除反应热的换热器等。聚合工段的组成依据各工艺及产品的不同而不同。反应器的数目、形式及控制方式是各工艺之间区别的主要标志。

反应器系统，包括反应器、循环鼓风机和循环泵、冷却换热器等，以单个反应器为核心，每套工艺装置均有几个反应器系统。

聚合过程是安全生产的关键。影响聚合过程安全运行的因素很多，原料及辅助材料的质量、聚合用各种催化剂的配方及加入量、反应控制和设备都对聚合反应产生重要影响。

④ 分离与干燥脱活工序。分离是指将未反应单体与聚丙烯粉末相脱离。对于本体法及气相法工艺，由于第二段反应均在气相反应器中进行，只需将从反应器中出来的产品排到低压储罐，靠气体分压作用，未反应单体基本上可以从颗粒中脱除。分离出的单体，再返回到反应装置。为防止惰性组分的累积，一般把返回的单体送一部分到回收处理装置，进行脱惰性组分处理，包括返回到精馏系统或排放部分高惰性含量的单体至火炬系统。分离工序的主要设备是分离器、循环气压缩机等。

对于浆液法工艺，由于粉末产品首先要从溶剂中分离，才能进行下一步的干燥。干燥脱活工序，是为产品用蒸汽及热氮，在水或醇等极性分子作用下破坏粉末中的催化剂活性组分，使其失去活性，并使产品结构趋于稳定，进一步脱除粉末产品中残存的单体。本工段的主要设备是汽蒸罐和粉末加热器。

经分离与干燥后的聚丙烯粉末，用氮气输送到粉料仓，进行粉料包装或进行造粒。输送介质用氮气，以减少粉尘与空气、易燃挥发性介质可能形成的爆炸危险。

⑤ 造粒工段。将细小的粉料产品熔融造粒，使聚合物性能稳定，便于储存和运输。另外，造粒过程也是产品改性的过程。在造粒过程中，由于加入各种添加剂，如防静电剂、防老化剂、抗紫外线助剂等，使产品质量得以改进，达到预定的要求。对有些特殊用途的聚丙烯，也可以加一些添加剂，如过氧化物等，对聚丙烯结构进行改造。

对于聚烯烃产品，挤压和造粒操作工序对于产品质量、产品均一性及投资费用方面都起重要作用，并决定了最终粒料产品的形状和组成。挤出机也是装置中最贵的设备。

造粒的主要设备是造粒机系统，包括挤压造粒机、振动筛、气流输送设施，以及各种添加剂系统，包括储罐、计量输送设备等。

⑥ 包装码垛与产品储存。作为聚丙烯工艺的组成部分，一般在工业化装置中设有 2～4 个储存料仓，用以储存颗粒聚丙烯产品。

料仓除储存功能外，还具有掺混产品的功能。由于时间不同或短时间工艺操作波动，产品的质量不总是均一的。因此，作为调和的手段，从料仓送到包装的产品均进行掺混。掺混分内掺混和外掺混两种。外掺混是靠气流输送使物料强制循环，从罐底部取出物料，再循环返回到同一或另一个储罐顶部，达到混合均匀的目的，这种技术主要用于不合格产品的掺混。内掺混是料仓内部物料在流出时自动掺混。这是最近几年发展的新技术，其原理是罐内部设有开孔的几根管子，罐内不同高度界面的物料可以通过管上的孔短路流到罐底部，罐底部流出的物料几乎是罐内各高度物料的均匀混合体。管子数量及开孔等设计决定混合体中各高度物料的配比。由于其不耗能源，并能有效达到料仓内产品均匀混合的目的，现已被广泛采用。

产品储存、输送、混料过程的粉体流动与摩擦产生的静电危险是安全生产的重要问题。

⑦ 公用工程。每一个工艺装置总是包括一些装置内公用工程设施，聚丙烯工艺装置的装置内公用工程一般包括：排放气系统和火炬系统；制冷系统；密封油系统；蒸汽与冷凝液系统；水系统；氮气系统等。

2. 安全控制技术

（1）有毒有害物质及处理　第三代聚丙烯催化剂的工艺，由于在单体中聚合，工艺产生的有毒有害物质很少，操作水平、设备运行可靠性及原料质量是影响有毒有害物质的主要因素。

① 有害废固体。废固体主要有废精制用催化剂和废树脂两种。

废精制催化剂，主要有脱水用干燥剂、脱其他杂质的催化剂等，其量取决于原料质量和催化剂水平，如是合格的聚合级原料则无需设立精制工段。废催化剂一般回收处理或埋地。

废树脂的产生源于造粒水平与操作水平。主要由于造粒机开车及运转不正常时产生的不合格聚丙烯树脂，一般作为副产品出售。

② 有害废液。

a. 清洗工艺设备的溶剂（通常为乙烷），一般在开停车时产生。

b. 催化剂配制不合格时，需用氢氧化钠溶液加以处理，由此形成废催化剂液体，这取决于催化剂配制的水平。

c. 夹带污油的地面污水，含油量取决于机械油的泄漏情况。

上述废水经生化处理达标后排放。

d. 造粒工段用于冷却聚丙烯颗粒的切粒用水，因不断置换，置换出的切粒水作为工艺废水，含少量固体悬浮物，经简单生化处理达标后排放。

③ 有害废气。由于原料中含丙烷等惰性组分，在反应系统中逐渐积累，因此需排放一部分高惰性气含量的反应后气体，以维持惰性气分压的平衡。排放气体可以送回收系统，脱除惰性气体后作为原料返回装置，有些工厂将这部分气体直接送火炬系统。

因误操作、外来因素等作用导致的紧急排放，是造成废气量大的主要原因。火炬的设计规模要基于事故下排放的量。尤其是本体液相聚合工艺，对 10 万吨/年能力装置，排放量可达 150t/h。

对于目前广泛使用的工艺，由于普遍采用蒸汽和醇类作为活性粉末催化剂的杀死剂，并用热氮气作为干燥气，以脱除粉末内单体的手段，由此产生的含单体的蒸气、氮气混合气是废气的主要来源。对年产 10 万吨的生产线，来自干燥器排放到火炬气量约为 $200 \sim 400 \mathrm{m}^3/$ h，含烃类 30%～50%，来自汽蒸罐排到大气的废气量约为 $400 \sim 600 \mathrm{m}^3/\mathrm{h}$，烃类含量很少，乙烷含量约为1%。

由于一些工艺采用精馏塔脱除原料中如二氧化碳、氧气等轻组分杂质，塔顶会释放一部分不凝气，作为燃料或送火炬，其流量与杂质含量及塔的设计水平有密切关系。

（2）生产安全控制技术　工艺控制系统设置的基本原则是确保工艺稳定、安全生产并便于维修，一般基于专利技术和实际生产积累的经验并采用可靠的控制措施。控制系统一般分两部分，即安全操作与安全监控，基于安全运行的工艺联锁系统。前者用于工艺过程的正常生产操作，后者主要是出现非正常情况及事故状态下装置可采取的应急步骤。

① 反应器温度安全控制。

a. 液相反应器的温度安全控制。液相反应器内聚合热量通过联合采用其本身夹套内的水冷及气体循环冷却系统而被散除。同时，由气体循环冷却系统来控制该反应器的聚合温度。也就是说，通常以给定的流量把冷却水供给该反应器的夹套，通过改变到顶部冷凝器的循环气体的流量和冷却水的流量来控制前面所说的聚合温度。环管式反应器的聚合热通过其本身的夹套水冷却被撤除，通过水量的调节来控制反应器的温度。聚合反应器的温度控制决定反应速率、操作稳定性等，因此，温度控制方案是工艺设计中优先考虑的问题。冷却水以及冷却气体的正常运行和系统热平衡的保持是液相反应器安全运行的基本条件。

b. 气相反应器的温度安全控制。气相反应器的温度由循环气冷却器控制。有的工艺采用的是使用间接冷却水的间接冷却系统，以提高控制安全可靠性，改善操作性能。在正常操作时，用间接冷却水和冷却水来冷却循环气体。而在开车时，则用间接冷却水和蒸汽给气体加热，此时，间接冷却器被旁通。气相反应器内产生的一部分聚合热作用于液态丙烯的蒸发热且被冷却器除去，并通过调节间接冷却器中间接冷却水的温度进行温度控制，反应器的温度一般是预先设定的。

② 反应器压力安全控制。釜式反应器的聚合压力恒定地保持在其饱和温度下，该压力主要由丙烯及氢气蒸气压力之和来决定。管式反应器控制压力略高于饱和压力。

气相反应器压力比较高，一般在2.0～3.5MPa范围，共聚气相反应器的操作压力一般保持在1.7～1.9MPa的范围，并由冷凝器的冷凝能力加以控制。

聚合压力是根据聚合量及丙烯进料之间平衡而确定的。液态丙烯以大于聚合所需要的量从液相反应器进入到气相反应器。气相反应器是流化或半流化床，由一股相当大的气相丙烯形成循环气流。为了保持气相反应器的压力恒定，循环的气流自反应器上部，经冷却器冷却后返回反应器底部，或经冷凝器冷凝，冷凝液返回到液相反应器，气体循环回气相反应器。在这种控制方法中，通过调节冷却器中冷却水流量，调节循环气流的温度，从而控制反应器的压力。但是，气相反应器的压力一般不需要精确地维持在其设定压力上。反应器操作压力不会对改变产品质量及聚合量有太大影响，但是对安全生产影响很大。

③ 反应器液位安全控制。

a. 液相反应器的液位控制。从原则上讲，釜式反应器的液位不会变化，而且要维持其恒定。实际上，液位的控制方法是保持反应器底部与其气相之间的压差不变。因此可以说，控制的是液相的质量而不是液位。液相的平均密度随浆料的浓度而变化，以便在使用该控制方法时，液位随浆料浓度产生微量变化。如前面所提到的，由于前述方法不能精确地控制液位，因此，在正常操作时，在保持压差设定值不变的情况下，允许反应器内的液位发生小的变化。当液位上升太高时，就有可能因循环气体起泡，导致溅起的浆料随循环气一起进入顶部冷凝器。也可以想象，过低的液位可导致搅拌器蜗轮叶片显露在液面之上，降低了挡板的效用，影响了浆料的搅拌，最终导致聚合量的变化。因此，考虑到液位不能精确地控制，液位设定值原则上不变。反应器的液位由最低部位液位指示器控制。液位设定值的确定方法是使实际液位能够指示出来。根据液位指示器的指示，即可确认在设定的液位附近。

环管式反应器由于是平推流操作，主要是控制流速和聚合量，不存在液位控制问题，但是流体流速成为安全运行的关键参数。

b. 气相反应器的料位控制。气相反应器的结构比较复杂，各工艺的控制方案不尽相同，典型的流化型反应器的粉料料位由料位计控制。料位计用来探测密相床底部与顶部气相的压差，并保持该压力恒定。流化床的松密度不会改变，除非循环气体的流量改变。因此，根据前述的压差保持恒定，流化床的料位及质量能够保持恒定。料位计的设定值原则上不会改变，并保持恒定。因为浆料直接从液相反应器进料到气相反应器，由于液态丙烯的作用，反应器内的流化床是处于湿状态的。因此，为了适当地进行流化，采用一搅拌器对该流化床进行搅拌，以作为采用循环气体流化的一个辅助措施。为了用搅拌器达到有效的搅拌，必须有一适当的粉料料位。粉料料位过高就不能达到均匀搅拌效果，与此相反，粉料料位过低，那么就会由于绝对粉料量不足而减少传导面积，妨碍丙烯汽化。从安全上考虑，应尽可能地将反应器内的流化床料位维持恒定。反应器内的粉料间断地由粉料排放系统排出。粉料料位的控制是通过改变这种间断排放操作的时间间隔而实现的。对于完全的流化床，如 UCC 技术，为了达到上述目的，循环气流量是相当大的。粉体流动过程中的静电危害要十分重视。

④ 催化剂活性控制。催化剂活性随影响聚合量因素变化而变化。

a. 反应温度。对于液相反应器来说，随着反应温度的上升，聚合量呈指数上升趋势。但是，由于液相反应器内反应温度的上升不仅增加聚合量，而且还使浆料膨胀。

b. 单体分压。由于在单体中聚合，对于液相反应器来说，单体的分压决定于反应器的温度。一般，如果在气相反应器内存在有很多不参加聚合反应的组分，如氮气和丙烷，则随着聚合量的减少，单体分压就会降低。气相反应如同液相聚合，其聚合量与单体分压并无直接关系。只是反应速率会受到影响。

c. 停留时间。在液相和气相反应器内，聚合量随催化剂停留时间的增加而增加。改变反应器内的反应体积，就很容易地改变催化剂的停留时间。也就是说，通过分别改变液相反应器和气相反应器内浆料的液位和流化床的粉料料位，就可很容易地改变聚合量。

d. 氢气浓度。在液相反应器内，较高的氢气浓度也会影响到聚合量。

七、苯酚、丙酮生产过程安全技术

1. 苯酚、丙酮危险性分析

(1) 苯酚的危险性分析　空气中有 $(30\sim60)\times10^{-6}$ 苯酚蒸气就会对动物造成伤害。连续 8h 工作场所，苯酚在空气中的最大允许浓度为 5×10^{-6}。苯酚蒸气会刺激眼、鼻和皮肤。苯酚水溶液或纯苯酚接触皮肤，会造成局部麻醉、灼伤变白、溃疡。如误服苯酚会引起喉咙的强烈灼烧感和腹部剧烈疼痛的症状。长期与苯酚接触，会造成肺、肝、肾、心、泌尿系统和生殖系统损伤。苯酚若溅到皮肤上，应立即用温水冲洗。除眼睛外，最好是用酒精洗，因为苯酚较易溶于酒精。可能与苯酚接触的工作人员，应佩戴防护眼镜、面罩、橡皮手套、穿防护服和围裙，配备氧气呼吸器。误食苯酚，可服蓖麻油或植物油使之呕吐出来，或用牛奶洗胃。空气中苯酚浓度过高引起中毒者，应迅速脱离现场，转移到空气新鲜处。呼吸困难时吸氧，送医院救治。由于苯酚有害于人体健康，《地面水环境质量标准》对地面水中挥发酚（主要是苯酚）含量作如下严格限制。

一级水	≤0.001mg/L
二级水	≤0.005mg/L
三级水	≤0.01mg/L

国家标准规定饮用水中苯酚含量应小于0.002mg/L。

苯酚在常温下不易发生火灾，但点燃时会燃烧。在高温下苯酚可放出有毒、可燃的蒸气。因此，苯酚应储存于35℃以下的干燥通风的库房中。

（2）苯酚装置主要职业危险　苯酚装置主要职业危险主要有以下几个方面。

① 生产过程中使用的原料、中间产品和成品，如异丙苯、CHP、氢气、AMS、丙酮等多为易燃、易爆物。如发生泄漏，与空气形成爆炸性混合物，遇明火则酿成爆炸、火灾。

② 异丙苯氧化、CHP分解等属放热反应。各工艺参数如流速、物料比、浓度、pH值等都会影响反应速率。若冷却措施不力，温度控制失灵，则反应过速，温度、压力骤升，导致容器破裂以致发生爆炸事故。

③ CHP浓缩塔在高空真空条件下操作。如设备、阀门或管件密封不严，或工艺条件失控，均可能引起空气漏入而造成爆炸事故。

④ CHP遇热易分解。如反应温度失控，或输送、储存过程中形成局部热点，则会引起CHP分解，以致发生事故。

2. 异丙苯法生产苯酚、丙酮过程危险性分析

（1）生产工艺流程　如图5-11所示为异丙苯氧化合成苯酚和丙酮的工艺流程。

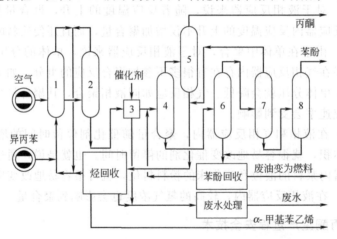

图5-11　异丙苯氧化合成苯酚和丙酮的工艺流程
1—氧化塔；2—浓缩塔；3—分解器；4—粗分塔；5—精丙酮塔；
6—脱重组分塔；7—脱轻组分塔；8—精苯酚塔

① 异丙烯氧化与浓缩。异丙烯氧化用3～4级串联的反应塔，每塔实现的转化率大致相同。新鲜的和循环的异丙苯经预热从底部进入第一氧化塔。循环异丙苯源自氧化反应尾气冷凝液、CHP浓缩塔塔顶气冷凝液和AMS加氢产物，入塔前需经碱性水溶液洗涤。

压缩空气经碱洗除去酸性物质，以并联方式从塔下部的空气分布器进入每个氧化塔。空气用作氧化剂，从底下鼓泡，也对反应物料起混合搅拌作用。氧化塔内反应温度维持在90～120℃，反应压力0.3～0.7MPa。随着CHP浓度增加，反应温度下降。各氧化塔都配备有外循环水冷却器，以移走反应热。异丙苯的蒸发也带走一部分热量。氧化反应可以在加碱稳定的体系（pH值为7～8）中进行，也可以在不加碱稳定的体系（pH值为3～6）中进行。

反应物料在氧化系统内停留一定时间，部分异丙苯转化。高选择性地生成CHP，副产物为二甲基苄基甲醇和苯乙酮、甲醇、甲醛、甲酸等。氧化反应的选择性与转化率、温度、停留时间、压力等因素有关，一般工业上可达到95%。各氧化塔顶部排出的气体中，含有氮气、一氧化碳、氧气、异丙苯、水及甲基氢过氧化物（MHP）等，汇集起来通过换热器冷却，析出冷凝物。异丙苯返回第一氧化塔，水相进入MHP分解器。未冷凝气体通过活性炭吸附系统，回收残余的异丙苯后排入大气。从末级氧化塔流出的氧化液中，CHP浓度一般在25%（质量分数）以下。氧化液经过冷却分层，水相去处理，有机相去浓缩系统。浓缩系统一般有两个真空蒸馏塔，用来回收氧化液中未反应异丙苯，提高CHP浓度。通常浓度提高到80%～90%（质量分数）的塔釜液进入CHP分解系统。两个真空蒸馏塔的塔顶馏出物，主要是异丙苯，返回第一氧化塔。浓缩系统的加热介质温度不宜太高，以防浓缩过程中CHP的分解。

② CHP分解与中和。CHP分解在酸性催化剂（如硫酸）的存在下进行，需精心控制分解温度（约80℃）避免副反应的发生。物料在分解器内停留一定时间。CHP分解率100%。

苯酚的选择性98%以上。副产物量很少，有甲酸、乙酸、亚异丙基丙酮及一些高聚物。

分解液中含有催化剂硫酸及副产物甲酸、乙酸，为避免其腐蚀设备，应予以中和、除去。

③ 产物回收。CHP分解产物经过中和处理的有机物，是粗制的丙酮和苯酚的混合物，尚含有水、烃类及微量有机杂质，进入粗分塔蒸馏。蒸出丙酮及其他一些轻质产物，去精丙酮塔精馏制得产品丙酮。精丙酮塔塔底物是异丙苯、AMS等烃类及水，与脱轻组分塔（粗酚塔）塔顶馏出物一起进烃回收系统。粗分塔塔底物是苯酚和一些重质产物，送苯酚提纯系统。苯酚提纯系统主要由脱重组分塔、脱轻组分塔和精苯酚塔组成。脱重组分塔的塔底物是苯乙酮、枯基苯酚和焦油状物，与精苯酚塔的塔底物料一起经酚回收处理后，废油可作燃料。

④ 水处理系统。MHP分解器的水相、丙酮汽提塔底物、精丙酮塔塔底物分离的水相，同时还有从酚水槽、中和槽、精AMS碱洗槽、酚回收溶剂槽及放空洗涤器来的间断废水，这些废水经硫酸酸化，把所有的酚钠转化成苯酚，然后进入萃取塔回收苯酚。

萃取剂采用从精丙酮塔和脱轻组分塔回收的有机相，其组成为异丙苯、AMS及亚异丙基丙酮。萃取剂从萃取塔底部入塔，对含酚废水进行逆流萃取。萃取后的废水只含痕量苯酚，可送常规生化系统处理。从萃取塔塔顶流出的萃取液，先用碳酸钠溶液或者来自生产过程的碱性溶液处理。这时，苯酚又形成酚钠，进入水相，返回中和槽。含少量苯酚的有机相在20%碱液反萃取，苯酚完全转入水相。萃取剂得以再生可重复使用，一部分送往AMS加氢系统。

⑤ AMS加氢系统。AMS加氢反应采用固定床催化反应器。催化剂为Pd/Al_2O_3。AMS和氢气从顶部进入反应器，AMS加氢生成异丙苯。AMS加氢的单程转化率100%，异丙苯选择性98%以上。加氢反应器流出物，经热交换冷却冷凝，进入气液分离器，分离成富含氢气的气相和富含异丙苯的液相。为了避免CO等杂质在气体中积累，排放一部分气体后，其余气体经压缩后补充新鲜氢气，返回加氢反应器。液相经蒸馏回收异丙苯，返回氧化塔。蒸余物重质烃可作燃料使用。

（2）有毒有害物质及处理

① 有害气体。氧化反应尾气，经冷却冷冻冷凝，分离出异丙苯之后进入活性炭吸附器，回收微量异丙苯，使有机物含量降至$50cm^3/m^3$以下，然后在常压下高空排放。加氢反应驰放气，经冷凝分离出有机物后常压下高空排入大气。喷射器的尾气、精馏系统的所有放空气体，均需收集起来，经冷凝冷却，进一步回收有机物，洗涤，然后放空。

② 有害废液。氧化工序碱洗废水、精丙酮塔塔釜废水、丙酮汽提塔废水等来自本装置净化系统的所有槽罐的排污，收集返回中和系统，用硫酸调节 pH 值至 5～6，然后送萃取塔，以 AMS 和异丙苯混合液为萃取剂，进行溶剂萃取脱酚。再进行油水分离，分出废水去生化处理。氧化系统排出的废液中，含有 MHP，经 MHP 分解器分解后，气相进入活性炭吸附系统，经吸附后排放，液相进入酚回收系统。

③ 有害废渣。活性炭吸附器出来的废活性炭，可用作燃料。酚处理器排出的废树脂，可作燃料烧掉。废的加氢催化剂，可送回催化剂制造厂回收其中的贵金属钯。环境保护投资主要用于含酚废水处理和异丙苯氧化尾气治理。

3. 异丙苯法生产苯酚、丙酮安全技术

异丙苯法生产苯酚和丙酮所用的原料、中间产品和最终产品，都是易燃、易爆和有毒物质。所以对于石油化工安全生产的一般要求都适用苯酚、丙酮装置。应当指出，由于异丙苯法生产工艺的中间产品 CHP 是一种不稳定的有机过氧化物，如前所述，在高温和酸碱存在下会激烈分解，遇到铁锈也会分解。异丙苯法问世以来，由 CHP 分解引起装置爆炸的事故不止一起。所以，如何保证 CHP 生产过程的安全，是整个生产过程安全的关键。

(1) 处理含异丙苯过氧化氢物料的安全要求 在处理含异丙苯过氧化氢（CHP）物料，特别是高含量 CHP 的物料时，一定要注意以下几点。

① 防止 CHP 与酸接触。不能将浓硫酸加入到 CHP 中，否则将引起剧烈分解和爆炸。

② 不应使 CHP 接触强碱，特别是在温度较高的情况下（如大于 60℃），否则也会引起 CHP 剧烈的分解。

③ 要防止 CHP 过热，特别是局部过热。在储存 CHP 时应使其经常处于冷却状态。长期大量储存时，温度应尽可能保持在 30℃ 以下，并用碳酸钠水溶液洗涤。

④ 接触 CHP 的设备、管线应选用不锈钢材质。设备管线设计和安装应尽量不留死角。

⑤ 含 CHP 物料的工序联锁报警系统，紧急状态下停车的联锁一定要完善、方便使用。

(2) 氧化系统的安全措施 异丙苯氧化系统安全运行的关键是严格控制反应温度和 CHP 浓度，通过正常运行时的冷却系统和紧急状态下的冷却系统可以做到这一点。

氧化系统的开车和停车要特别注意。在开车过程中，氧化反应器应该在常压下升温，直到温度高于异丙苯和空气的爆炸极限为止。然后再逐步升压、升温，使塔中的气相组成始终保持在图 5-12 曲线的右方非爆炸区内。

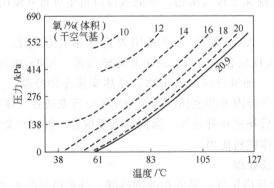

图 5-12 异丙苯空气系统爆炸极限

氧化塔在停车过程中情况正相反。先降低压力，再降低温度，使塔内气相组成始终位于图中曲线右方。在正常生产中氧化塔尾气中氧含量应保持在 4%～6%，使之处于爆炸极限之外，如果在停车以后物料暂时存放在氧化塔内，则应通入氮气进行搅拌，防止局部过热造成 CHP 分解。

（3）提浓系统的安全措施　氧化液提浓部分的关键是尽量缩短物料在系统内停留时间和保持尽可能低的温度。输送浓 CHP 的泵要防止堵塞和过热，在设备造型和管线配置时，要注意防止出现使物料滞留的死角。

浓 CHP 的储存和运输要特别注意。浓 CHP 储罐应有温度指示和联锁报警系统、紧急情况下降低温度措施以及将物料排空的管线。如果需要向装置外运送 CHP，应采用容积为 20～50L 的小型容器包装，容器中可加入固体碳酸钠粉末，以中和一旦 CHP 分解时放出的酸性物质，使之不再进一步分解。

（4）分解系统的安全措施　分解反应是一个强放热反应。在分解反应器中，如果出现 CHP 的积累是十分危险的。因为有分解催化剂（硫酸）存在时，反应器中积累的 CHP 一旦分解，反应热来不及移出，将发生爆炸事故。

在分解反应器与分解系统管路的设计和安装时，要特别注意防止浓 CHP 和硫酸直接接触。在分解反应器中亦应避免浓 CHP 与硫酸在气相直接接触，防止发生气相爆炸。

（5）中毒与灼伤的预防　苯酚可以迅速被皮肤和眼睛吸收，并引起严重的烧伤。苯酚蒸气的毒性大，刺激性也很大，皮肤和呼吸器官同时暴露在苯酚环境中是危险的。曾经有过皮肤大面积接触苯酚后 1h 死亡的事例。所以一定要注意，如果不慎被苯酚烧伤，应立即用大量水冲洗，然后用酒精或甘油进行擦拭。严重时送医院进一步处理。

丙酮是爆炸范围很宽的低闪点、强挥发性溶剂之一。其毒性在有机溶剂中是较低的，在生产中应注意保持良好的通风和排风。

第二部分　能力的培养——典型事故案例及分析

一、氯碱生产事故案例

1. 盐水工段事故案例

盐水结晶引起电解槽脱水事故如下。

① 事故经过。1980 年 1 月，某厂电解工段发现盐水高位槽有脱水现象，认为精盐水泵有故障，启动备用泵仍无效，厂调度得悉后，通知改用化盐工段泵经短路直送高位槽，并及时注意电解槽运行情况，发现有数台电解槽均呈脱水现象，氯气从玻璃管中冒出，并有水蒸气，多数电解槽均呈脱水现象，说明高位槽脱水时间较长或者化盐短路，应急送水但效果不明显，即系统停车。

② 事故原因。

a. 事故由于过饱和盐水受严寒气温影响，溶解度降低，部分盐结晶析出，堵塞管道造成。

b. 操作工判断错误，注意力完全集中在排除泵的故障上，延误了处理，故而造成多数电解槽脱水（高位槽报警到调度得到信息，时间已过了 70min，而高位槽容积仅 15m³，408 只电解槽 1h 耗用盐水量就达 110m³）。

c. 当高位槽发出报警信号，就应及时向调度汇报。

③ 事故教训。

a. 异常情况出现在电解工序，而问题则出在化盐工序。为防止此类情况，精盐水中的含量在冬季和初春应适当降低，一般应在 315～310g/L。日常停车时，考虑到停车后，管道内盐水温度降低，故在停车前，NaCl 含量亦应降低。

b. 定期结合全厂性停车，对电解盐水总管进行冲洗，防止铁锈和橡胶渣粒的积聚。

c. 定期启动备用设备，确保设备完好备用。

d. 对高位槽及相应的盐水管道要进行良好的保温。

2. 电解工段事故案例

（1）检修盲板未拆除，贸然开车人中毒

① 事故经过。1981 年 8 月 25 日，上海某厂全厂停车检修，金属阳极电解车间氯气干燥系统的氯气回流管中的一块盲板在检修后未拆除，开车后发现氯气压力失常，水封处氯气外泄并扩散到下风向 100m 外仓库内，致使 1 名值班人员吸入氯气中毒，并诱发高血压死亡。

② 事故原因。停车检修后，未做彻底检查，麻痹大意，遗留盲板未及时拆除，贸然开车，造成氯气压力异常升高后，使大量有毒有害的氯气从水封处溢出泄漏到大气中，造成人员误吸入后中毒，引起并发症死亡。

③ 事故教训。要提高操作人员的责任感，在停车检修后对工艺、管道、设备等要全面认真检查，在检修中所加盲板要分类编号，开车前要全部按号回收，不彻底检查不允许冒险开车。上岗期间思想要高度集中，发现氯气外泄现象，应戴好防毒面具，做好个人防护工作，查找事故产生原因，并迅速处理给予排除。

（2）检修检查不彻底，盲板反成爆炸源

① 事故经过。1985 年 5 月，浙江某厂由于大修后装在氢气总管上的滴水管盲板未拆除，氢气中的冷凝水排不出，致氢气系统压力增高，氢气进入氯气系统而发生爆炸，氯气大量外泄，造成 2 人死亡，2 人重伤，3 人轻伤。

② 事故原因。设备缺陷，未拆盲板，冷凝水排不出致使氢气压力增高而爆炸。

③ 事故教训。大检修后，必须做彻底检查，方可开车。在检修中加盲板要分类编号，开车前要全部按号回收，不做彻底检查不允许冒险开车。严格控制氢气管道畅通不得受阻，氢气中的冷凝水要及时排出，避免氢气管道受阻后压力增高，氢气管道中要装有安全水封，在氢气压力增高时可从水封中泄漏以确保安全。操作人员必须备有防毒面具，在氯气外泄时要采取各种预防措施，防止氯气中毒事故。

（3）工艺指标不严，氯气泄漏伤人

① 事故经过。1990 年 12 月 6 日 18 时 7 分，吉林省一化工总厂发生跑氯事故，死亡 1 人，多人住院治疗。

该厂从 12 月 1 日起，氯气泵压力由 0.1MPa 增至 0.18MPa，泵的电流由 195A 升至 200A，此后泵后压力逐渐升高，3 日、4 日为 0.2MPa，5 日升至 0.27MPa，6 日 08～16 时班氯气压力又升至 0.32MPa，泵的电流也多日突破工艺控制值达到 225A。12 月 6 日 18 时 7 分，氯气泵电机因电流过高而跳闸，导致泵后氯气倒回到泵前的负压系统，该压力冲破了泡沫塔和筛板塔顶部封头及接管而泄漏到空间。2 名操作工戴上过滤式面具去进行切换处理，因氯气浓度高使面具失效而没切换成。此时，1 名操作工戴上氧气呼吸器继续进行处理，因氧气用完而窒息死亡。氯气大量外泄并扩散到周围地区，致使多人吸入氯气，10 多人住院治疗。

② 事故原因。

a. 在操作上工艺指标控制不严，氯气压力及电机电流多日突破控制指标的最高值，没有迅速查找原因及时妥善处理（如停车处理）。

b. 氧气呼吸器在事故前没有充气，不能处于备用状态，且现场只有一台，不可能设监护。

c. 氯气处理系统设计缺陷较多，如 360m 长的室外氯气管没有保温，管内氯气在室外低温时（-20℃）自动液化，增加了管道阻力。

d. 操作工及有关人员在发生跑氯后，处理不当，造成大量氯气外泄。

e. 备用的液化槽未处于备用状态。

③ 事故教训。

a. 明确工艺管理部门职责，制定车间检查和信息收集、分析反馈的责任制度，这是工艺的基本工作，有变化及时发现处理。

b. 车间要设置正压送风的防护装置和面具。

c. 注意氯气液化造成的影响，采取防范措施。

（4）阀门开启过快，塑料管被冲坏

① 事故经过。1990 年 12 月 12 日，河北省沧州市一化工厂液氯系统生产有些不正常，决定将氯气直接切换到尾气吸收系统，制次氯酸钠。在开启直接通往尾气系统的阀门后，07时 35 分插入吸收池的塑料管突然破裂，大量氯气外泄，致使厂外群众 800 余人吸入氯气，其中 147 人到医院求治，19 人住院治疗。

② 事故原因。

a. 开启直接通往尾气的阀门时，开启过快，使压力较高的氯气突然进入几乎是常压的尾气管，将塑料管冲坏。

b. 室外氯气管没有用玻璃布加强。

③ 事故教训。

a. 对操作工应加强技能教育。

b. 应规定通往尾气系统压力的最高值，防止尾气管超压憋坏。

c. 室外尾气管凡属正压的，用玻璃布包扎加强。

3. 蒸发工段事故案例

（1）防护装置没跟上，滑入碱锅一命亡

① 事故经过。1960 年 1 月，浙江某厂 1 名操作工站在敞开式的烧碱蒸发锅边掏盐泥时，不慎滑入锅内，被烧碱灼伤后，抢救无效死亡。

② 事故原因。缺乏防护装置。

③ 事故教训。烧碱具有极强的腐蚀性，尤其温度高、浓度高时腐蚀性更强，凡操作与烧碱有关的各项装置时，均须戴好必要的劳动保护用品，防止烧碱溶液外泄飞溅触及人体眼睛及皮肤而发生化学灼伤。

在组织生产时，首先对操作工进行三级安全生产技术教育和"应知应会"培训工作，严肃劳动纪律、工艺纪律，严格遵守操作规程，严禁违章操作与野蛮操作。对烧碱蒸发设备设计、制造、安装、验收等有关科室要有严格的制度保证，对敞口容器必须设置栅栏、安全挡板等安全措施。

（2）违章行为连成串，烧碱一下伤 5 人

① 事故经过。1981 年 6 月 12 日，安徽某厂电解车间主任带领检修第一组职工检修二效蒸发器的过料液压阀，21 时 30 分，当他们将阀门螺栓全部卸开，用工具撬下阀门时，管内尚存有 0.1～0.2MPa 的压力将残留液碱压出，灼伤在场的 5 人，其中 1 名化工作业工的面、四肢、腹背部均被灼伤，Ⅱ、Ⅲ度烧伤面积占 37%，其他 4 人轻伤。

② 事故原因。

a. 车间主任等 5 名检修人员违反化工部制定的《隔膜法烧碱生产安全技术规定》中关于

"检修碱蒸发罐及碱管道时，应首先泄压，切断物料来源，将罐管内物料冲洗干净，然后进行检修"的规定，未将管内的残余碱液排放干净，也未对管线进行清洗，便盲目拆卸阀门。

b. 检修人员将阀门和管道间的连接螺栓全部拆除，未保留1只，造成阀门撬下后，大量物料喷出。

c. 检修人员违反化工部颁发的《化工企业通用工种安全操作规程》中关于"从事酸、碱危险液体设备、管道、阀门修理时，特别注意面部、眼的防护，并戴橡胶手套等以防烧伤，……"的规定，在换碱液管线阀门时，未佩戴必要的防护用具。

d. 车间主任违章指挥，作业人员违章作业。

③ 事故教训。

a. 严格执行原化工部颁发的有关有腐蚀性物料的设备、管道安全检修的规定。

b. 各级领导和职能部门应在各自的工作范围内，对实现安全生产负责。

c. 加强对全厂干部、工人的安全技术教育，使广大职工自觉遵章守纪，杜绝违章违纪的现象。

（3）人员设备隐患多，终酿事故致人亡

① 事故经过。1996年10月18日09时左右，四川一氯碱厂维修车间检修工人在蒸发工段拆卸强制循环泵，换该泵机械密封，当拆卸完螺栓后，用撬棍和手拉葫芦拉开时，瞬时效体内碱液喷出，灼伤在场的检修工5人，其中重伤1人，轻伤4人。当即将重伤者送往市中心医院烧伤科抢救，市烧伤科确诊烧伤面积达40%，且该职工长期患有肺心病，经医治到第8天死于败血症。

这次事故发生的主要经过是：9月17日晚班接班后，调度指令蒸发出碱。由于过料时蒸发振动较大，在蒸发办公室开会的分厂领导见此情况决定停车，约17时10分左右，值班副厂长向调度指示，蒸发停车将二效倒料至三效，并要求倒料彻底，用热水冲洗效体。调度立刻通知班长，组织本班人员进行倒料约1h。发现旋液分离器无料液流过，判断蒸发器下部有堵塞，于是用水冲洗5min，继续过料，直至旋液分离器无料液流动，然后打开二效蒸发器锥底放净阀，发现没有物料流出，并及时向调度做了汇报。调度指示再用热水冲洗，班长同司泵岗位操作工一道又用热水冲洗3min左右，检查母液槽无液体流出，按常规判断物料倒完，在报表上填写了"料已倒尽"结论。早班接班后，值班的副厂长再次向当班调度指示再次检查冲洗二效效体，以便检修。调度通知了司泵岗位操作工做了再次冲洗。18日上午08时30分左右，维修工到检修现场后，用扳手敲击管道，怀疑有料，并向碱车间主任汇报了这一情况，车间便安排操作工打开了效体放净阀。

操作工打开了效体放净阀，但无液体流出，维修工开始检修，当拆完泵体连接螺栓后，采用手拉葫芦悬空泵体，两边用铁棍撬的办法，当撬开时，碱液突然溅出，酿成了这一事故的发生。

② 事故原因。

a. 强制循环泵机械密封泄漏严重，没有备件更换；是供货厂家不及时所致，采取了自然蒸发的办法维持生产，由于液体流速减慢，蒸发器锥体底部积盐严重，导致底部管道严重堵塞，造成碱液已尽的现象，是导致这次事故的主要原因。

b. 盐泵压力低、电流表坏，没有显示，操作工无法判断，只有凭经验进行推断是否将效体内液料倒空。

c. 操作工都是新工人，缺乏实际操作经验，判断问题分析问题能力较差。

d. 调度车间干部到现场监督检查不够。

e.检修时，缺乏安全防护措施和没按规定穿戴劳动保护用品。

③ 事故教训。

a.落实必要的安全资金。配好配齐各种设施，一旦发生事故才能保障有应急的手段和应急措施。在此情况下，工作的工人必须穿耐热碱全封闭的防护服。

b.检修碱泵，必须明确派有经验的车间主任、工段长现场判断碱液是否排净。

二、事故现场照片

1.重庆某化工总厂"4·16"氯气泄漏事故

（1）被炸毁部分厂房

（2）5号罐爆炸后的形状

（3）被击破的汽化器

2. 北京某股份有限公司聚氯乙烯聚合装置爆炸火灾

3. 湖南某市化工厂火灾

复习思考题

一、填空题

1. 煤气中氧含量超过（　　）时要求连续分析；超过（　　）时，要求立即停车。

2. （　　）时间和蒸汽压力不能少，防止吹不净炉底煤气，发生炉底爆炸事故。

3. 煤气炉停炉 2h 以上或停车检修的最后一个循环做完上吹，空气吹净不少于（　　）s。

4. 遇停电或紧急停车，脱硫工段必须尽快关闭罗茨鼓风机（　　），防止气体使叶轮（　　），打坏叶轮。

5. 脱硫工段必须定期排放水分离器内积水，防止水分进入（　　），影响脱硫效率。

6. 成品硫黄必须存放在（　　）的地方，防止硫黄（　　）。

7. 变换升温还原时，催化剂层温度升到（　　）℃后，可以加入（　　）。催化剂层温度升至（　　）℃，中变催化剂有活性，恒温（　　）h后，可通入煤气。

8. 变换工段在保证一氧化碳含量在指标范围内，应尽量采用（　　）来调节催化剂层温度。

9. 低变硫化时，如使用二硫化碳为硫化剂，必须防止二硫化碳（　　）和（　　）。

10. 氢、氮比必须控制在最佳范围内，进合成塔气中氢、氮比一般控制在（　　）之间。过高或过低，都会使反应不好，温度（　　），（　　）上升。

11. 催化剂层温度调节尽量使用（　　）和（　　），防止催化剂层温度波动起伏太大。

12. 严格控制合成塔（　　）温度不能超标，防止因长期超温，损坏合成塔（　　）管道。

13. 氢氮比不正常时，必须注意循环机（　　）和（　　）及（　　）震动情况，防止发生设备事故。

14. 合成压力的改变必须注意，阀门开启不能（　　），充压、卸压必须注意（　　），卸压必须（　　）。

15. 运盐皮带禁止（　　），开启前必须（　　）警示。开、停车时必须戴（　　）手套。

16. 用蒸汽冲灰乳管线时，（　　）附近不准站人，以免伤人。

17. 开关蒸汽阀门时必须戴（　　），严禁大（　　）和大（　　），不能用力过猛，更不允许敲打。

18. 煮除钙塔时，蒸汽压力不能超过（　　）MPa，放水时要预先检查下方是否有人，并（　　），防止烫伤。

19. 停塔时，必须将进塔的各进气阀关闭后，加上盲板，抽加盲板时要戴好（　　）和（　　），并设（　　）监护。

20. 操作工在工作时万一有含氨液体溅到眼睛里，立即用（　　）或（　　）清洗并及时送医院救治。

21. 当碳化岗位的阀门、管线突然破裂泄露氨盐水、中和水、二氧化碳气体、一氧化碳气体时，必须判明（　　）后，站在（　　），戴好（　　）再进行处理。

22. 碳化气冲水箱时必须在海水外排处设（　　），以防止（　　）。

23. 进入塔内检修时，要先进行（　　）并挂检修牌，外部有人（　　）方可进入。

24. 上岗前必须佩戴好防护用品，不得穿（　　）。开关电源要戴好（　　）。

二、问答与简述题

1. 煤气中氧含量增高的原因有哪些？如何预防？

2. 煤制气过程中危险因素有哪些？如何采取预防措施？

3. 脱硫效率不好会给生产带来哪些危害？

4. 进入脱硫槽内清理和更换脱硫剂，应遵守哪些安全规定？

5. 变换炉内保温损坏有何危害？

6. 中温变换升温、还原过程应注意哪些事项？

7. 变换工段危险因素有哪些？如何采取防范措施？

8. 合成岗位放氨时，应注意哪些？

9. 简述合成催化剂升温、还原过程及注意事项。

10. 合成工段危险因素有哪些？如何采取防范措施？

11. 除钙塔操作必须注意哪些安全事项？

12. 泵房岗位需要注意哪些安全事项？

13. 简述液氨罐充氨操作步骤。

14. 碳化岗位在清洗气冲水箱时应注意哪些问题？

15. 简述倒泵过程。

16. 氯碱生产过程的危险性有哪些？

17. 隔膜法制碱安全技术措施有哪些？

18. 离子膜法制碱安全技术措施有哪些？

19. 氯乙烯生产过程的危险性有哪些？

20. 简述乙炔气相加成氯化氢的安全操作要点。

21. 简述氯乙烯聚合过程的安全技术。

22. 在生产过程中出现的火源有哪些？

23. 阻火器的工作原理是什么？

24. 防止形成爆炸介质的技术措施有哪些？

25. 可燃气体泄露时需要采取的安全措施有哪些？

26. 聚丙烯生产过程的有毒有害物质有哪些？

27. 简述聚丙烯生产过程的安全技术。

28. 苯酚生产的危险性有哪些？

29. 异丙苯法生产苯酚氧化系统的安全措施有哪些？

30. 中毒与灼伤的预防措施有哪些？

模块六　化工检修安全技术

【学习目标】　通过本章内容学习，了解化工企业检修安全管理知识、化工检修的类别和特点，掌握化工检修作业的安全要求及防范措施。避免化工检修作业安全事故的发生。

第一部分　知识的学习

一、化工检修的安全管理

1. 化工检修的特点

化工生产具有高温、高压、腐蚀性强等特点，因而化工设备、管道、阀件、仪表等在运行中易于受到腐蚀和磨损。为了维持正常生产，尽量减少非正常停车给生产造成损失，必须加强对化工设备的维护、保养、检测和维修。

（1）计划检修与计划外检修

① 计划检修。按计划对设备进行的检修，叫做计划检修。例如，通过备用设备的更替，来实现对故障设备的维修；或根据设备的管理、使用的经验和生产规律，制订设备的检修计划，按计划进行检修。根据检修内容、周期和要求的不同，计划检修可以分为小修、中修和大修。

② 计划外检修。在生产过程中设备突然发生故障或事故，必须进行不停车或停车检修。这种检修事先难以预料，无法安排检修计划，而且要求检修时间短，检修质量高，检修的环境及工况复杂，其难度相当大。在目前的化工生产中，仍然是不可避免的。

（2）化工检修的特点　化工检修具有频繁、复杂、危险性大的特点。

① 化工检修的频繁性。所谓频繁是指计划检修、计划外检修次数多；化工生产的复杂性，决定了化工设备及管道的故障和事故的频繁性，因而也决定了检修的复杂性。

② 化工检修的复杂性。生产中使用的设备、机械、仪表、管道、阀门等，种类多，数量大，结构和性能各异，要求从事检修的人员具有丰富的知识和熟练的技术，熟悉和掌握不同设备的结构、性能和特点。检修中由于受到环境、气候、场地的限制，有些要在露天作业，有些要在地坑或井下作业，有时还要上、中、下立体交叉作业，这些因素都增加了化工检修的复杂性。

③ 化工检修的危险性。化工生产的危险性决定了化工检修的危险性。化工设备和管道中有很多残存的易燃易爆、有毒有害、有腐蚀性的物质，而检修又离不开动火、进罐作业，稍有疏忽就会发生火灾爆炸、中毒和灼伤等事故。统计资料表明，国内外化工企业发生的事故中，停车检修作业或在运行中抢修作业中发生的事故占有相当大的比例。

2. 安全检修的管理

（1）组织领导　大修和中修应成立检修指挥系统，负责检修工作的筹划、调度，安排人力、物力、运输及安全工作。在各级检修指挥机构中要设立安全组，各车间的安全负责人及安全员与厂指挥部安全组构成安全联络网。

各级安全机构负责对安全规章制度的宣传、教育、监督、检查,并办理动火、动土及检修许可证。

化工检修的安全管理工作要贯穿检修的全过程,包括检修前的准备、装置的停车、检修,直至开车的全过程。

(2) 制订检修计划 在化工生产中,各个生产装置之间,或厂与厂之间,是一个有机整体,它们相互制约、紧密联系。一个装置的不正常状态必然会影响到其他装置的正常操作,因此大检修必须要有一个全盘的计划。在检修计划中,根据生产工艺过程及公用工程之间的相互关系,确定各装置先后停车的顺序,停水、停气、停电的具体时间,灭火炬、点火炬的具体时间。还要明确规定各个装置的检修时间,检修项目的进度,以及开车顺序。一般都要画出检修计划图(鱼翅图)。在计划图中标明检修期间的各项作业内容,便于对检修工作的管理。

(3) 安全教育 化工装置的检修不但有化工操作人员参加,还有大量的检修人员参加,同时有多个专业施工单位进行检修作业,有时还有临时工人进厂作业。安全教育不仅包括对本单位参加检修人员的教育,也包括对其他单位参加检修人员的教育。对各类参加检修的人员都必须进行安全教育,并经考试合格后才能准许参加检修。安全教育的内容包括化工厂检修的安全制度和检修现场必须遵守的有关规定。

停工检修的有关规定有以下两个方面。

① 进入设备作业的有关规定;动火的有关规定;动土的有关规定;科学文明检修的有关规定。

② 检修现场的十大禁令:不戴安全帽、不穿工作服者禁止进入现场;穿凉鞋、高跟鞋者禁止进入现场;上班前饮酒者禁止进入现场;在作业中禁止打闹或其他有碍作业的行为;检修现场禁止吸烟;禁止用汽油或其他化工溶剂冲洗设备、机具和衣物;禁止随意泼洒油品、化学危险品、电石废渣等;禁止堵塞消防通道;禁止挪用或损坏消防工具和设备;禁止将现场器材挪作他用。

(4) 安全检查 安全检查包括对检修项目的检查、检修机具的检查和检修现场的巡回检查。

检修项目,特别是重要的检修项目,在制订检修方案时,需同时制订安全技术措施。没有安全技术措施的项目,不准检修。

检修所用的机具,检查合格后由安全主管部门审查并发给合格证。贴在设备醒目处,以便安全检查人员现场检查。没有检查合格证的设备、机具不准进入检修现场和使用。

在检修过程中,要组织安全检查人员到现场巡回检查,检查各检修现场是否认真执行安全检修的各项规定,发现问题及时纠正、解决。如有严重违章者,安全检查员有权令其停止作业。

二、装置的安全停车与处理

1. 停车前的准备工作

(1) 制订停车方案和检修方案 在装置停车过程中,操作人员要在较短的时间内完成许多操作,因此劳动强度大,精神紧张。虽然各车间存有早已编制好的操作规程,但为了避免差错,还应当结合本次停车检修的特点和要求,制订出具体的停车方案,其主要内容应包括:停车时间、步骤、设备管线倒空及吹扫流程、抽堵盲板系统图。还要根据具体情况制订防堵、防冻措施。对每一个步骤都要有时间要求、达到的指标,并有专人负责。制订检修方案，明确检修项目，做到"五定"，即定检修方案、定检修人员及职责、定安全措施、定检修质量、定检修进度。

（2）做好检修期间的劳动组织及分工 根据每次检修工作的内容，合理调配人员，分工明确。在检修期间，除派专人与施工单位配合检修外，各岗位、控制室均应有人坚守岗位。

（3）进行安全检查 停车检修前的安全检查，主要包括以下内容。

① 对设备检修作业用的脚手架、起重机械、电气焊用具、手持电动工具、扳手、管钳、锤子等各种工器具认真进行检查或检验，不符合安全作业要求的工器具一律不得使用。

② 对设备检修作业用的气体防护器材、消防器材、通信设备、照明设备等器材设备应专人检查，保证完好可靠，并合理放置。

③ 对设备检修现场的固定式钢直梯、固定式钢斜梯、固定式防护栏杆、固定式钢平台、算子板、盖板等进行检查，确保安全可靠。

④ 对设备检修用的盲板应按规定逐个进行检查，高压盲板必须经探伤合格后方可使用。

⑤ 对设备检修现场的坑、井、沟、陡坡等应填平或铺设与地面平齐的盖板，也可设置围栏和警告标志，夜间应设警示红灯。

⑥ 对有化学腐蚀性介质或对人员有伤害介质的设备检修作业现场，应该有作业人员在沾染污染物后的冲洗水源。

⑦ 需夜间检修的作业现场，应设有足够亮度的照明装置。

⑧ 需断电的设备，在检修前应切断电源，并经启动复查，确定无电后，在电源开关处挂上"禁止启动，有人作业"的安全标志及锁定。

（4）进行检修动员和安全教育 在停车检修前要进行一次检修的动员，使每个职工都明确检修的任务、进度，熟悉停开车方案，重温有关安全制度和规定，以提高认识，为安全检修打下扎实的思想基础。

安全教育内容主要包括：

① 检修作业现场和特殊作用环境下劳动保护用品的穿戴要求；

② 明确检修动火前周边环境的要求（易燃物的清除、灭火器材的准备、必备的标识等）；

③ 明确储存、输送可燃气体及易燃液体的罐点、容器及设备检修动火前浓度检测和检修动火作业的要求；

④ 明确装置检修完毕后与生产开车前的交接程序作业的要求等。

2. 停车操作

按照停车方案确定的时间、步骤、工艺参数变化的幅度进行有秩序的停车。在停车操作中应注意以下事项。

① 系统卸压要缓慢，由高压降至低压，应注意压力不得降至零，更不能造成负压，一般要求系统内保持轻微正压，未做好卸压前不得拆动设备。

② 降温应按规定降温速度进行，保证达到规定要求。高温设备不能急剧降温，以免造成设备损伤，以切断热源后强制通风或自然冷却为宜，一般要求设备内介质温度降到60℃以下。

③ 排净生产系统内储存的气、液、固体物料。设备及管道内的液体物料应尽可能倒空，送出装置。可燃、有毒气体应排至火炬烧掉。如果物料不能被完全排净，应在"安全检修交接书"中详细记录，并进一步采取安全措施，排放残留物必须严格按规定地点和方法进行，

不得随意放空或排入下水道，以免污染环境或发生事故。

停车操作期间，装置周围应杜绝一切火源。停车过程中，对发生的异常情况和处理方法，要随时做好记录。

④ 在停车过程中，把握好减量的速度，减量的速度不宜过快。

⑤ 加热炉的停炉操作，应按工艺规程中规定的降温曲线逐渐减少火嘴，并考虑到各部位火嘴对炉膛降温的均匀性。

⑥ 高温真空设备的停车，必须待设备内的介质温度降到自燃点以下，方可与大气相通，以防空气进入引起介质的燃爆。

3. 停车后的安全处理

化工安全检修开始前，一般都需要做好可靠隔离、中和置换、吹扫等工作。这些作业不仅本身具有危险性，而且作业质量的好坏直接影响到检修的安全与否，因此必须高度重视、认真对待、周密考虑、制订相应方案，组织力量，落实安全措施，确保作业安全，为检修作业中动火、罐内作业等创造一个安全、卫生的工作环境。

（1）抽堵盲板 停车检修的设备必须与运行系统或有物料系统进行隔离，这是化工安全检修必须遵循的安全规定之一。检修中由于没有隔离措施或隔离措施不符合安全要求，致使运行系统内的有毒、易燃、腐蚀、高温等介质进入检修设备造成的重大事故屡见不鲜，教训十分深刻。

检修设备和运行系统隔离的最保险的办法是将与检修设备相连的管道、管道上的阀门、伸缩接头等可拆部分拆下，然后在管路侧的法兰上装置盲板。如果无可拆卸部分或拆卸十分困难，则应在和检修设备相连的管道法兰接头之间插入盲板。有些管道短时间（不超过 8h）的检修动火可用水封切断可燃气体气源，但必须有专人在现场监视水封溢流管的溢流情况，防止水封中断。

抽堵盲板属于危险作业，应办理作业许可证的审批手续，并指定专人负责制订作业方案和检查落实相应的安全措施。作业前安全负责人应带领操作、监护等人员察看现场，交代作业程序和安全事项，除此以外，抽堵盲板从安全上应做好以下几项工作。

① 制作盲板。根据阀门或管道的口径制作合适的盲板，盲板必须保证能承受运行系统管路的工作压力。介质为易燃易爆时，盲板不得用破裂时会产生火花的材料制作。盲板应有大的突耳，并涂上特别的色彩，使插入的盲板一看就明了。按管道内介质的腐蚀特性、压力、温度选用合适的材料做垫片。

② 现场管理。介质为易燃易爆物质时，抽堵盲板作业点周围 25m 范围内不准用火，作业过程中指派专人巡回检查，必要时应当停止下风侧的其他工作；与作业无关的人员必须离开作业现场；室内进行抽堵盲板作业时，必须打开门窗或用符合安全要求的通风设备强制通风；作业现场应有足够的照明，管内是易燃易爆介质，采用行灯照明时，则必须采用电压小于 36V 的防爆灯；在高空从事抽堵盲板作业，事前应搭好脚手架，并经专人检查，确认安全可靠方可登高抽堵。

③ 泄压排尽。抽堵盲板前应仔细检查管道和检修设备内的压力是否已经降下，余液（如酸、碱、热水等）是否已经排净。一般要求管道内介质温度小于 60℃；介质的压力，煤气类<200mmHg（1mmHg=133.32Pa），氨气等刺激性物质压力<50mmHg，符合上述要求进行抽堵盲板作业。若温度、压力超过上述规定时，应有特殊的安全措施，并办理特殊的审批手续。

④ 器具和监护。抽堵可燃介质的盲板时，应使用铜质或其他撞击时不产生火花的工具。若必须用铁质工具时，应在其接触面上涂以石墨黄油等不产生火花的介质。高处抽堵盲板，作业人员应戴安全帽，系安全带；参加抽堵盲板作业的人员必须是经过专门训练，持有《安全技术合格证》的人员；作业时一般应戴好隔离式防毒面具，并应站在上风向；抽堵盲板作业应有专人监护，危险性大的作业，应有气体防护站或安全技术部门派两人以上负责监护，设有气体防护站或保健站的企业，应有医务人员、救护车等在现场；抽堵盲板时连续作业时间不宜过长，一般控制在 30min 之内，超过 30min 应轮换休息一次。

⑤ 登记核查。抽堵盲板应有专人负责做好登记核查工作。堵上的盲板一一登记，记录地点、时间、作业人员姓名、数量；抽去盲板时，也应逐一记录，对照抽堵盲板方案核查，防止漏堵；检修结束时，对照方案核查，防止漏抽。漏堵导致检修作业中发生事故，漏抽将造成试车或投产时发生事故。

（2）置换和中和　为保证检修动火和罐内作业的安全，设备检修前内部的易燃、有毒气体应进行置换，酸、碱等腐蚀性液体应该中和，经酸洗或碱洗后的设备为保证罐内作业安全和防止设备腐蚀也应进行中和处理。

易燃、有毒有害气体的置换，大多采用蒸汽、氮气等惰性气体作为置换介质，也可采用"注水排气"法将易燃、有毒气体压出，达到置换要求。设备经惰性气体置换后，若需要进入其内部工作，则事先必须用空气置换惰性气体，以防窒息。置换作业的安全注意事项如下。

① 可靠隔离。被置换的设备、管道与运行系统相连处，除了关紧连接阀门外还应加上盲板，达到可靠隔离要求，并泄压和排放余液。置换作业一般应在抽堵盲板之后进行。

② 制订方案。置换前应制订置换方案，绘制置换流程图。根据置换和被置换介质密度不同，选择置换介质进入点和被置换介质的排出点，确定取样分析部位，以免遗漏，防止出现死角。若置换介质的密度大于被置换介质的密度时，应由设备或管道的最低点送入置换介质，由最高点排出被置换介质，取样点宜放在顶部位置及易产生死角的部位；反之，置换介质的密度比被置换介质小时，从设备最高点送入置换介质，由最低点排出被置换介质，取样点应放在设备的底部位置和可能成为死角的位置。

③ 置换要求。用注水排气法置换气体时，一定要保证设备内被水充满，所有易燃气体被全部排出。故一般应在设备顶部最高位置的接管口有水溢出，并外溢一段时间后，方可动火。严禁注水未满的情况下动火，否则注水未满，使设备顶部聚集了可燃性混合气体，一遇火种便会发生爆炸事故，造成重大伤亡。

用惰性气体置换时，设备内部易燃、有毒气体的排出除合理选择排出点位置外，还应将排出气体引至安全的场所。所需的惰性气体量一般为被置换介质容积的 3 倍以上。对被置换介质有滞留的性质或者其密度和置换介质相近时，还应注意防止置换的不彻底或者两种介质相混合的可能。因此，置换作业是否符合安全要求，不能根据置换时间的长短或置换介质用量，而是应根据气体分析化验是否合格为准。

④ 取样分析。在置换过程中应按照置换流程图上标明的取样分析点取样分析，一般取置换系统的终点和易形成死角的部位附近。

（3）吹扫和清洗　对可能积附易燃、有毒介质残渣、油垢或沉积物的设备，这些杂质用置换方法一般是清除不尽的，故经气体置换后还应进行吹扫和清洗。因为这些杂质在冷态时可能不分解、不挥发，在取样分析时符合动火要求或符合卫生要求。但当动火时，遇到高温，这些杂质或迅速分解或很快挥发，使空气中可燃物质或有毒物质浓度大大增加而发生爆炸燃烧事故或中毒事故。

① 扫线。检修设备和管道内的易燃、有毒的液体一般是用扫线的方法来清除，扫线的介质通常用蒸汽。但对有些介质的扫线，如液氯系统中含有三氯化氮残渣是不准用蒸汽扫洗的。

扫线作业和置换一样，事先应制定扫线方案，绘制扫线流程图，填写扫线登记表，在流程图和登记表中标注和写明扫线的简要流程、管号、设备编号、吹汽压力、起止时间、进汽点、排放点、排污去路、扫线负责人和安全事项，并办理审批手续。进行扫线作业，注意以下几点。

a. 扫线时要集中用汽，一根管道，一根管道地清扫，扫线时间到了规定要求时，先关阀后停汽，防止管路系统介质倒回。

b. 塔、釜、热交换器及其他设备，在吹汽扫线时，要选择最低部位排放，防止出现死角和吹扫不清。

c. 设备和管线扫线结束并分析合格后，有的应加盲板和运行系统隔离。

d. 扫线结束应对下水道、阴井、地沟等进行清洗。对阴井的处理应从靠近扫线排放点处开始逐个顺序清洗，全部清洗合格后，采取措施密封。地面、设备表面或操作平台上积有的油垢和易燃物也应清洗干净。

e. 经扫线后的设备或管道内若仍留有残渣、油垢时，则还应清洗或清扫。

② 清扫和清洗。置换和扫线无法清除的沉积物，应用蒸汽、热水或碱液等进行蒸煮、溶解、中和等方法将沉积的可燃、有毒物质清除干净。清扫和清洗的方法及安全注意事项如下。

a. 人工揩擦或铲刮。对某些设备内部的沉积物可用人工揩擦或铲刮的方法予以清除。进行此项作业时，设备应符合罐内作业安全规定。若沉积物是可燃物或是酸性容器壁上的污物和残酸，则应用木质、铜质、铝质等不产生火花的铲、刷、钩等工具；若是有毒的沉积物，应做好个人防护，必要时戴好防毒面具后作业。铲刮下来的沉积物及时清扫并妥善处理。

b. 用蒸汽或高压热水清扫。油罐的清扫通常用蒸汽或高压热水喷射的方法清洗掉罐壁上的沉积物，但必须防止静电火花引起燃烧、爆炸。采用的蒸汽一般宜用低压饱和蒸汽，蒸汽和高压热水管道应用导线和槽罐连接起来并接地。用蒸汽或热水清扫后，入罐前应让其充分冷却，防止烫伤。油类设备管道的清洗可以用氢氧化钠溶液，用量为 1kg 水加入 80～120g 氢氧化钠，用此浓度的碱液清洗几遍或通入蒸汽煮沸，然后将碱液放去，用清水洗涤。溶解固体氢氧化钠时，应将碱片或碱碎块分批多次逐渐加入清水中，同时缓慢搅动，待全部碱块均加入溶解后，方可通蒸汽煮沸。绝不能先将碎碱块放入设备或管道内，然后加入清水，尤其是温水或热水。这是因为碱块在溶解时会释放大量热量，使碱液涌出或溅出设备、管道外，易造成灼伤事故。通蒸汽煮沸时，出汽管端应伸至液体的底部，防止通入蒸汽时将碱液吹溅出来。对汽油一类的油类容器，可以用蒸汽吹洗，2000L 以内的汽油容器，其吹洗时间不得少于 2h。没有蒸汽源时，容量小的汽油桶可以用水煮沸的方法清洗，即注入相当于容积的 80%～90% 的水，开启盖子，煮沸 3h。

c. 化学清洗。为检修安全和防止设备的腐蚀、过热，设备或管道内的泥垢、油罐、水垢和铁锈等沉积物、附着物可用化学清洗的方法除去。

常用的有碱洗法，如上述油类容器用氢氧化钠溶液清洗，除用氢氧化钠溶液外，还有用磷酸苏打、碳酸苏打内加入适量的表面活性剂，并在适当温度下进行打循环处理。酸洗法，如盐酸加抑制剂（缓蚀剂），对奥氏体不锈钢或其他合金钢，往往采用柠檬酸等有机酸清洗。采用柠檬酸清洗其优点是对氧化铁鳞片的溶解力大，不含氯离子，不会产生应力腐蚀，对材料无危害性，即使残留在设备内，高温下也会分解为二氧化碳和水；还有碱洗和酸洗交替使用等方法。

采用化学清洗后的废液应予以处理后方可排放。一般把废液进行稀释沉淀、过滤等，使污染物浓度降低到允许的排放标准后排放；或采用化学药品，通过中和、氧化、还原、凝聚、吸附以及离子交换等方法把酸性或碱性废液处理至符合排放标准后排放，或排入全厂性的污水处理系统，统一处理后排放。

（4）其他安全注意事项　按停车方案完成装置的停车、倒空物料、中和、置换、清洗和可靠的隔离等工作后，装置停车即告完成。在转入装置检修之前，还应对地面、明沟内的油垢进行处理，封闭整套装置的下水井盖和地漏。既防止下水道系统有易燃易爆气体外逸，也防止检修中有火花落入下水道中。

有传动设备或其他有电源的设备，检修前必须切断一切电源，并在开关处挂上标志牌，以防有人将其启动，造成检修人员伤亡。

对要实施检修的区域或重要部位，应设置安全界标或栅栏，并有专人负责监护。

操作人员与检修人员要做好交接和配合。设备停车并经操作人员进行物料倒空，吹扫等处理，经分析合格后方可交检修人员进行检修。在检修过程中，检修人员进行动火、动土、罐内作业时操作人员要积极配合。

三、化工检修安全技术

1999 年 9 月 29 日，原国家石油和化学工业局以国石化政发（1999）407 号文件批准了八项检修作业化工行业标准。分别为：《HG 23011—1999　厂区动火作业安全规程》、《HG 23012—1999　厂区设备内作业安全规程》、《HG 23013—1999　厂区盲板抽堵作业安全规程》、《HG 23014—1999　厂区高处作业安全规程》、《HG 23015—1999　厂区吊装作业安全规程》、《HG 23016—1999　厂区断路作业安全规程》、《HG 23017—1999　厂区动土作业安全规程》、《HG 23018—1999　厂区设备检修作业安全规程》，这些标准为化工厂的安全作业提供了切实可行的技术程序。

1. 动火作业

加强火种管理是化工企业防火防爆的一个重要环节。化工生产设备和管道中的介质大多是易燃易爆的物质，设备检修时又离不开切割、焊接等作业，而助燃物——空气中的氧又是检修人员作业场所不可缺少的。对检修动火来说燃烧三要素随时可能具备，因此，检修动火具有很大危险性。多年来，由于一些企业的检修人员缺乏安全常识，或违反动火安全制度而发生的重大火灾、爆炸事故接连不断，重复发生，教训深刻。所以，检修动火已普遍引起了化工企业的重视，一般都制订了动火制度，严格动火的安全规定，这是十分必要的。

（1）定义

① 动火区。在化工企业中，凡是动用明火或可能产生火种的作业都属于动火的范围，例如熬沥青、烘炒砂石、喷灯等明火作业；打墙眼、凿水泥基础、电气设备的耐压试验、电烙铁锡焊、凿键槽、开坡口等易产生火花或高温的作业。在禁火区内从事上述作业都应和焊、割一样对待，办理动火证审批手续，落实安全动火的措施。

固定动火区的条件如下。

a. 固定动火区距可燃易爆物质的设备、仓库、储罐、堆场的距离应符合国家有关防火规范的防火间距要求，距易燃易爆介质的管道最好在 15m 以上。

b. 在任何气象条件下，固定动火区域内的可燃气体含量都在允许范围以下。设备装置在正常放空时的可燃气体扩散不到动火区内。

c. 动火区若设在室内，应与防爆生产现场隔开，不准有门窗串通。允许开的门窗都要向外开，各种通道必须畅通。

d. 固定动火区周围 10m 以内不得存放易燃易爆及其他可燃物质。少量的有盖桶装电石，乙炔气瓶等在采取可靠措施后，妥善保管的情况下，允许存放。

e. 固定动火区应备有适用的、足够数量的灭火器材。

f. 动火区要设置有"动火区"字样一类的明显标志。

② 禁火区。在生产正常或不正常情况下有可能形成爆炸性混合物的场所，以及存在易燃、可燃物质的场所都应划为禁火区。在禁火区内，根据发生火灾、固定动火区、爆炸危险性的大小，所在场所的重要性，以及一旦发生火灾爆炸事故可能造成的危害大小，划分为一般危险区和危险区两类。

③ 特殊危险动火作业。在生产运行状态下的易燃易爆物品生产装置、输送管道、储罐、容器等部位上及其他特殊危险场所的动火作业。

④ 一级动火作业。在易燃易爆场所进行的动火作业。

⑤ 二级动火作业。除特殊危险动火作业和一级动火作业以外的动火作业。

凡厂、车间或单独厂房全部停车，装置经清洗置换、取样分析合格，并采取安全隔离措施后，可根据其火灾、爆炸危险性大小，经厂安全防火部门批准，动火作业可按二级动火作业处理。遇节日、假日或其他特殊情况时，动火作业应升级管理。

(2) 动火作业安全防火要求

① 一级和二级动火作业安全防火要求，主要包括以下几个方面。

a. 动火作业必须办理动火安全作业证。进入设备内、高处等进行动火作业，还须执行 HG 23012—1999、HG 23014—1999 的规定。

b. 厂区管廊上的动火作业按一级动火作业管理；带压不置换动火作业按特殊危险动火作业管理。

c. 凡盛有或盛过化学危险物品的容器、设备、管道等生产、储存装置，必须在动火作业前进行清洗置换，经分析合格后，方可动火作业。

d. 凡在处于 GBJ 16—1987 规定的甲、乙类区域的管道、容器、塔罐等生产设施上动火作业，必须将其与生产系统彻底隔离，并进行清洗置换，取样分析合格。

e. 高空进行动火作业，其下部地面如有可燃物、空洞、阴井、地沟、水封等，应检查分析，并采取措施，以防火花溅落引起火灾爆炸事故。

f. 拆除管线的动火作业，必须先查明其内部介质及其走向，并制订相应的安全防火措施。在地面进行动火作业，周围有可燃物，应采取防火措施。动火点附近如有阴井、地沟、水封等应进行检查、分析，并根据现场的具体情况采取相应的安全防火措施。

g. 在生产、使用、储存氧气的设备上进行动火作业，其氧含量不得超过 20%。

h. 五级风以上（含五级风）天气，禁止露天动火作业。因生产需要确需动火作业时，动火作业应升级管理。

i. 动火作业应有专人监火。动火作业前应清除动火现场及周围的易燃物品，或采取其他有效的安全防火措施，配备足够适用的消防器材。

j. 动火作业前，应检查电、气焊工具，保证安全可靠，不准带病使用。

k. 使用气焊割动火作业时，氧气瓶与乙炔气瓶间距不小于 5m，两者与动火作业地点均不小于 10m，并不准在烈日下曝晒。

l. 在铁路沿线（25m 以内）的动火作业，遇装有化学危险物品的火车通过或停留时，必须立即停止作业。

m. 凡在有可燃物或易燃物构件的凉水塔、脱气塔、水洗塔等内部进行动火作业时，必须采取防火隔离措施，以防火花溅落引起火灾。

n. 动火作业完毕，应清理现场，确认无残留火种后，方可离开。

② 特殊危险动火作业的安全防火要求。特殊危险动火作业在符合一、二级防火规定的同时，还必须符合以下规定。

a. 在生产不稳定，设备、管道等腐蚀严重情况下不准进行带压不置换动火作业。

b. 必须制订施工安全方案，落实安全防火措施。动火作业时，车间主管领导、动火作业与被动火作业单位的安全员、厂主管安全防火部门人员、主管厂长或总工程师必须到现场，必要时可请专职消防队到现场监护。

c. 动火作业前，生产单位要通知工厂生产调度部门及有关单位，使之在异常情况下能及时采取相应的应急措施。

d. 动火作业过程中，必须设专人负责监视生产系统内压力变化情况，使系统保持低于 $100mmH_2O$（$1mmH_2O=9.80665Pa$）正压。低于 $100mmH_2O$ 压力应停止动火作业，查明原因并采取措施后，方可继续动火作业。严禁负压动火作业。

e. 动火作业现场的通排风要良好，以保证泄漏的气体能顺畅排走。

（3）动火分析及合格标准

① 动火分析应有动火分析人员进行，凡是在易燃易爆装置、管道、储罐、阴井等部位及其他认为应进行分析的部位动火时，动火作业前必须进行动火分析。

② 动火分析的取样点，应由动火所在单位的专（兼）职安全员或当班班长负责提出。

③ 动火分析的取样点，要有代表性。特殊动火的分析样品应保留到动火结束。

④ 取样与动火间隔不得超过 30min，如超过此间隔或动火作业中断时间超过 30min，必须重新取样分析。如现场分析手段无法实现上述要求者，应由主管厂长或总工程师签字同意，另做具体处理。

⑤ 使用测爆仪或其他类似手段进行分析时，监测设备必须经被测对象的标准气体样品标定合格。

⑥ 遵守动火分析合格判断标准。包括：如使用测爆仪或其他类似手段进行分析时，被测的气体或蒸气浓度应小于或等于爆炸下限的 20%；使用其他分析手段时，当被测的气体或蒸气的爆炸下限大于等于 4% 时，其被测浓度小于等于 0.5%；被测的气体或蒸气的爆炸下限小于 4% 时，其被测浓度小于等于 0.2%。

（4）《动火安全作业证》的管理

① 形式。《动火安全作业证》为两联。特殊危险动火、一级动火、二级动火安全作业证分别以三道、二道、一道斜红杠加以区分。

② 办理程序和使用要求。《动火安全作业证》的办理程序和使用要求如下。

a. 《动火安全作业证》由申请动火单位指定动火项目负责人办理。办证人须按《动火安全作业证》的项目逐项填写，不得空项；然后根据动火等级，按规定的审批权限办理审批手续；最后将办理好的《动火安全作业证》交动火项目负责人。

b. 动火项目负责人持办理好的《动火安全作业证》到现场，检查动火作业安全措施落实情况，确认安全措施可靠并向动火人和监火人交代安全注意事项后，将《动火安全作业证》交给动火人。

c. 一份《动火安全作业证》只准在一个动火点使用。动火后，由动火人在《动火安全作业证》上签字。如果在同一动火点多人同时动火作业，可使用一份《动火安全作业证》，但参加动火作业的所有动火人应分别在《动火安全作业证》上签字。

d. 《动火安全作业证》不准转让、涂改，不准异地使用或扩大使用范围。

e. 《动火安全作业证》一式两份，终审批准人和动火人各持一份存查；特殊危险《动火安全作业证》由主管安全防火部门存查。

③ 有效期限。《动火安全作业证》的有效期限是：特殊危险动火作业的《动火安全作业证》和一级动火作业的《动火安全作业证》的有效期为 24h；二级动火作业的《动火安全作业证》的有效期为 120h。

动火作业超过有效期限，应重新办理《动火安全作业证》。

④ 审批。《动火安全作业证》的审批程序是：特殊危险动火作业的《动火安全作业证》由动火地点所在单位主管领导初审签字，经主管安全防火部门复检签字后，报主管厂长或总工程师终审批准；一级动火作业的《动火安全作业证》由动火地点所在单位主管领导初审签字后，报主管安全防火部门终审批准；二级动火作业的《动火安全作业证》由动火地点所在单位主管领导终审批准。

（5）职责要求

① 动火项目负责人对动火作业负全面责任。必须在动火作业前详细了解作业内容和动火部位及周围情况，参与动火安全措施的制订、落实，向作业人员交代作业任务和防火安全注意事项。作业完成后，组织检查现场，确认无遗留火种，方可离开现场。

② 独立承担动火作业的动火人，必须持有特殊工种作业证，并在《动火安全作业证》上签字。若带徒弟作业时，动火人必须在场监护。动火人接到《动火安全作业证》后，要核对证上各项内容是否落实，审批手续是否完备，若发现不具备条件时，有权拒绝动火，并向单位主管安全防火部门报告。动火人必须随身携带《动火安全作业证》，严禁无证作业及审批手续不完备的动火作业。动火前（包括动火停歇期超过 30min 再次动火），动火人应主动向动火点所在单位当班班长呈验《动火安全作业证》，经其签字后方可进行动火作业。

③ 监护人由动火点所在单位指定责任心强、有经验、熟悉现场、掌握消防知识的人员担任。必要时，也可由动火单位和动火点所在单位共同指派。新项目施工动火，由施工单位指派监火人。监火人所在位置应便于观察动火和火化溅落，必要时可增设监火人。

监火人负责动火现场的监护和检查，随时扑灭动火飞溅的火化，发现异常情况应立即通知动火人停止动火作业，及时联系有关人员采取措施。监火人必须坚守岗位，不准脱岗。

在动火期间，不准兼作其他工作。在动火作业完成后，要会同有关人员清理现场，清除残火，确认无遗留火种后方可离开现场。

④ 被动火单位班组长（值班长、工段长）为动火部位的负责人，对所属生产系统在动火过程中的安全负责。参与制订、负责落实动火安全措施，负责生产与动火作业的衔接，检查《动火安全作业证》。对审批手续不完备的《动火安全作业证》，有制止动火作业的权力。在动火作业中，生产系统如有紧急情况或异常情况，应立即通知停止动火作业。

⑤ 动火分析人对动火分析手段和分析结果负责。根据动火地点所在单位的要求，亲自到现场取样分析，在《动火安全作业证》上填写取样时间和分析数据并签字。

⑥ 执行动火单位和动火点所在单位的安全员负责检查本标准执行情况和安全措施落实

情况，随时纠正违章作业。特殊危险动火、一级动火，安全员必须到现场。

各级动火作业的审查批准人审批动火作业时必须亲自到现场，了解动火部位及周围情况，确定是否需作动火分析，审查并明确动火等级，检查、完善防火安全措施，审查《动火安全作业证》的办理是否符合要求。在确认准确无误后，方可签字审批动火作业。

（6）动火作业的六大禁令　原化学工业部颁布安全生产禁令中关于动火作业的六大禁令：

a. 动火证未经批准，禁止动火；

b. 不与生产系统可靠隔绝，禁止动火；

c. 不清洗、置换不合格，禁止动火；

d. 不清除周围易燃物，禁止动火；

e. 不按时作动火分析，禁止动火；

f. 没有消防措施，禁止动火。

（7）油罐带油动火　由于各种原因，罐内油品无法抽空只得带油动火时，除了上述检修动火应做到的安全要求外，还应注意以下几点。

① 在油面以上不准带油动火。

② 补焊前应先进行壁厚测定，补焊处的壁厚应满足焊时不被烧穿的要求（一般应≥3mm）。根据测得的壁厚确定合适的焊接电流值，防止因电流过大而烧穿补焊处造成冒油着火；电焊机的接地线尽可能靠近被焊钢板。

③ 动火前用铅或石棉绳等将裂缝塞严，外面用钢板补焊。

罐内带油，油面下动火补焊作业危险性很大，只是万不得已的情况下才采用，动火前一定要有周密的方案、可靠的安全措施，并选派经验丰富的人员担任，现场监护和扑救措施比一般检修动火更应该加强。

油管带油动火，同油罐带油动火处理的原则是相同的。只是在油管破裂，生产系统无法停下来的情况下，抢修堵漏才用。带油管路动火应做好以下几项工作。

① 测定焊补处管壁厚度，决定焊接电流及焊接方案，防止烧穿；

② 清理周围环境，移去一切可燃物；

③ 准备好消防器材，做好扑救准备，并利用难燃或不燃挡板严格控制火星飞溅方向；

④ 邻近油罐、油管等做好防范措施；

⑤ 降低管内油压，但需保持管内油品的不停流动；

⑥ 用铅或石棉绳等堵塞漏处，然后打卡子。应根据泄漏处的部位、形状确定卡子的形状和胶垫的厚度、卡子板的厚度。胶垫不能太厚，太厚了卡子与管子的间隙过大，焊接时局部温度太高，胶垫溶化油大量漏出，就无法施焊。若泄漏处管壁腐蚀较薄则卡子要宽些，使它焊在管壁较厚部位上；

⑦ 对泄漏处周围的空气要进行分析，要合乎动火安全要求；

⑧ 挑选经验丰富、技术高的焊工承担焊接。施焊要稳、准、快，焊接顺序应当是先下后上，焊点对称。焊接过程中监护人、扑救人员等都不得离开现场；

⑨ 若是高压油管，要降压后再打卡子焊补；

⑩ 动火前与生产部门联系，在动火期间不得泄放易燃物质。

（8）带压不置换动火　带压不置换动火是指可燃气体设备、管道在一定的条件下未经置换直接动火焊补。在理论上是可行的，只要严格控制焊补设备内介质中的含氧量，不能形成达到爆炸范围的混合气，在正压条件下外泄可燃气只烧不炸，即点燃外泄可燃气体，并保持稳定的燃烧，控制可燃气体的燃烧过程不致发生爆炸。在实践上，一些企业带压安全焊补了大型煤气柜，取得了一定的经验。但是，带压不置换动火的危险性极大，一般情况下不主张采用。必须采用带压不置换动火时，应注意以下环节。

① 正压操作。焊补前和整个动火作业过程中，焊补设备或管道必须保持稳定的正压，这是确保带压不置换动火安全的关键。一旦出现负压，空气进入焊补设备、管道，就将发生爆炸。

压力的大小以不喷火太猛和不易发生回火为原则。压力太高，可燃气流速大，火焰大而猛，焊条熔滴易被气流吹走，作业人员难以靠近，施焊困难，而且穿孔部位的钢板在火焰高温作用下易变形和裂口扩张，从而喷出更大的火焰，酿成事故；压力太小，气体流速也小，压力稍波动即可能出现负压而发生爆炸事故，因此，选择压力时要留有较大的安全裕度。一般为 $1.999 \times 10^4 \sim 78.46 \times 10^4$ Pa。在这个范围内，根据设备损坏的程度，介质性质，压力可能降低的程度等来选定。带压不置换动火一般宜控制在 $(1.999 \sim 7.236) \times 10^4$ Pa 之间。穿孔裂缝越小，压力选择的范围越大，可选用的压力可高一点；反之，应选择较低的压力。但是，任何情况下，绝对不允许出现负压。作业过程中必须指定专人监视系统压力。

② 含氧量确定。带压不置换动火必须保证系统内的含氧量低于安全标准。不同的可燃气体或同一种可燃气体在不同的溶剂、不同的压力或温度下，有不同的爆炸极限。根据生产实践经验，一般规定可燃气体中含氧量不得超过 1%，作为安全标准（环氧乙烷例外）。焊补前和整个动火作业中，都必须始终保证系统内氧含量≤1%。这就要求生产负荷平衡，前后工段加强统一调度，关键岗位指派专人把关，并指定专人负责系统内介质成分的分析，掌握含氧量的情况。若发现含氧量增高，要增加分析次数，并尽快查明原因，及时排除使含氧量增加的一切因素；若含氧量达到或超过 1% 时，应立即停止焊补工作。

③ 焊前准备。首先测定壁厚，裂缝处和其他部位的最小壁厚应大于强度计算所确定的最小壁厚，并能保证焊时不烧穿，不满足上述条件，不准焊补；壁厚满足上述要求，根据裂缝的位置、形状、裂口大小、焊补范围、壁厚大小、母材材质等制订焊补方案；组织得力的抢修班子，挑选合适的焊工；现场要事先准备一台或数台轴流风机，几套长管式面具（若介质是煤气一类有毒气体）和灭火器材；若是高处作业，应搭好不燃的脚手架或作业平台，并能满足作业人员在短时间内迅速撤离危险区域的要求；准备好焊补覆盖的钢板及辅助工具等。

④ 动火焊补。动火前应分析泄漏处周围空气中可燃气体的浓度，若是有毒气体还应分析有毒物质的含量，防止动火时发生空间爆炸和中毒；焊补人员和辅助人员进入作业地点前要穿戴好防护用品和器具，由辅助人员把覆盖的钢板依预先画好的范围复合上去，用工具紧紧抵住，焊工引燃外泄可燃气体，开始焊补。凡压力、含氧量超过规定范围都应停止焊补作业，人员离开现场。焊接过程中可用轴流风扇吹风以控制火焰喷燃方向，为焊工和辅助工创造较好的工作条件。除了防爆、防中毒、防高处坠落外，作业人员应选择合适的位置，防止火焰外喷烧伤。整个作业过程中，监护人、扑救人员、医务人员及现场指挥都不得离开，直至焊补工作结束。

2. 动土作业

化工企业内外的地下有动力、通信和仪表等不同用途、不同规格的电缆，有上水、下水、循环水、冷却水、软水（soft water 含或含较少可溶性钙、镁化合物的水）、除盐水

（desalted water 除盐水含很少或不含矿物质）和消防用水等口径不一，材料各异的生产、生活用水管，还有煤气管、蒸汽管、各种化学物料管。电缆、管道纵横交错，编织成网。以往由于动土没有一套完善的安全管理制度，不明地下设施情况而进行动土作业，结果曾挖断了电缆、击穿了管道、土石塌方、人员坠落，造成人员伤亡或全厂停电等重大事故。因此，动土作业应该是化工检修安全技术管理的一个内容。

（1）定义　凡是影响到地下电缆、管道等设施安全的地上作业都包括在动土作业的范围之内。如挖土、打桩、埋设接地极等入地超过一定深度的作业（入土深度以多少为界视各企业地下设施深度而定，有的规定 0.5m，有的可能 0.6m，以可能危及地下设施的原则确定）；绿化植树、设置大型标语牌、宣传画廊以及排放大量污水等影响地下设施的作业；用推土机、压路机等施工机械进行填土或平整场地；除正规道路以外的厂内界区，物料堆放的荷重在 5t/m² 以上或者包括运输工具在内物件运载总重在 3t 以上的都应作为动土作业。堆物荷重和运载总重的限定值应根据土质而定。

（2）动土作业的安全要求

① 动土作业前的准备工作。动土作业前必须办理《动土安全作业证》，没有《动土安全作业证》不准动土作业。

动土作业前，项目负责人应对施工人员进行安全教育；施工负责人对安全措施进行现场交底，并督促落实。

作业前必须检查工具、现场支护是否牢固、完好，发现问题应及时处理。

② 动土作业过程中的安全要求。主要有以下几个方面。

a. 防止损坏地下设施和地面建筑。动土作业中在接近地下电缆、管道及埋设物的地方施工时，不准用铁镐、铁撬棍或铁楔子等工具进行作业，也不准使用机械挖土；在挖掘地区内发现事先未预料到的地下设备、管道或其他不可辨别的物质时，应立即停止工作，报告有关部门处理，严禁随意敲击；挖土机在建筑物附近工作时，与墙柱、台阶等建筑物的距离至少应在 1m 以上，以免碰撞等。

b. 防止坍塌。开挖没有边坡的沟、坑、池等必须根据挖掘深度装设支撑。开始装设支撑的深度，根据土壤性质和湿度决定。如果挖掘深度不超过 1.5m，可将坑壁挖成小于自然坍落角的边坡而不设支撑。一般情况下深度超过 1.5m 应设支撑；冬季挖土在冻层深度范围内，可不设支撑，但超过此范围时必须作适当的固壁支撑；施工中应经常检查支撑的安全状况，有危险征兆时应及时加固。拆除支柱、木板的顺序应从下而上，一般的土壤同一时间拆下的木板不得超过 3 块；松散和不稳定的土壤一次不超过 1 块。更换横支撑时，必须先安上新的，然后拆下旧的。

挖出的泥土堆放处所和堆放的材料至少要距离坑、槽、井、沟边沿 0.8m，高度不得超过 1.5m。开始挖土前应排除地面水并采取措施防止地面水的侵入，当沟、坑、池挖至地下水位以下时应采取排水措施；已挖的沟槽、基坑等遇到雨雪浸湿时应经常检查土壤变化情况，如有滑动、裂缝等现象时，应先将其消除方可继续工作。土方有坍塌危险时应暂时停止工作，将积水排出。局部放宽土坡边坡或加固边坡，以保持稳定，坡顶附近禁止行人或车辆通过。禁止一切人员在基坑内休息；工人上下基坑不准攀登水平支撑或撑杆；当发现土壤有可能坍塌或滑动裂缝时，所有在下面工作的人员必须离开工作面，然后组织工人将滑动部分先挖去或采取防护措施再进行工作，尤其雨季和化冻期间更应注意，防止坍落；在铁塔、电杆、地下埋设物及铁道附近进行挖土时，必须在周围加固后，方准进行工作。

c. 防止机器工具伤害。人工挖土的各种工具必须坚实，把柄应用坚硬的木料制成，外表要刨光。在挖土的工作面工作人员应保持适当的间隔距离。使用挖土机或推土机进行机械挖土时，开动机器前应发出规定的音响信号；挖土机械工作或行走时，禁止在举重臂或吊斗下面有人逗留或通过，禁止任何人员上下挖土机，禁止进行各种辅助工作和在回转半径内平整地面。挖土机暂时停止工作时，应将吊斗放在地面上，不准使其悬空；清除吊斗内的泥土或卡住的石块，应在挖土机停止并经司机许可后，才可进行工作；夜间作业必须有足够的照明。

d. 防止坠落。挖掘的沟、坑、池等应在其周围设置围栏和警告标志，夜间设红灯警示；工人下沟、坑、池等时应铺设订有防滑条的跳板。挖土坑中留作人行道的土堤应保持有足够稳定的边坡，或加适当的支撑，顶宽至少要大于 70cm。

此外，动土作业必须按《动土安全作业证》的内容进行，不得擅自变更动土作业内容、扩大作业范围或转移作业地点。在可能出现煤气等有毒有害气体的地点工作时，应预先通知工作人员，并做好防毒准备。在化工危险场所动土作业时，要与有关操作人员建立联系，当化工生产突然排放有毒有害气体时，应立即停止工作，撤离全部人员并报告有关部门处理，在有毒有害气体未彻底清除前不准恢复工作。

（3）《动土安全作业证》的管理　《动土安全作业证》由机动部门负责管理。

动土申请单位在机动部门领取《动土安全作业证》，填写有关内容后交施工单位。

施工单位接到《动土安全作业证》，填写有关内容后将《动土安全作业证》交动土申请单位。

动土申请单位从施工单位收到《动土安全作业证》后，交厂总图及有关水、电、汽、工艺、设备、消防、安全等部门审核，由厂机动部门审批。

动土作业审批人员应到现场核对图纸，查验标志，检查确认安全措施，方可签发《动土安全作业证》。

动土申请单位将办理好的《动土安全作业证》留存后，分别送总图室、机动部门、施工单位各一份。

3. 高处作业

有关资料统计，化工企业高处坠落事故造成的伤亡人数仅次于火灾爆炸和中毒事故。发生高处坠落事故的主要原因是：洞、坑无盖板，平台、扶梯的栏杆不符合安全要求，或检修中移去盖板，临时拆除栏杆后不设警告标志，没有防护措施；高处作业不挂安全网、不戴安全帽、不系安全带；梯子使用不当或梯子不符合安全要求；不采取任何安全措施在石棉瓦之类不坚固的结构上作业；脚手架有缺陷；高处作业用力不当，重心失稳等。化工企业在检修作业中，除了做好防火、防爆、防中毒工作外，做好防高处坠落事故对大幅度减少化工重大伤亡事故有很大作用。

（1）定义　凡距坠落高度基准面（指从作业位置到最低坠落着落点的水平面）2m 及其以上，有可能坠落的高处进行的作业，称为高处作业。

在高温或低温情况下进行的高处作业，称为"异温高处作业"。高温是指工作地点具有生产性热源，其气温高于本地区夏季室外通风设计计算温度的气温 2℃ 及以上时的温度。低温是指作业地点的气温低于 5℃。

作业人员在电力生产和供、用电设备的维修采取地（零）电位或等（同）电位作业方式，接近或接触带电体对带电设备和线路进行的高处作业，称为"带电高处作业"。

（2）高处作业的分级　高处作业的分级如下。

级别	一	二	三	特　级
高度 H/m	$2<H\leqslant5$	$5<H\leqslant15$	$15<H\leqslant30$	$H\geqslant30$

（3）高处作业的分类　高处作业分为特殊高处作业、化工工况高处作业和一般高处作业。

① 特殊高处作业，包括

a. 在阵风风力为 6 级（风速 10.8m/s）及以上情况下进行的强风高处作业；

b. 在高温或低温环境下进行的异常温度高处作业；

c. 在降雪时进行的雪天高处作业；

d. 在降雨时进行的雨天高处作业；

e. 在室外完全采用人工照明进行的夜间高处作业；

f. 在接近或接触带电体条件下进行的带电高处作业；

g. 在无立足点或无牢靠立足点的条件下进行的悬空高处作业等属于特殊高处作业。

② 化工工况高处作业，包括

a. 在坡度大于 45°的斜坡上面进行的高处作业；

b. 在升降（吊装）口、坑、井、池、沟、洞等上面或附近进行的高处作业；

c. 在易燃、易爆、易中毒、易灼伤的区域或转动设备附近进行的高处作业；

d. 在无平台、无护栏的塔、釜、炉、罐等化工容器、设备及架空管道上进行的高处作业；

e. 在塔、釜、炉、罐等设备内进行的高处作业属于化工工况高处作业。

③ 一般高处作业。除特殊高处作业和化工工况高处作业以外的高处作业。

（4）《高处安全作业证》的管理　一级高处作业及化工工况 a、b 类高处作业由车间负责审批；二级、三级高处作业及化工工况 c、d 类高处作业由车间审核后，报厂安全管理部门审批；特级、特殊高处作业及化工工况 e 类高处作业由厂安全部门审核后报主管厂长或总工程师审批。

施工负责人必须根据高处作业的分级和类别向审批单位提出申请，办理《高处安全作业证》。《高处安全作业证》一式三份，一份交作业人员，一份交施工负责人，一份交安全管理部门留存。

对施工期较长的项目，施工负责人应经常深入现场检查，发现隐患及时整改，并做好记录。若施工条件发生重大变化，应重新办理《高处安全作业证》。

（5）高处作业的安全要求

① 作业人员。患有精神病、癫痫病、高血压、心脏病等疾病的人不准参加高处作业。工作人员饮酒、精神不振时禁止登高作业，患深度近视眼病的人员也不宜从事高处作业。

② 作业条件。高处作业均需先搭脚手架或采取其他防止坠落的措施后，方可进行；在没有脚手架或者没有栏杆的脚手架上工作，高度超过 1.5m 时，必须使用安全带或采取其他可靠的安全措施。

③ 现场管理。高处作业现场应设有围栏或其他明显的安全界标，除有关人员外，不准其他人在作业地点的下面通行或逗留；进入高处作业现场的所有工作人员必须戴好安全帽。

④ 防止工具材料坠落。高处作业应一律使用工具袋。较大的工具应用绳拴牢在坚固的构件上，不准随便乱放；在格栅式平台上工作，为防物体掉落，应铺设木板；递送工具、材

料不准上下投掷，应用绳系牢后上下吊送；上下层同时进行作业时，中间必须搭设严密牢固的防护隔板、罩棚或其他隔离设施；工作过程中除指定的、已采取防护围栏处或落料管槽可以倾倒废料外，任何作业人员严禁向下抛掷物料。

⑤ 防止触电和中毒。脚手架搭建时应避开高压线。实在无法避开时应保证高处作业中电线不带电或作业人员在脚手架上活动范围及其所携带的工具、材料等与带电导线的最短距离大于安全距离（电压等级≤110kV，安全距离为 2m；电压等级≤220kV，安全距离为 3m；电压等级≤330kV，安全距离为 4m）。高处作业地点如靠近放空管，则作业安全负责人事先与有关生产部门联系，保证高处作业期间生产装置不向外排放有毒有害的气体，并事先向高处作业全体人员交代明白，一旦有毒有害气体排放应如何迅速撤离现场，并根据可能出现的意外情况采取应急的安全措施，指定专人落实。

⑥ 气象条件。暴雨、打雷、大雾等恶劣天气，应停止露天高处作业。

⑦ 注意结构的牢固性和可靠性。在槽顶、罐顶、屋顶等设备或建筑物、构筑物上作业时，除了临空一面应装设安全网或栏杆等防护措施外，事先应检查其牢固可靠程度，防止失稳或破裂等可能出现的危险；严禁不采取任何安全措施，直接站在石棉瓦、油毛毡等易碎裂材料的屋顶上作业。为了防止误登，应在这类结构的显眼地点挂上警告牌。若必须在此类结构上作业时，应架设人字梯或铺上木板以防止坠落。

除上述要求外，登高作业人员的鞋子不宜穿塑料底等易滑的或硬性厚底的鞋子；冬季在零下 10℃从事露天高处作业应注意防止冻伤，必要时应该在施工地附近设有取暖的休息所。不过取暖地点的选择和取暖方式应符合化工企业有关防火、防爆和防中毒窒息的要求。

（6）脚手架的安全要求　高处作业时用的脚手架和吊架必须能足够承受站在上面的人员及材料等的重量。使用时禁止在脚手架和脚手板上超重聚集人员或放置超过计算荷重的材料。一般脚手架的荷重量不得超过 $270kg/m^2$。

① 脚手架材料。脚手架杆柱可采用竹、木或金属管，根据化工检修作业的要求和就地取材的原则选用。

② 脚手架的连接与固定。脚手架要同建筑物连接牢固。禁止将脚手架直接搭靠在楼板的木棱上及未经计算过补加荷重的结构部分上，也不得将脚手架和脚手板固定在栏杆、管子等不十分牢固的结构上；立杆或支杆的底端要埋入地下，深度根据土壤性质而定。在埋入杆子时要先将土夯实，如果是竹竿必须在基坑内垫以砖石，以防下沉。遇松土或者无法挖坑时，必须绑设地杆子；金属管脚手架的立杆，应垂直地稳放在垫板上，垫板安置前把地面夯实、整平。立杆应套上由支柱底板及焊在底板上管子组成的柱座，连接各个构件间的铰链螺栓，一定要拧紧。

4. 进入设备内作业

（1）定义　进入化工生产区域内的各类塔、球、釜、槽、罐、炉膛、锅筒、管道、容器以及地下室、阴井、地坑、下水道或其他封闭场所内进行的作业均为进入设备作业。

（2）进入设备作业证制度　进入设备作业前，必须办理进入设备作业证。进入设备作业证由生产单位签发，由该单位的主要负责人签署。

生产单位在对设备进行置换、清洗并进行可靠的隔离后，事先应进行设备内可燃气体分析和氧含量分析。有电动和照明设备时必须切断电源，并挂上"有人检修，禁止合闸"的牌子，以防止有人误操作伤人。

检修人员凭有负责人签字的"进入设备作业证"及"分析合格单"，才能进入设备内作业。在进入设备内作业期间，生产单位和施工单位应有专人进行监护和救护，并在该设备外明显部位挂上"设备内有人作业"的牌子。

（3）《设备内安全作业证》的管理

① 设备内作业必须办理《设备内安全作业证》。

②《设备内安全作业证》由施工单位或交出设备单位负责办理。

③ 作业单位接到《设备内安全作业证》后，由该项目的负责人填写作业证上作业单位应填写的各项内容。

④《设备内安全作业证》安全措施栏要填写具体的安全措施。

⑤《设备内安全作业证》由交出单位和作业单位的领导共同确认，审批签字后方为有效。

⑥ 在设备内进行高处作业应按 HG 23014—1999 办理《高处安全作业证》。

⑦ 在设备内进行动火作业应按 HG 23011—1999 办理《动火安全许可证》。

⑧《设备内安全作业证》须经作业人员确认无误，并由车间值班长或工段长再次确认无误后，方准许作业人员进入设备内作业。

⑨ 设备内作业如果遇到工艺条件、作业环境条件改变，需重新办理《设备内安全作业证》，方准许继续作业。

⑩ 设备内作业结束后，需认真检查设备内外，确认无问题，方可封闭设备。

（4）设备内作业安全要求

① 安全隔离。设备上所有与外界连通的管道、孔洞均应与外界有效隔绝。设备上与外界连接的电源应有效切断。

管道安全隔绝可采用插入盲板或拆除一段管道进行隔绝，不能用水封或阀门等代替盲板或拆除管道。

电源有效切断可采用取下电源保险熔丝或将电源开关拉下后上锁等措施，并加挂警示牌。

② 空气置换。凡用惰性气体置换过的设备，在进入之前必须用空气置换出惰性气体，并对设备内空气中的氧含量进行测定。设备内动火作业除了其中空气中的可燃物含量符合动火规定外，氧含量应在 18％～21％ 的范围。若设备内介质有毒，还应测定设备内空气中有毒物质的浓度。有毒气体和可燃气体浓度符合《化工企业安全管理制度》的规定。

③ 通风。要采取措施，保持设备内空气良好流通。打开所有人孔、手孔、料孔等进行自然通风。必要时，可采取机械通风。采用管道空气送风时，通风前必须对管道内介质和风源进行分析确认。不准向设备内充氧气或富氧空气。

④ 定时监测。作业前 30min 内，必须对设备内气体采样分析，分析合格后办理《设备内安全作业证》，方可进入设备。

采样点要有代表性。

作业中要加强定时监测，情况异常立即停止作业，并撤离人员。作业现场经处理后，取样分析合格方可继续作业。

涂刷具有挥发性溶剂的涂料时，应做连续分析，并采取可靠通风措施。

⑤ 用电安全。设备内作业照明，使用的电动工具必须使用安全电压，在干燥的设备内电压≤36V，在潮湿环境或密闭性好的金属容器内电压≤12V；若有可燃物质存在时，还应符合防爆要求。悬吊行灯时不能使导线承受张力，必须用附属的吊具来悬吊；行灯的防护装置和电动工具的机架等金属部分应该预先可靠接地。

设备内焊接应准备橡胶板，穿戴其他电气防护工具，焊机托架应采用绝缘的托架，最好在电焊机上装上防止电击的装置而使用。

⑥ 设备外监护。设备内作业一般应指派两人以上作设备外监护。监护人应了解介质的理化性能、毒性、中毒症状和火灾、爆炸性；监护人应位于能经常看见设备内全部操作人员的位置，眼光不得离开操作人员；监护人除了向设备内作业人员递送工具、材料外，不得从事其他工作，更不准擅离岗位；发现设备内有异常时，应立即召集急救人员，设法将设备内受害人员救出，监护人应从事设备外的急救工作；如果没有代理监护人，即使在非常时候，监护人也不得自己进入设备内；凡进入设备内抢救的人员，必须根据现场的情况穿戴防毒面具或氧气呼吸器、安全带等防护器具。决不允许不采取任何个人防护而冒险进入设备救人。

⑦ 个人防护。设备内作业应使设备内及其周围环境符合安全卫生的要求。在不得已的情况下才戴防毒面具进入设备作业，这时防毒面具务必事先作严格检查，确保完好，并规定在设备内的停留时间，严密监护，轮换作业；在设备内空气中氧含量和有毒有害物质均符合安全规定时进行作业，还应该正确使用劳动保护用品。设备内作业人员必须穿戴好工作帽、工作服、工作鞋；衣袖、裤子不得卷起，作业人员的皮肤不要露在外面；不得穿戴沾附着油脂的工作服；有可能落下工具、材料及其他物体或漏滴液体等的场合，要戴安全帽；有可能接触酸、碱、苯酚之类腐蚀性液体的场合，应戴防护眼镜、面罩、毛巾等保护整个面部和颈部；设备内作业一般穿中统或高筒橡皮靴，为了防止脚部伤害也可以穿反牛皮靴等工作鞋。

⑧ 急救措施。根据设备的容积和形状，作业危险性大小和介质性质，作业前要做好相应的急救准备工作。对直径较小、通道狭窄，一旦发生事故进入设备内抢救困难的作业，进入设备前作业人员就应系好安全带。操作人员在设备内作业时，监护人应握住安全带的一端，随时准备好可把操作人员拉上来；设备外至少准备好一组急救防护用具，以便在缺氧或有毒的环境中使用；设备内从事清扫作业，有可能接触酸、碱等物质时，设备外预先准备好大量的清水，以供急救使用。

⑨ 升降机具。设备内作业用升降机具必须安全可靠。使用的吊车或卷扬机应严格检查，安全装置齐全、完好，并指定有经验的人员负责操作；在设备内使用梯子时，最好将其上端固定在设备壁上，下端应有防滑措施，根据情况也可采用吊梯。

(5) 进入容器、设备的八个"必须" 原化学工业部颁布的安全生产禁令中有关进入容器、设备的八个"必须"是：

① 必须申请、办证，并得到批准；

② 必须进行安全隔绝；

③ 必须切断动力电，并使用安全灯具；

④ 必须进行置换、通风；

⑤ 必须按时间要求进行安全分析；

⑥ 必须佩戴规定的防护用具；

⑦ 必须有人在器外监护，并坚守岗位；

⑧ 必须有抢救后备措施。

5. 盲板抽堵作业

(1) 定义 盲板抽堵作业指在检修中，设备、管道内存有物料（气、液、固态）及一定温度、压力情况下的盲板抽堵作业。

（2）对盲板的技术要求

① 盲板选材要适宜、平整、光滑，经检查无裂纹和孔洞。高压盲板应经探伤合格。

② 盲板的直径应依据管道法兰密封面直径制作，厚度要经强度计算。

③ 盲板应有一个或两个手柄，便于辨识、抽堵。

④ 应按管道内介质性质、压力、温度选用合适的材料做盲板垫片。

（3）盲板抽堵作业的安全要求

① 盲板抽堵作业必须办理《盲板抽堵安全作业证》，没有《盲板抽堵安全作业证》不准进行盲板抽堵作业。

② 严禁涂改、转借《盲板抽堵安全作业证》。变更作业内容、扩大作业范围或转移作业部位时，必须重新办理《盲板抽堵安全作业证》。

③ 对作业审批手续不全、安全措施不落实、作业环境不符合安全要求的，作业人员有权拒绝作业。

④ 在有毒气体的管道、设备上抽堵盲板时，非刺激性气体的压力应小于 200mmHg；刺激性气体的压力应小于 50mmHg；气体温度应小于 60℃。

⑤ 生产单位负责绘制盲板位置图，对盲板进行编号，施工单位按图作业。盲板位置图由生产单位存档备查。

⑥ 作业人员应经过个体防护训练，并做好个体防护。

⑦ 作业需专人监护，作业结束前监护人不得离开作业现场。

⑧ 作业复杂、危险性大的场所，除监护人外，还需消防队、医务人员等到场。如涉及整个生产系统，生产调度人员和厂生产部门负责人必须在场。

⑨ 在易燃易爆场所作业时，作业地点 30m 内不得有动火作业。工作照明应使用防爆灯具，并应使用防爆工具。禁止用铁器敲打管线、法兰等。

⑩ 高处抽堵盲板作业应按 HG 23014—1999 的规定办理《高处安全作业证》。

⑪ 施工单位要按《盲板抽堵安全作业证》的要求，落实安全措施后方可进行作业。

⑫ 严禁在同一管道上同时进行两处及两处以上抽堵盲板作业。

⑬ 抽堵多个盲板时，要按盲板位置图及盲板编号，由施工总负责人统一指挥作业。

⑭ 每个抽堵盲板处设标牌表明盲板位置。

（4）《盲板抽堵安全作业证》的管理

① 《盲板抽堵安全作业证》由生产部门或安全防火部门管理。

② 《盲板抽堵安全作业证》由生产单位办理。

③ 生产单位负责填写《盲板抽堵安全作业证》表格、盲板位置图、安全措施，交施工单位确认，经厂安全防火部门审核，由主管厂长或总工程师审批。

④ 审批好的《盲板抽堵安全作业证》交施工单位、生产部门、安全防火部门各一份，生产部门负责存档。

⑤ 作业结束后，经施工单位、生产部门、安全防火部门检查无误，施工单位将盲板位置图交生产部门。

6. 厂区吊装作业

（1）定义　吊装作业是利用各种机具将重物吊起，并使重物发生位置变化的作业过程。

（2）吊装作业的分级

① 按吊装重物的重量分级。

吊装重物的重量大于 80t 时,为一级吊装作业。

吊装重物的重量在 40～80t 之间时,为二级吊装作业。

吊装重物的重量小于 40t 时,为三级吊装作业。

② 按吊装作业级别分类。

一级吊装作业为大型吊装作业。

二级吊装作业为中型吊装作业。

三级吊装作业为一般吊装作业。

(3) 吊装作业的安全要求

① 吊装作业人员必须持有特殊工种作业证。吊装重量大于 10t 的物体必须办理《吊装安全作业证》。

② 吊装重量大于等于 40t 的物体和土建工程主体结构,应编制吊装施工方案。吊装物体质量虽不足 40t,但形状复杂、刚性小、长径比大、精密贵重,或施工条件特殊的情况下,也应编制吊装施工方案。吊装施工方案经施工主管部门和安全技术部门审查,报主管厂长或总工程师批准后方可实施。

③ 各种吊装作业前,应预先在吊装现场设置安全警戒标志,并设专人监护,非施工人员禁止入内。

④ 吊装作业中,夜间应有足够的照明。室外作业遇到大雪、暴雨、大雾及六级以上大风时,应停止作业。

⑤ 吊装作业人员必须佩戴安全帽,安全帽应符合 GB 2811—1989 的规定。高处作业时必须遵守 HG 23014—1999 的规定。

⑥ 吊装作业前,应对起重吊装设备、钢丝绳、揽风绳、链条、吊钩等各种机具进行检查,必须保证安全可靠,不准带病使用。

⑦ 吊装作业时,必须分工明确、坚守岗位,并按 GB 5082—85 规定的联络信号,统一指挥。

⑧ 严禁利用管道、管架、电杆、机电设备等做吊装锚点。未经机动、建筑部门审查核算,不得将建筑物、构筑物作为锚点。

⑨ 吊装作业前必须对各种起重吊装机械的运行部位,安全装置以及吊具等进行详细的安全检查,吊装设备的安全装置要灵敏可靠。吊装前必须试吊,确认无误后方可作业。

⑩ 任何人不得随同吊装重物或吊装机械升降。在特殊情况下,必须随之升降的,应采取可靠的安全措施,并经过现场指挥人员批准。

⑪ 吊装作业现场如需动火,应遵守 HG 23011—1999 的规定。吊装作业现场的吊绳索、揽风绳、拖拉绳等要避免同带电线路接触,并保持安全距离。

⑫ 用定型起重吊装机械进行吊装作业时,除遵守本标准外,还应遵守该定型机械的操作规程。

⑬ 吊装作业时,必须按规定负荷进行吊装,吊具、索具经计算选择使用,严禁超负荷运行。所吊重物接近或达到额定起重吊装能力时,应检查制动器,用低高度、短行程试吊后,再平稳吊起。

⑭ 悬吊重物下方严禁站人、通行和工作。

⑮ 在吊装作业中,有下列情况之一者不准吊装:指挥信号不明;超负荷或物体重量不明;斜拉重物;光线不足、看不清重物;重物下站人;重物埋在地下;重物紧固不牢,绳打

结、绳不齐；棱刃物体没有衬垫措施；重物越人头；安全装置失灵。

⑯ 必须按《吊装安全作业证》上填报的内容进行作业，严禁涂改、转借《吊装安全作业证》，变更作业内容，扩大作业范围或转移作业部位。

⑰ 对吊装作业审批手续不全，安全措施不落实，作业环境不符合安全要求的，作业人员有权拒绝作业。

（4）《吊装安全作业证》的管理 《吊装安全作业证》由机动部门负责管理。

项目单位负责人从机动部门领取《吊装安全作业证》后，要认真填写各项内容，交施工单位负责人批准。对于"吊装重量大于等于40t的物体和土建工程主体结构，或虽不足40t，但吊物形状复杂、刚性小、长径比大、精密贵重，施工条件特殊的情况"，必须编制吊装方案，并将填好的《吊装安全作业证》与吊装方案一并报机动部门负责人批准。

《吊装安全作业证》批准后，项目负责人应将《吊装安全作业证》交作业人员。作业人员应检查《吊装安全作业证》，确认无误后方可作业。

7. 断路作业

（1）定义 断路作业指的是在化工企业生产区域内的交通道路上进行施工及吊装吊运物体等影响正常交通的作业。

（2）断路作业的安全要求

① 凡在厂区内进行断路作业必须办理《断路安全作业证》。

② 断路申请单位负责管理施工现场。企业要在断路路口设立断路标志，为来往的车辆提示绕行路线。

③ 厂区交通管理部门审批《断路安全作业证》后，要立即书面通知调度、生产、消防、医务等有关部门。

④ 施工作业人员接到《断路安全作业证》确认无误后，即可进行断路作业。

⑤ 断路时，施工单位负责在路口设置交通栏杆、断路标识。

⑥ 断路后，施工单位负责在施工现场设置围栏、交通警告牌，夜间要悬挂红灯。

⑦ 断路作业结束后，施工单位负责清理现场、撤除现场、路口设置的挡杆、断路标识、围栏、警告牌、红灯。申请断路单位检查核实后，负责报告厂区交通管理部门，然后由厂区交通管理部门通知各有关单位断路工作结束恢复交通。

⑧ 断路作业应按《断路安全作业证》的内容进行，严禁涂改、转借《断路安全作业证》、变更作业内容、扩大作业范围或转移作业部位。

⑨ 对《断路安全作业证》审批手续不全、安全措施不落实、作业环境不符合安全要求的，作业人员有权拒绝作业。

⑩ 在《断路安全作业证》规定的时间内未完成断路作业时，由断路申请单位重新办理《断路安全作业证》。

（3）《断路安全作业证》的管理 《断路安全作业证》由申请断路作业的单位指定专人办理。

《断路安全作业证》由厂区交通管理部门审批。申请断路作业的单位在厂区交通管理部门领取《断路安全作业证》，逐项填写后交施工单位。

施工单位接到《断路安全作业证》后，填写《断路安全作业证》中施工单位应填写的内容，填写后将《断路安全作业证》交断路申请单位。

断路申请单位从施工单位收到《断路安全作业证》后，交厂区交通管理部门审批。将办理好的《断路安全作业证》留存,并分别送交厂区交通管理部门、施工单位各一份。

四、装置的开车

在检修结束时,必须进行全面的检查和验收。对设备管道装置的安全评价主要体现在安全质量上。整个检修能否抓住关键,把好关,做到安全检修,同时实现科学检修、文明施工,做到安全交接,达到一次开车成功。在检修质量上,必须树立下一道工序就是用户的观念。检修要认真负责,保证质量。

1. 现场清理

检修完毕,检修人员要检查自己的工作有无遗漏,要清理现场,将火种、油渍垃圾、边角废料等全部清除,不得在现场遗留任何材料、器具和废料。

大修结束后,施工单位撤离现场前,要做到"三清":

① 清查设备内有无遗忘的工具和零件;

② 清扫管路通道,查看有无应拆除的盲板等;

③ 清除设备、屋顶、地面上的杂物垃圾。

撤离现场应有计划进行,所在单位要配合协助。凡先完工的工种,应先将工具、机具搬走,然后拆除临时支架,拆除时要自上而下,下方要有人监护,禁止行人逗留;拆除工程禁止数层同时进行;拆下的材料物体要用绳子系下,或采用吊运和顺槽流放的方法,及时清理运出,不能乱抛掷,要随拆随运,不可堆积;电工临时电线要拆除彻底,如属永久性电气装置,检修完毕,要先检查作业人员是否全部撤离,标志是否全部取下,然后拆除临时接地线、遮拦、棚罩等,要检修绝缘,恢复原有的安全防护;在清理现场过程中,应遵守有关安全规定,防止物体打击等事故发生。

检修完工后,应认真进行检查,确认无误后对设备装置等进行试压、试漏、调校安全阀、调校仪表和联锁装置等,对检修的设备装置进行单体试车和联动试车,经检修和生产部门验收合格后进行交接。

检修竣工后,要仔细检查安全装置和安全措施,如护栏、防护罩、设备孔盖板、安全阀、减压阀、各种计量表、信号灯、报警装置、联锁装置、自控设备、刹车、行程开关、阻火器、防爆膜、接地、接零线等,经过校验使其全部恢复好,并经各级验收合格后方可投入运行。检修移交验收前,不得拆除悬挂的警告牌和开启切断的管道阀门。

检修作业结束后,要对检修项目进行彻底检查,确认没有问题,进行妥善的安全交接后,才能进行试车或开车。总之,每一个项目检修完成后,都要进行自检,在自检合格基础上进行互检和专业检查,不合格要及时返修。

2. 试车验收

试车就是对检修过的设备装置进行验证,必须经验收合格后才能进行。试车的规模有单机试车、分段试车和联动试车。主要内容如下。

① 试温。试温指高温设备,按工艺要求升温至最高温度,验证其放热、耐火、保温的功能是否符合要求。

② 试压。试压包括水压实验、气压实验、气密性实验和耐压实验。目的是检验压力容器是否符合生产和安全要求。试压非常重要,必须严格按规定进行。

③ 试速。试速指对转动设备的验证,以规定的速度运转,观察其摩擦、振动情况,是否有松动。

④ 试漏。试漏指检验常压设备、管道的连接部位是否紧密,是否有跑、冒、滴、漏的

现象。

⑤ 安全装置和安全附件的校验。安全阀按规定进行检验、定压、铅封；爆破片进行更换；压力表按规定校验、铅封。

⑥ 各种仪表进行校验、调试，达到灵敏可靠。

⑦ 化工联动试车。首先要制订试车方案，明确试车负责人和指挥者。试车中发现异常现象，应及时停车，查明原因妥善处理后再继续试车。

3. 开车前的安全检验

试车合格后，按规定办理验收、移交手续，正式移交生产。在设备正式投产前，检验单位拆去临时电、临时防火墙、安全标界，栅栏及各种检修用的临时设施。移交后方可解除检修时采取的安全措施。生产车间要全面检查工艺管线和设备，拆除检修时立、挂的警告牌，并开启切断的物料管线阀门，检查各坑道的排水和清扫状况。应特别注意是否有妨碍运转的情况，临近高温处是否有易燃物的情况。在确认试车完全符合工艺要求的情况下，打扫好卫生，做开车投料准备，绝不可盲目开车。

开车前，还要对操作人员进行必要的安全教育，使他们清楚设备、管线、阀门、开关等在检修中做了变动的情况，以确保开车后的正常生产。

4. 开车安全技术

检修后生产装置的开车过程，是保证装置正常运行非常关键的一步。为保证开车成功，在进行开车操作时必须遵循以下安全制度。

① 生产辅助部门和公用工程部门在开车前必须符合开车要求，投料前要严格检查各种原材料的供应及公用工程设施是否齐全、合格。

② 开车前要严格检查阀门开闭情况，盲板抽加情况，要保证装置流程通畅。

③ 开车前要严格检查各种机电设备及电器仪表等，保证处于完好状态。

④ 开车前要检查落实安全、消防措施是否完好，要保证开车过程中的通信联络畅通，危险性较大的生产装置及过程开车，应通知安全、消防等相关部门到现场。

⑤ 开车过程中应停止一切不相关作业和检修作业。禁止一切无关人员进入现场。

⑥ 开车过程中各岗位要严格按开车方案的步骤进行操作，要严格遵守升降温、升降压、投料等速度与幅度的要求。

⑦ 开车过程中要严密注意工艺条件的变化和设备运行情况，发现异常要及时处理，情况紧急时应停止开车，严禁强行开车。

第二部分　能力的培养——典型事故案例及分析

一、案例阅读

【案例1】 1980年9月，山西省某氮肥厂煤气洗气塔发生爆炸，死亡1人。

事故的主要原因是停车检修时未对设备进行置换，就派人带着长管式防毒面具进塔清理水垢，在用铁器敲击水垢时，撞击产生火花，引起塔内残留煤气爆炸，塔内作业人员当场炸死。

【案例2】 1981年3月，湖南省某化肥厂检修锅炉系统煤磨机时，煤磨机启动，2名进入作业的人员死亡。

事故的主要原因是发现设备出现问题，检修班长和检修主任进入煤磨机查看，没有其他人在场监护，也没有切断电源，没有挂警示牌，其他操作人员不知里面有人，就启动了煤磨机，准备卸钢球，结果2人被碾死。

【案例3】 1982年1月，陕西省某化肥厂造气车间检修过程中发生一起多人中毒事故，11人中毒，死亡3人。

事故的主要原因是在对一台造气炉检修中，车间主任为图省事，决定对炉内灰渣不全部清除，只用水将火熄灭，由于炉火并未完全熄灭，将炉底圆门打开时，空气进入炉内，使得灰渣复燃，产生大量一氧化碳，引起中毒事故。

【案例4】 1983年11月，吉林省某化工厂萘酚储罐着火，死亡2人，伤3人。

事故的主要原因是萘酚储罐放散管蒸汽夹套漏气，岗检人员发现后，未经车间领导及相关部门同意，就通知进行补焊作业，并停止了蒸汽，系统温度降低，压力也降低，最后呈负压，进行焊接作业时，引起放散管管口着火，火焰迅速向萘酚储罐内蔓延，造成萘酚燃烧，压力骤然升高，发生爆炸，并引起火灾，酿成大祸。

【案例5】 1984年7月，四川省某化工厂合成氨造气车间天然气转化炉检修，发生多人中毒事故，4人死亡。

事故的主要原因是转化炉与水封之间的管线没有用盲板隔绝，检修过程中，水封跑气，气体进入正在检修的转化炉，使炉内检修人员多人中毒。

【案例6】 1986年5月，湖北省某化肥厂碳化车间清洗塔检修，发生爆炸，死亡1人。

事故的主要原因是检修前没有对要检修的清洗塔进行置换，直接戴长管式防毒面具进入作业，整理瓷环时，作业人员用钢管撬时产生火花，引起塔内残留气体爆炸。

【案例7】 1995年1月，福建省某县合成氨厂发生爆炸事故，死亡1人。

事故的主要原因是该厂碳化工段碳化塔水箱发生泄漏。在对水箱进行检修时，检修前没有对设备进行清洗、置换，拆卸法兰时，因使用撬棍和錾子，致使水箱发生爆炸。

【案例8】 1995年2月，山东济宁市某公司化工三厂精萘包装车间发生火灾，直接经济损失约169万元，一人轻度烧伤。

事故的主要原因是精萘包装车间的1号、2号转鼓结晶机，在同一系统并联使用，1号转鼓因有两处漏水停用待修。厂领导决定对1号机组进行检修。为不影响生产，商定在2号机不停运的情况下，对1号机组转鼓进行焊补的维修方案。在焊补焊完第二个砂眼的瞬间，引燃输料管系统内粉尘、气化混合物造成爆燃，随即火势迅速蔓延至相邻原料、成品库，造成了这起特大火灾事故的发生。

【案例9】 1996年2月，北京某化工厂有机硅分厂一车间发生罐内作业中毒事故，死亡2人，轻伤2人。

事故的主要原因是该厂有机硅分厂一车间停工检修期间，在清理氯甲烷缓冲罐内水解物料时，在没有办理入罐手续，没有对罐内进行空气置换、未做气体分析、没有专人监护的情况下，操作人员戴着防毒面具擅自进入罐内作业，车间主任到现场发现没人，感觉不妙，发现一人倒在罐内，在没有采取进一步防护措施的情况下，进入罐内施救，结果也中毒倒下，闻讯赶来的另一名操作工也未采取有效防护措施就进入罐内施救，在将主任救出罐时，自己倒在罐内，后经分厂领导带人进行急救，车间主任被救活，另2人经抢救无效死亡。

【案例10】 2003年5月，江西省景德镇市某技术监督局的两名高工和一名工程师，在检查一电子公司准备重新启用的液化气充气罐时，第一位高工进入充气罐内的，很快发生窒息。感到情况不妙，第二位高工立即进入罐体搭救，同样一去不回。紧接着，工程师，甚至在场的一位司机也进去了，结果四个人中，仅有一人侥幸生还。

事故的主要原因是：没有按照有关规定，对罐未进行排放和清洗处理。进入罐内未采取任何个人防护措施。

【案例11】　1994年9月，吉林省某化工厂季戊四醇车间发生一起爆炸事故，造成3人死亡，2人受伤。

事故的主要原因是：甲醇中间罐泄漏，检修后必须用水试压，恰逢全厂水管大修，工人违章用氮气进行带压试漏，因罐内超压，罐体发生爆炸。

【案例12】　1990年6月，燕山石化公司合成橡胶厂抽提车间发生一起氮气窒息死人事故。

事故的主要原因是：抽提车间在实施隔离措施时，忽视了该塔主塔蒸汽线在再沸器恢复后应及时追加盲板，致使氮气串入塔内，导致工人进塔工作窒息死亡。

【案例13】　1988年5月，燕山石化公司炼油厂水净化车间安装第一污水处理场隔油池上油气集中排放脱臭设施的排气管道时，气焊火花由未堵好的孔洞落入密封的油池内，发生爆燃。

事故的主要原因是：严重违反用火管理制度，与安全部门审批签发的《动火安全作业证》等级不同。未亲临现场检查防火措施的可靠性。施工单位未认真执行用火管理制度，动火地点与《动火安全作业证》上的地点不符。

二、案例剖析

【案例1】　一起氨泄漏事故分析

1. 事故经过

2004年6月15日11时40分左右，该化工厂合成车间加氨阀填料压盖破裂，有少量的液氨滴漏。维修工徐某遵照车间指令，对加氨阀门进行填料更换。徐某没敢大意，首先找来操作工，关闭了加氨阀门前后两道阀门；并牵来一根水管浇在阀门填料上，稀释和吸收氨味，消除氨液释放出的氨雾；又从厂安全室借来一套防化服和一套过滤式防毒面具，佩戴整齐后即投入阀门检修。当他卸掉阀门压盖时，阀门填料跟着冲了出来，瞬间一股液氨猛然喷出，并释放出大片氨雾，包围了整个检修作业点，临近的甲醇岗位和铜洗岗位也笼罩在浓烈的氨味中，情况十分紧急危险。临近岗位的操作人员和安全环保部的安全员发现险情后，纷纷从各处提着消防、防护器材赶来。有的接通了消防水带打开了消火栓，大量喷水压制和稀释氨雾；有的穿上防化服，戴好防毒面具，冲进氨雾中协助险情处理。闻信后赶到的厂领导协助车间指挥，生产调度抓紧指挥操作人员减量调整生产负荷，关闭远距离的相关阀门，停止系统加氨，事故很快得到有效控制和妥善处理，并快速更换了阀门填料，堵住了漏点。一起因严重氨泄漏而即将发生的中毒、着火、有可能爆炸的重特大事故避免了。

2. 事故原因分析

① 合成车间在检修处理加氨阀填料漏点过程中，未制订周密完整的检修方案，未制订和认真落实必要的安全措施，维修工盲目地接受任务，不加思考地就投入检修。

② 合成车间领导在获知加氨阀门填料泄漏后，没有引起足够重视，没有向生产、设备、安全环保部门按程序汇报，自作主张，草率行事，擅自处理。

③ 当加氨阀门填料冲出有大量氨液泄漏时，合成车间组织不力，指挥不统一，手忙脚乱，延误了事故处置的最佳有效时间。

④ 加氨阀门前后备用阀关不死内漏，合成车间对危险化学品事故处置思想上麻痹重视不够，安全意识严重不足。人员组织不力，只指派一名维修工去处理；物质准备不充分，现

场现找、现领阀门；检修作业未做到"7个对待"中的"无压当有压、无液当有液、无险当有险"对待。

3. 预防措施

① 安全环保部责成合成车间把此次加氨泄漏事故编印成事故案例，供全厂各车间、岗位学习，开展事故案教育，并展开为期1周的事故大讨论，要求人人谈认识，人人写体会，签字登记在案。

② 责成合成车间将此次氨泄漏事故，编制氨泄漏事故处置救援预案，组织全员性的化学事故处置救援抢险抢修模拟演练，要求不漏一人地学会氨泄漏抢险抢修处置方法，把"预防为主"真正落到实处。

③ 合成车间由分管工艺副主任负责组织4大班操作工和全体维修工，进行氨、氢、一氧化碳、甲醇、甲烷、硫化氢、二氧化碳等化学危险品的理化特性以及事故处置方法的安全技术知识培训，由车间安全员负责组织一次全员性的消防、防化、防护器材的使用知识培训，在合成车间内形成一道预防化学事故和防消事故的牢固大堤。

④ 结合"安全生产月"活动，发动全厂职工提合理化建议，查找身边事故隐患苗头，力争对事故隐患早发现早整改，及时处理，从源头上堵塞住事故隐患漏洞，为生产创造一个安全稳定的环境。

4. 应当吸取的教训

此次加氨阀填料泄漏事故，开始时思想重视不够，继而处置不当，充分暴露出该车间安全管理"小安则懈"的思想严重。领导工作作风浮漂，查改隐患不主动、不细致。全局观念不强，发现隐患不汇报，自行其是，自作主张。通过此次事故可以看出，安全无小事。整改隐患要从人的思想上抓起，管事要先管人，管人要先管好思想，首先铲除人思想上的不安全因素，麻痹、侥幸、冒险、蛮干的违章行为才能得以彻底根除。只有这样，才能保证安全生产。

【案例2】 检修中毒案例

1. 事故经过

某公司技术发展部9月28日发出节日期间检修工作通知，其中一项任务就是要求污水处理站宋某和周某，再配一名小工于10月1~3日进行清水池清理，并明确宋某全面负责监护。10月1日上午宋某等三人完成清理汽浮池后，下午1时左右就开始清理清水池。其中一名外来临时杂工徐某头戴防毒面具（滤毒罐）下池清理。约在下午1时45分，周某发现徐某没有上来，预感情况不好，当即喊叫"救命"。这时二名租用该集团公司厂房的个体业主施某、邵某闻声赶到现场。周某即下池营救，施某与邵某在洞口接应，在此同时，污水处理站站长宋某赶到，听说周某下池后也没有上来，随即下池营救，并嘱咐施某与邵某在洞口接应。宋某下洞后，邵某跟随下洞，站在下洞的梯子上，上身在洞外，下身在洞口内，当宋某挟起周某约离池底50cm高处，叫上面的人接应时，因洞口直径小（0.6m×0.6m），邵某身体较胖，一时下不去，接不到，随即宋某也倒下，邵某闻到一股臭鸡蛋味，意识到可能有毒气。在洞口边的施某拉邵某一把说："宋刚下去，又倒下，不好！快起来"邵某当即起来，随后报警"110"。刚赶到现场的公司保卫科长沈某见状后即报警"119"，请求营救，并吩咐带氧气呼吸器。4~5min后，消防人员赶到，救出三名中毒人员，急送市第二人民医院抢救。结果，抢救无效，于当天下午2时50分三人全部死亡。

2．事故原因分析

（1）直接原因　在清水池内积聚大量超标的硫化氢气体而又未作排放处理的情况下，清理工未采取切实有效的防护用具，贸然进入池内作业，引起硫化氢气体中毒，是事故发生的直接原因。

（2）间接原因　一是清洗清水池的人员缺乏安全意识，对池内散发出来的有害气体危害的严重性认识不足，违反公司制订的清洗清水池的作业计划和操作规程，在未经多次冲水排污，没有确认有无有害气体的情况下，人员就下池清洗，结果造成中毒；二是职工缺乏救护知识，当第一个人下池后发生异常时，第二个人未采取有效个体防护措施贸然下池救人，更为突出的是，当两人已倒在池内，并已闻到强烈的臭鸡蛋味时，作为从事多年清理工作的污水处理站站长，竟然也未采取有效个体防护措施，跟着盲目下池救人，使事态进一步扩大，造成三人死亡；三是公司和设备维修工程部领导对清水池中散发出来气体的性质认识不足，不知其危害的严重性，同时对职工节日加班可能会出现违章作业，贪省求快的情况估计不足，更没有意识到违章清池可能造成的严重后果，放松了教育和现场监督；四是出事故当天，气温较高（31℃），加速池内硫化氢挥发，加之池子结构不合理（长 8.3m，宽 2.2m，深 2m，且封闭型，上面只留有 0.6m×0.6m 的洞口和在边上留有的进出口管道），硫化氢气体无法散发，造成大量积聚。

综上所述，发生这起事故的主要原因是职工违章操作。

3．事故责任和处理建议

（1）直接责任　按照该公司《污水处理站污水处理治理的暂行规定》，周某是负责污水处理的运行操作者，是直接进行污水处理的操作工，周某违反操作规程，在未经反复冲洗清水池，让临时安排清理清水池的杂工徐某下池清理，致使徐中毒死亡，应负直接责任，但他在营救徐某过程中也遭中毒死亡，故不予追究其责任。

（2）主要责任　作为负责污水处理日常工作的污水处理站站长宋某，严重失职。他没有按照公司技术发展部下发的作业计划和操作规程执行，对清洗清水池没有尽到监护的责任，以致造成这起事故，应负主要责任。但他在营救徐某和周某过程中也遭中毒死亡，故不予追究其责任。

（3）领导责任

① 主持设备维修工程部全面工作的副主任虽然按照清理清水池计划到现场向宋某安排任务，测算工作量，但在具体实施过程中忽视现场安全管理，指导不够，督促检查不力，对这起事故应负直接领导责任。建议对其给予行政记过处分。

② 总经理和分管安全生产工作的副总经理忽视节日加班期间的安全生产工作，对职工安全教育不够，管理不严，对这起事故应负一定的领导责任。建议对其二人分别给予行政警告处分。

4．今后防范措施

① 要认真吸取深刻教训，切实加强对安全生产工作的领导，健全各项安全规章制度，修改和完善清理清水池安全操作规程。全面落实各级安全生产责任制，严格考核。对违章违纪严肃处理，决不手软。

② 加强对尘毒危害治理。今后凡是有尘毒作业的必须进行检测，达不到国家卫生标准的，要限期整改。

③ 加强对职工安全生产教育与培训。重点要突出岗位安全生产培训，使每个职工都能

熟悉了解本岗位的职业危害因素和防护技术及救护知识，教育职工正确使用个体防护用品，教育职工遵章守纪。

④ 强化现场监督检查。凡是临时做出的生产、检修计划，必须制订安全措施、强化现场监督，明确负责人和监护人，严格按计划和规程执行。

⑤ 企业要添置必要的检测仪器，进入管道、密闭容器、地窖等场所作业，首先了解介质的性质和危害，对确有危害的场所要检测、查明真相，加强通风置换，正确选择、带好个体防护用具，并加强监护。

⑥ 污水处理系统中的清水池形式要改造，将密闭型改为敞开式。

复习思考题

一、思考题

1. 化工装置的检修特点有哪些？
2. 简述动火作业的安全要点。
3. 入罐作业的基本要求是什么？
4. 简述高处作业的安全要点。
5. 停车检修应做哪些安全准备工作？
6. 检修作业期间如何加强自我保护？
7. 如何保证检修后安全开车？
8. 检修现场的十大禁令是什么？
9. 动火作业的六大禁令是什么？
10. 吊装作业的十不吊指什么？
11. 化工检修的管理工作包含哪几方面的内容？
12. 检修时，票证制度的重要性是什么？

二、是非题

1. 企业生产效益的好坏与生产设备的状况有着密切的关系。（ ）
2. 化工企业中机械设备的检修具有频繁性、复杂性和危险性的特点，决定了化工安全检修的重要地位。（ ）
3. 在化工企业中，不论大、中、小修，都必须集中指挥。（ ）
4. 建立罐内作业许可证制度　进入罐内作业，必须申请办证，并得到批准。（ ）
5. 试车就是对检修过的设备装置进行验证，必须经检查验收合格后才能进行。（ ）
6. 任何电气设备在未验明无电之前，一律认为有电。（ ）
7. 从业人员发现直接危及人身安全的紧急情况时，可以边作业边报告本单位负责人。（ ）
8. 禁止生产经营单位使用国家明令淘汰、禁止使用的危及生产安全的工艺、设备。（ ）
9. 生产作业场所加强通风、隔离，可降低有毒有害气体的浓度。（ ）
10. 在工作现场动用明火，须报主管部门批准，并做好安全防范工作。（ ）

三、选择题

1. 根据化工生产中机械设备的实际运转和使用情况，化工检修可分为（ ）。
A. 计划检修和计划外检修　　B. 大修和小修　　C. 大修和中修
2. 与其他行业检修相比，化工检修具有（ ）的特点。
A. 频繁、复杂和危险性大　　B. 复杂和危险性大　　C. 频繁、复杂
3. 化工生产的（ ）决定了化工检修的危险性。
A. 频繁性　　B. 危险性　　C. 复杂性
4. 做好检修前的（ ）是化工安全检修的一个重要环节。
A. 技术工作　　B. 准备工作　　C. 思想工作
5. 化工检修中罐内作业非常频繁，与动火作业一样，是（ ）很大的作业。

A. 频繁性　　B. 危险性　　C. 复杂性

6. 锅炉安全阀的检验周期为（　　）。

A. 半年　　B. 1 年　　C. 2 年

7. 对操作者本人，尤其对他人和周围设施的安全有重大危害因素的作业，称（　　）。

A. 危险作业　　B. 高难度作业　　C. 特种作业

8. （　　）工作环境是不适合进行电焊的。

A. 空气流通　　B. 干燥寒冷　　C. 炎热而潮湿

9. 离开特种作业岗位达（　　）个月以上的特种作业人员应当重新进行实际操作考核，经确认合格后方可上岗作业。

A. 6　　B. 9　　C. 12

10. 机器防护罩的主要作用是（　　）。

A. 使机器表面美观　　B. 防止发生人身伤害事故　　C. 防止机器积尘

11. 氯气泄漏时，抢修人员必须穿戴防毒面具和防护服，进入现场首先要（　　）。

A. 加强通风　　B. 切断气源　　C. 切断电源

12. 警告标志的含义是提醒人们对周围环境引起注意，以避免可能发生危险的图形标志。其基本外形是（　　）。

A. 带斜杠的圆形框　　B. 圆形边框　　C. 正三角形边框

13. 安全帽应保证人的头部和帽体内顶部的间隔至少应保持（　　）mm 空间才能使用。

A. 20　　B. 2　　C. 32

14. 工人如必须在 100℃ 以上的高温环境下作业，应严格控制作业时间，一次作业不得超过（　　）。

A. 5min　　B. 10mm　　C. 15min

15. 安全防护装置如发现损坏，应（　　）。

A. 将它拆除　　B. 立即通知有关部门修理　　C. 不予理会

16. 新、改、扩建项目的安全设施投资应当纳入（　　）。

A. 企业成本　　B. 安措经费　　C. 建设项目概算

17. 机械在运转状态下，操作人员（　　）。

A. 对机械进行加油清扫　　B. 可与旁人聊天　　C. 严禁拆除安全装置

18. 国家对严重危及生产安全的工艺、设备实行（　　）制度。

A. 淘汰　　B. 改造　　C. 封存

19. 生产经营单位必须为从业人员提供符合国家标准或者（　　）标准的劳动防护用品。

A. 当地　　B. 本单位　　C. 行业

20. 生产经营单位采用新工艺、新材料或者使用新设备，必须了解、掌握其安全技术特征，采取有效的安全防护措施，并对从业人员进行专门的安全生产（　　）。

A. 教育和考核　　B. 教育和培训　　C. 培训和考核

模块七　化工管道设备保温 与防腐安全技术

【学习目标】　通过本章内容学习，了解了化工管道、设备保温和防腐材料的特性，进一步掌握化工管道、设备保温和防腐施工的安全技能要求，确保施工应用的安全性，以防范安全事故的发生。

第一部分　知识的学习

一、化工管道设备保温安全技术

1. 保温的目的及范围

化工管路保温的目的是维持一定的高温，减少能量损失；维持一定的低温，减少吸热；维持一定的室温，改善劳动条件；提高经济效益。

管路的保温施工，应在设备及管路的强度试验、气密性试验合格及防腐工程完工后进行。管路上的支架、吊架、仪表管座等附件，当设计无规定时，可不必保温；保冷管路的上述附件，必须进行保冷。除设计规定需按管束保温的管路外，其余管路均应单独进行保温。在施工前，对保温材料及其制品应核查其性能。

2. 管道保温材料构成及安全施工

保温材料应具有导热系数小、容重轻、耐热、耐湿、对金属无腐蚀作用、不易燃烧、来源广泛、价格低廉等特点。常用的保温材料有玻璃棉、矿渣棉、石棉、膨胀珍珠岩、泡沫混凝土、软木砖、木屑、聚氨酯泡沫塑料、聚苯乙烯泡沫塑料等。

保温结构一般由防锈层、保温层、防潮层和保护层四层构成。

（1）防锈层　防锈层也称防锈底层，是管路金属表面的污垢、锈迹除去后，在需要保温的管路上刷的1～2遍底漆。

（2）保温层　保温层是保温结构的主要部分，有涂抹式、制品式、缠包式、填充式等。

① 涂抹式。将和好的胶泥状保温材料直接涂抹在管子上，常用胶泥材料有石棉硅藻土、石棉粉等。一般先在管外刷两遍防锈漆，再分层涂抹胶泥，第一层厚5mm左右，干燥后再涂第二层，从第二层起以后各层涂抹厚度为1.0～1.5mm，前一层干燥后再涂下一层，直到设计要求的厚度为止。立管保温时，为防止保温层下坠，应先在管道上每隔2～4m焊一支撑环，支撑可由2～4块扁钢组成，宽度与保温层厚度相近。

保温层外用玻璃纤维布或加铁丝网后再涂抹石棉水泥作保护层，它的施工应在保温层干透后进行。涂抹式保温结构如图7-1所示。

② 制品式。将保温材料（膨胀珍珠岩、硅藻土、泡沫混凝土、发泡塑料等）预制成砖块状或瓦块状，施工时用铁丝将其捆扎在管外。为保证管道保温效果，在进行捆绑作业前，应将预制件先干燥，以减少其含水量。块间接缝处用石棉硅藻土胶泥填实，最外层用玻璃丝布、铁皮或加铁丝网后涂抹石棉水泥作保护层。制品式保温结构如图7-2所示。

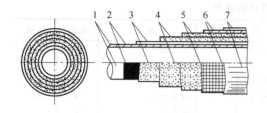

图 7-1　涂抹式保温结构

1—管子；2—红丹防蚀层；3—第一层胶泥；4—第
二层制品胶泥；5—第三层胶泥；6,7—保护层

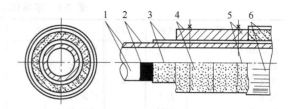

图 7-2　制品式保温结构

1—管子；2—红丹防蚀层；3—胶泥层；4—保温
（管瓦）；5—铁丝或扁铁环；6—铁丝网

③ 缠包式。用矿渣棉毡、玻璃棉毡或石棉绳直接包卷缠绕在管外，用铁丝捆牢，厚度不够时可多包几层，各层间包紧，外层用玻璃丝布作保护层。如图 7-3 所示为石棉绳缠包式保温结构。

④ 填充式。填充式是将矿渣棉、玻璃棉或泡沫混凝土等保温材料充填在管子周围特制的铁丝网套或铁皮壳内，对用铁丝网套的外面再涂抹石棉水泥保护层。此法保温效果好，但施工作业较麻烦，不能用于有振动部位的保温。如图 7-4 所示为填充式保温结构。

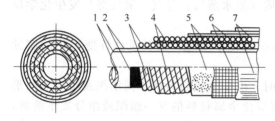

图 7-3　石棉绳缠包式保温结构

1—管子；2—红丹防蚀层；3—第一层石棉绳；4—第
二层石棉绳；5—胶泥层；6—铁丝网；7—保护层

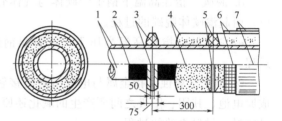

图 7-4　填充式保温结构

1—管子；2—红丹防蚀层；3—固定环；4—填充的
保温材料；5—铁丝；6—铁丝网；7—保护层

（3）防潮层　防潮层主要用于保冷管路、埋地保温管路，应完整严密地包在干燥的保温层上。防潮层有两种，一种为石油沥青油毡内外各涂一层沥青玛蹄脂，另一种为玻璃布内外各涂一层沥青玛蹄脂。

（4）保护层　保护层是无防潮层的保温结构，保护层在保温层外，有防潮层的保温结构，保护层在防潮层外。保护层对保温层的保温效果及使用寿命有很大影响。

3．化工管路的安全涂色

为了便于区别各种介质的管路，确保安全操作，管路保护层外需涂以不同颜色。涂色方法一种是单色，另一种是在底色上加色圈（每隔 2m 加一个色圈，其宽度为 50～100mm）或注字。

常用化工管路的涂色参考见表 7-1，管路涂色目前无统一标准，各厂可视具体情况进行调整或补充。

二、化工管道设备防腐安全技术

1．腐蚀的概念及分类

（1）腐蚀　腐蚀是指材料在周围介质的作用下所产生的破坏。引起破坏的原因可能是物理的、机械的因素，也可能是化学的、生物的因素等。

（2）腐蚀机理　腐蚀机理分为化学腐蚀和电化学腐蚀。

表 7-1 常用化工管路的涂色

管路类型	底色	色圈	管路类型	底色	色圈	管路类型	底色	色圈
过热蒸汽管	红	黄	氨气管	橘黄		生活饮水管	绿	
饱和蒸汽管	红		压缩空气管	浅蓝	黄	热水供水管	绿	黄
废气管	红	绿	酸液管	橘黄	褐	热水回水管	绿	褐
氧气管	天蓝		碱液管	粉红		凝结水管	绿	红
氮气管	棕黑		油类管	橙		排水管	黑	
氢气管	深蓝	白	工业用水管	绿		消防水管	绿	红蓝

① 化学腐蚀。指金属与周围介质发生化学反应而引起的破坏。工业中常见的化学腐蚀有以下几种。

a. 金属氧化。指金属在干燥或高温气体中与氧反应所产生的腐蚀过程。

b. 高温硫化。指金属在高温下与含硫（硫蒸气、二氧化硫、硫化氢等）介质反应形成硫化物的腐蚀过程。

c. 渗碳。指某些碳化物（如一氧化碳、烃类等）与钢接触在高温下分解生成游离碳，渗入钢内部形成碳化物的腐蚀过程。

d. 脱碳。指在高温下钢中渗碳体与气体介质（如水蒸气、氢气、氧气等）发生化学反应，引起渗碳体脱碳的过程。

e. 氢腐蚀。指在高温高压下，氢引起钢组织的化学变化，使其机械性能劣化的腐蚀过程。

② 电化学腐蚀。指金属与电解质溶液接触时，由于金属材料的不同组织及组成之间形成原电池，其阴、阳极之间所产生的氧化还原反应使金属材料的某一组织或组分发生溶解，最终导致材料失效的过程。

（3）腐蚀的分类

① 全面腐蚀与局部腐蚀。在金属设备整个表面或大面积发生程度相同或相近的腐蚀，称为全面腐蚀。腐蚀介质以一定的速度溶解被腐蚀的设备。全面腐蚀的速度以设备单位面积上在单位时间内损失的质量表示，如 $g/(m^2 \cdot h)$。也可以用每年金属被腐蚀的深度，即构件变薄的程度表示，如 mm/年。

局限于金属结构某些特定区域或部位上的腐蚀称为局部腐蚀。

根据金属的腐蚀速度大小分，可以将金属材料的耐腐蚀性分为四级。见表 7-2。

表 7-2 金属材料耐腐蚀等级

等 级	腐蚀速度/(mm/年)	耐腐蚀性	等 级	腐蚀速度/(mm/年)	耐腐蚀性
1	<0.05	优良	3	0.5~1.5	可用,但腐蚀较重
2	0.05~0.5	良好	4	>1.5	不适用,腐蚀严重

② 点腐蚀。又称孔蚀，指集中于金属表面个别小点上深度较大的腐蚀现象。金属表面由于露头、错位、介质不均匀等缺陷。使其表面膜的完整性遭到破坏，成为点蚀源。该点蚀源在某段时间内是活性状态，电极电位较负，与表面其他部位构成局部腐蚀微电池，在大阴极小阳极的条件下，点蚀源的金属迅速被溶解而形成空洞。孔洞不断加深，直至穿透，造成不良后果。

防止点腐蚀的措施有以下几点。

a. 减少介质溶液中 Cl^- 浓度，或加入有抑制点腐蚀作用的阴离子（缓蚀剂），如对不锈钢可加入 OH^-，对铝合金可加入 NO_3^-。

b. 减少介质溶液中氧化性离子，如 Fe^{3+}、Cu^{2+}、Hg^{2+} 等。

c. 降低介质溶液温度，加大溶液流速或加搅拌。

d. 采用阴极保护。

e. 采用耐点腐蚀合金。

③ 缝隙腐蚀。缝隙腐蚀指在电解液中，金属与金属，金属与非金属之间构成的窄缝隙内发生的腐蚀。在化工生产中，管道连接处，衬板、垫片处，设备污泥沉积处，腐蚀物附着处等，均易发生缝隙腐蚀；当金属保护层破损时，金属与保护层之间的破损缝隙也会发生腐蚀。

缝隙腐蚀的原因是由于缝隙内积液流动不畅，时间长了会使缝内外由于电解质浓度不同构成浓差原电池，发生氧化还原反应。

阳极　$Me \longrightarrow Me^+ + 4e^-$　　阴极　$O_2 + 2H_2O + 4e \longrightarrow 4OH^-$

几乎所有的金属都可能产生缝隙腐蚀。几乎所有的腐蚀性介质（包括淡水）都能引起金属缝隙腐蚀，但以含 Cl^- 的溶液最容易引起这类腐蚀。缝隙的宽度要足够窄小，才能够使缝隙内外溶液之间的物质迁移发生困难，但应以允许溶液进入缝隙内为限度。这就是说，一定宽度的缝隙才能引起缝隙腐蚀。试验证明，这个宽度一般在 $0.025 \sim 0.1mm$ 的范围内，这样的缝隙在实际中是常见的。因而金属缝隙腐蚀是很普遍的。缝隙腐蚀多数情况是宏观电池腐蚀，腐蚀形态从缝内金属的孔蚀到全面腐蚀都有。

防止缝隙腐蚀的措施包括以下几个方面。

a. 采用抗缝隙腐蚀的金属或合金材料，如 Cr18Ni12Mo3Ti 不锈钢。

b. 采用合理的设计方案，避免连接处出现缝隙、死角等，解决降低缝隙腐蚀的程度。

c. 垫圈材料应避免采用吸湿性材料（如石棉），以防吸水后造成腐蚀介质条件；宜采用非吸湿性材料，如聚四氟乙烯材料。

d. 采用电化学保护。

e. 采用缓蚀剂保护。

④ 晶间腐蚀。晶间腐蚀是指沿着金属材料晶粒间界发生的腐蚀。这种腐蚀可以在材料外观无变化的情况下，使其完全丧失强度。金属材料在腐蚀环境中，晶界和本身物质的物理化学和电化学性能有差异时，会在他们之间构成原电池，使腐蚀沿晶粒边界发展，致使材料的晶粒间失去结合力。

防止晶间腐蚀的措施有三种。

a. 对钢材料进行适当热处理。

b. 降低金属材料中的碳、氮含量，采用低碳氮、含高钼的不锈钢或采用含足量钛、铌的不锈钢。

c. 采用合金材料。

⑤ 应力腐蚀破裂。应力腐蚀破裂是金属材料在静拉伸应力和腐蚀介质共同作用下导致破裂的现象。

应力腐蚀破裂造成的金属损坏不是力学破坏与腐蚀损坏两项单独作用的简单加和。因为在腐蚀介质中，在远低于材料屈服极限的应力下会引起破裂；在应力的作用下，腐蚀性极弱的介质就可能引起腐蚀破裂。它常常是在从全面腐蚀方面看来是耐蚀的情况下发生的、没有形变预兆的突然断裂，裂纹发展迅速且预测困难，容易造成严重事故。

材料在拉应力作用下，由于在应力集中处出现变形或金属裂纹，形成新表面，新表面与原表面因电位差构成原电池，发生氧化还原反应，金属溶解，导致裂纹迅速发展。发生应力腐蚀的金属材料主要是合金，纯金属较少。

防止应力腐蚀的措施有以下几个方面。

a. 合理设计结构，消除应力。用得最多和最有效的办法是消除应力。设备机加工或焊接后最好是进行消除应力退火。

b. 合理选用材料。选用耐应力腐蚀破裂的金属材料。就是使其不能够产生应力腐蚀破裂的材料/环境组合。

c. 改变介质的腐蚀性，使其完全不腐蚀（包括使其进入稳定态），或者使其转为全面腐蚀，均可防止应力腐蚀破裂。前者例如使用缓蚀剂，后者例如对于可经常更换的零部件改变介质成分，造成全面腐蚀。

d. 避免高温操作。

e. 采用阴极保护。

⑥ 氢损伤。指由氢作用引起材料性能下降的一种现象，包括氢腐蚀与氢脆。氢腐蚀的原因是在高温高压下，H_2 于金属表面进行物理吸附并分解为 H，H 经化学吸附透过金属表面进入内部，破坏晶间结合力，在高压应力作用下，导致微裂纹生成。氢脆是指氢溶于金属后残留于错位等处，当氢达到饱和后，对错位起钉扎作用，使金属晶粒滑移难以进行，造成金属出现脆性。

防止氢损伤的措施有三点。

a. 采用合金材料，使金属表面形成致密的膜阻止氢向金属内部扩散。

b. 避免高温高压同时操作。

c. 在气态氢环境中，加入适量氧气抑制氢脆发生。

⑦ 腐蚀疲劳。在交变应力和腐蚀介质同时作用下，金属的疲劳强度或疲劳寿命较无腐蚀作用时有所降低，这种现象叫做腐蚀疲劳。通常，"腐蚀疲劳"是指在除空气以外的腐蚀介质中的疲劳行为。腐蚀疲劳对任何金属在任何腐蚀介质中都可能发生。

防止腐蚀疲劳的措施包括以下几点。

a. 设计上避免形成缝隙。

b. 采用耐腐蚀的合金或不锈钢材料。

c. 给材料表面造成压应力，如氮化或表面淬火。

d. 采用金属镀层或非金属涂层，常用的金属镀层是锌镀层。

e. 采用阴极或阳极保护。

⑧ 冲刷腐蚀。冲刷腐蚀，又称磨损腐蚀，是指溶液与材料以较高速度作相对运动时，冲刷和腐蚀共同引起的材料表面损伤现象。这种损伤要比冲刷或腐蚀单独存在时所造成的损伤的加和大得多，这是因为冲刷与腐蚀互相促进的缘故。化工过程有许多冲刷腐蚀问题，例如泥浆泵叶片的损坏、管弯头和阀杆、阀座的冲击腐蚀等。

冲刷腐蚀主要是因较高的流速引起的，而当溶液中还含有研磨作用的固体颗粒（如不溶性盐类，砂粒和泥浆）时就更容易产生这种破坏。破坏的作用是不断从金属表面去除保护膜，产生腐蚀。

防止冲刷腐蚀的措施有三点。

a. 使用适当的金属材料是防止冲刷腐蚀的重要手段，例如加有铁的铝黄铜耐湍流腐蚀较好。

b. 减小溶液的流速并从管系几何学方面保证流动是层流，不产生湍流，可以减轻冲刷腐蚀。例如，管子的直径应尽可能大，并与前后的截面尺寸尽可能一致，弯头的曲率半径大些，入口和出口采用流线形等。

c. 介质方面主要是用过滤和沉淀的方法除去溶液中的固体颗粒。

2. 腐蚀与安全

腐蚀普遍存在于化工部门。在化工生产中，所用原材料及生产过程中的中间产品、产品等很多物料都具有腐蚀性，这些腐蚀性物料对建（构）筑物、机械设备、仪器仪表等设施，特别是化工管道，将会造成腐蚀性破坏，从而影响生产安全。

在化工生产中，由于大量酸、碱等腐蚀性物料造成的事故，如设备基础下陷、管道变形开裂、泄漏、破坏绝缘、仪表失灵等，严重影响正常的生产，危害人身安全。因此，在化工生产过程中，必须高度重视腐蚀与防护问题。

3. 常用的腐蚀控制方法

（1）正确选材　防止或减缓腐蚀的根本途径是正确的选择工程材料。在选择材料时，除考虑一般技术经济指标外，还应考虑工艺条件及其在生产过程中的变化。要根据介质的性质、浓度、杂质、腐蚀产物、化学反应、温度、压力、流速等工艺条件，以及材料的耐腐蚀性能等，综合选择材料。

常用金属材料的耐腐蚀性能、常用非金属材料的耐腐蚀性能见附录表。

（2）合理设计

① 避免缝隙。缝隙是引起腐蚀的重要因素之一。因此在结构设计、连接形式上，应注意避免出现缝隙，采取合理的结构，如避免铆接或缝隙中添加不吸潮的填料及垫片等，采取焊接时，应用双面焊，避免搭接焊或点焊。

② 消除积液。设备死角的积液处是发生严重腐蚀的部位。因此，在设计时应尽量减少设备死角，消除积液对设备的腐蚀。

（3）电化学保护

① 阳极保护。在化学介质中，将被腐蚀的金属通以阳极电流，在其表面形成耐腐蚀性很强的钝化膜，保护金属不被腐蚀。

② 阴极保护。有外加电流和牺牲阳极两种方法。外加电流是将被保护金属与直流电源负极连接，正极与外加辅助电极连接，电源通入被保护金属阴极电流，使腐蚀过程受到抑制。牺牲阳极又称护屏保护，是将电极电位较负的金属同被保护金属连接构成原电池，电位较负的金属（阳极）反应过程中流出的电流可以抑制对被保护金属的腐蚀。

（4）缓蚀剂　加入腐蚀介质中，能够阻止金属腐蚀或降低金属腐蚀速度的物质，称为缓蚀剂。缓蚀剂在金属表面吸附，形成一层连续的保护性吸附膜，或在金属表面生成一层难溶化合物金属膜，隔离屏蔽了金属，阻滞了腐蚀反应过程，降低了腐蚀速度，达到了缓蚀的目的，保护了金属材料。常见的缓蚀剂见表 7-3。

表 7-3　常见的缓蚀剂

缓蚀剂名称	缓蚀材料	腐蚀介质	缓蚀剂名称	缓蚀材料	腐蚀介质
乌洛托品	钢铁	盐酸、硫酸	亚硝酸钠	钢铁	淡水、盐水、海水
粗吡啶	钢铁	盐酸氢氟酸混酸	铬酸盐	钢铁、铝镁铜及合金	微碱性水
负氮	钢铁	盐酸氢氟酸混酸	重铬酸盐	钢铁、铝镁铜及合金	高碱性水
负氮＋KI	钢铁	高温盐酸	低模硅酸钠	钢、铜、铅、铝	低含盐量水
粗喹啉	钢铁	硫酸	高模硅酸钠	黄铜、镀锌	热水
甲醛与苯胺缩合物	钢铁	盐酸			

（5）金属保护层　金属保护层是指用耐腐蚀性较强的金属或合金，覆盖于耐腐蚀性较差的金属表面达到保护作用的金属。

① 金属衬里。将耐腐蚀性高的金属，如铅、钛、铝、不锈钢等衬覆于设备内部，防止腐蚀。

② 喷镀。将熔融金属、合金或金属陶瓷喷射于被保护金属表面上以防腐蚀。

③ 热浸镀。将钢铁构件基体表面热浸上铝、锌、铅、锡及其合金以防腐蚀。

④ 表面合金化。采用渗、扩散等工艺，使金属表面得到某种合金表面层，以防腐蚀、摩擦。

⑤ 电镀。采用电化学原理，以工作表面为阴极，获得电沉积表面层借以保护。

⑥ 化学镀。采用化学反应，在金属表面上镀镍、锡、铜、银等以防止腐蚀。

⑦ 离子镀。减压下使金属或合金蒸气部分离子化，在高能作用下对被保护金属表面进行溅射、沉积以获得镀层，保护金属。

（6）非金属保护层　采用非金属材料覆盖于金属或非金属设备或设施表面，防止腐蚀的保护层。分衬里和涂层两类，非金属衬里在化工设备中应用广泛。

① 非金属衬里。常见的非金属衬里结构种类见表7-4。

表 7-4　常见的非金属衬里结构种类

衬里名称	材料	特点
玻璃钢 　环氧玻璃钢 　酚醛玻璃钢 　呋喃玻璃钢 　聚酯玻璃钢	增强材料、玻璃纤维、胶液、相应的树脂	①耐腐蚀性好 ②有较高的强度和整体性 ③树脂与纤维的浸润性影响耐蚀性 ④固化处理有一定影响
合成橡胶 　氯丁橡胶 　丁基橡胶 　丁腈橡胶	橡胶板粘贴在被保护表面	①有较好的耐腐蚀性 ②可自身硫化，得到致密性高、有弹性、有韧性、高附着力的衬里 ③适用于温度不高过程
砖板 　陶瓷板 　石墨板 　高铝砖 　铸石板	砖板材胶黏剂、硅酸盐类胶泥、树脂类胶泥	①适用于各种尺寸、形状的设备衬里 ②受冲击、振动、温度骤变等能力较差 ③施工要求严格
塑料 　聚氟氯乙烯 　聚丙烯 　ABS 　软聚氯乙烯	板材整衬或塑料设备单独结构，外用玻璃钢增强	①耐腐蚀性较好 ②耐温性受塑料本身限制 ③轻巧、方便 ④不受设备尺寸限制

② 非金属涂层。涂层是涂刷于物体表面后，形成一种坚韧、耐磨、耐腐蚀的保护层。常见的涂层涂料类别见表7-5。

（7）非金属设备　由于非金属材料具有优良的耐腐蚀性及相当好的物理机械性能，因此可以代替金属材料，加工制成各种防腐蚀设备和机器。常用的有聚氯乙烯、聚丙烯、不透性石墨、陶瓷、玻璃以及玻璃钢、天然岩石、铸石等。可以制造设备、管道、管件、机器及部件、基本设施等。

表 7-5　常见的涂层涂料类别

涂层涂料类别	代号	主要成膜物质	应　用
油性漆类	Y	天然动植物油、清油、合成油	木材防水、防潮、防大气、户外大型设备的防锈蚀
天然树脂漆类	T	松香及其衍生物、虫胶、大漆及其衍生物	木质、金属制品的涂装与保护,虫胶、大漆耐酸、碱、水的腐蚀,施工复杂,有毒
酚醛树脂漆类	F	酚醛及其改性树脂、二甲苯树脂	耐水、酸、碱腐蚀,绝缘,广泛用于木器、机械、电器、建筑等
沥青类	L	天然沥青、石油沥青、煤焦油沥青等	耐水、防潮、耐酸、碱、气体腐蚀,广泛用于化工、船舶、机械、水下、地下设施的涂装
醇酸树脂漆类	C	甘油醇酸树脂、季戊四醇酸树脂其他改性醇酸树脂	有优良耐候性、较好的综合性能,广泛用于大气中构筑物的涂装
氨基树脂漆类	A	脲醛树脂、三聚氰胺甲醛树脂	耐水、油,抗粉化、耐磨、价廉,多作为装饰用漆,如仪表、玩具等轻工业产品的装饰用漆
硝基漆类	Q	硝基纤维、改性硝基纤维素	常温有一定耐水、稀酸能力,耐候性、耐温性差,主要用于金属、木材、皮革的涂装
纤维素漆类	M	乙基、苄基、羟甲基、乙酸纤维及其他纤维脂及醚类	耐水、耐候、耐磨一般,耐酸、碱略差,对热敏感,有漆膜薄、坚韧、快干等特点
过氯乙烯漆类	G	过氯乙烯树脂、改性过氯乙烯树脂	耐水、酸、碱、大气、抗菌、不燃、耐寒、快干、施工方便,附着力较差,用于防腐设施、机械、车辆防护
乙烯漆类	X	氯乙烯共聚树脂、聚乙酸乙烯及其共聚物、聚乙烯醇缩醛树脂、含氟树脂等	耐水、油、酸、碱,用于机床、器材、建筑、地板、玩具、塑料制品的表面涂装
丙烯酸漆类	B	丙烯酸酯、丙酸共聚物及其改性树脂	耐热、氧化、酸、碱、保光、保色、防霉,适于沿海湿热地区各种机器、器械的装饰技术
聚酯漆类	Z	饱和、不饱和聚酯树脂	有耐溶剂、耐磨、耐寒、耐酸碱、保光等性能,用于铜线绝缘漆及木器等
环氧树脂漆类	H	环氧树脂,改性环氧树脂	是良好的防腐涂料,广泛用于化工、造船、机械的涂装
聚氨酯漆类	S	聚氨基甲酸酯	湿固化型、漆膜坚硬、强韧、致密,耐磨、耐酸碱,用于核反应堆临界区建筑物表面防护及船舶甲板、油管等
元素有机漆类	W	有机硅、有机钛、有机铝等元素有机聚合物	耐热($300\sim800\,℃$),用于高温设备、烟囱、排气管及高温零件的涂装
橡胶漆类	J	天然、合成橡胶及其衍生物	具有快干、耐蚀、耐候等性能,随橡胶种类变化用于室内外化工设备、管路、构筑物的涂装
其他漆类	E	硅酸钠、硅酸钾	含锌粉较多($>70\%$),膜坚硬、耐磨、耐水、油,耐溶剂性好、抗大气、防老化、防锈蚀,用于船舶、油罐、水塔、烟囱等的防腐

4. 管道防腐工程安全施工

(1) **管道表面清理**　通常在金属管道和构件的表面都有金属氧化物、油脂、泥灰、浮锈等杂质,这些杂质影响防腐层同金属表面的结合,因此在刷油漆前必须去掉这些杂质。除采用 7108 稳化型带锈底漆允许有 $80\mu m$ 以下的锈层之外,一般都要求露出金属本色。表面清理分为除油、除锈和酸洗。

① 除油。如果金属表面黏结较多的油污时,要用汽油或者浓度为 5% 的热苛性钠(氢氧

化钠）溶液洗刷干净，干燥后再除锈。

② 除锈。管道除锈的方法很多，有人工除锈、机械除锈、喷砂除锈、酸洗除锈等。

（2）涂漆　涂漆是对管道进行防腐的主要方法。涂漆质量的好坏将直接关系到防腐效果，为保证涂漆质量，必须掌握涂漆技术。

涂漆一般采用刷漆、喷漆、浸漆、浇漆等方法。在化工管道工程中大多采用刷漆和喷漆方法。人工刷漆时应分层进行，每层应往复涂刷，纵横交错，并保持涂层均匀，不得漏涂。涂刷要均匀，每层不应涂得太厚，以免起皱和附着不牢。机械喷涂时，喷射的漆流应与喷漆面垂直，喷漆面为圆弧时，喷嘴与喷漆面的距离为 400mm。喷涂时，喷嘴的移动应均匀，速度宜保持在 10～18m/min，喷嘴使用的压缩空气压力为 0.196～0.392MPa。涂漆时环境温度不低于 5℃。

涂漆的结构和层数按设计规定，如无设计要求时，可按无绝热层的明装管道要求，涂 1～2 遍防锈漆，2～3 遍以上面漆；有绝热层的明装管道及暗装管道均应涂两遍防锈漆进行施工。埋设在地下的铸铁管出厂时未给管道涂防腐层者，施工前应在其表面涂刷两遍沥青漆。

涂漆时要等前一层干燥后再涂下一层。有些管道在出厂时已按设计要求作了防腐处理，现场施工中在施工验收后要对连接部分进行补涂，补涂要求与原涂层相同。

第二部分　能力的培养——典型事故案例及分析

【案例 1】　1997 年 8 月，四川省石油管理局某开发公司的天然气集输管道由于内壁受腐蚀造成泄漏，发生爆炸，致使 10 人受伤，两条国道线和光缆中断，经济损失达 250 万元。

事故的主要原因是管道壁受腐蚀而导致泄漏。

【案例 2】　1978 年 3 月，北海"埃科菲斯克"采油区的"杰兰"号平台发生倾覆。多人受伤，并造成巨大的经济损失。

事故的主要原因是由海洋对金属的腐蚀而引起的。原来为了在一根横梁上固定一台定位的电子装置，工人曾在上面钻一个小洞，日后由于海水腐蚀，这小洞扩大成一条 27cm 长的裂缝，造成平台倾毁在海浪中。

【案例 3】　江阴市周庄龙山人造革厂三分厂"4.7"爆燃事故

2000 年 4 月 7 日晚 18 时 45 分许，江阴市周庄龙山人造革厂三分厂牛津布车间发生爆燃并引发火灾，造成 4 人死亡，2 人受伤，火灾烧毁车间内部分成品及半成品，烧损一套涂层生产线，过火面积达 670m²，直接经济损失折款 25 万余元。

1. 事故经过

2000 年 4 月 7 日晚 18 时 45 分许，江阴市周庄龙山人造革厂三分厂牛津布车间在生产时突然发生爆燃，并引燃车间内堆放的成品及半成品，火势迅速蔓延扩大，当班工人随即报警。18 时 53 分，江阴消防大队接警后立即派遣 3 辆消防车赶赴现场；19 时 13 分，消防车赶到现场，此时车间已是一片火海，火势正在向邻近厂房迫近，消防官兵迅速展开扑救，并向无锡消防支队请求增援。19 时 30 分左右，江阴消防大队和无锡消防支队领导先后赶到现场，指挥灭火及救援工作。经紧急排查，认定现场还有四名职工。19 时 43 分，进入火灾现场救援人员搜寻到两名工人，并确认已死亡；20 时 05 分，大火被彻底扑灭；20 时 10 分，另两名工人在火场被找到，确认也已死亡。火灾中另有两名工人受伤。

2. 事故原因分析

(1) 直接原因　据调查，该厂生产涂层布所用涂层原料主要是丙烯酸酯树脂涂层胶（供货商是吴江市兴塘化工助剂厂，主要成分为丙烯酸酯树脂和甲苯，其中甲苯含量为80%～81%，经取样测定样品的开口闪点低于19℃）和958稀释剂（供货商是江阴市陆桥中心校办溶剂厂，经取样测定样品中含60%的甲苯，样品的开口闪点低于19℃）混合后的胶料。4月7日下午该车间正常生产170T涂层布，其用胶料量为每平方米布32g，布料行走速度为每分钟34m。到18时左右，开始转为生产600D涂层布，其用胶料量为每平方米布80g，布料行走速度调至为每分钟17m，至事故发生时已生产600D涂层布约650m。由于转产600D涂层布后，用胶料量大为增加，而烘箱内加热温度不变，排风量不变，因而在烘箱内的有机溶剂挥发量增大。

调查组经现场勘查、调查取证、聘请专家技术鉴定，排除了明火和电火花起火的因素。经调查分析，该涂层生产线在烘干过程中，涂布的表层涂料挥发出大量含有甲苯等可燃性混合气体（蒸气），由于烘箱上方排风系统不能及时将烘箱内涂布表层涂料挥发出的可燃性混合气体（蒸气）排出，烘箱内充满可燃性混合气体（蒸气）并达到了爆炸极限；另外整个涂层生产线没有有效的消静电装置，尤其卷料部分没有任何消除静电的措施，在涂布干燥后的卷取作业中，滚动摩擦的作用产生较高的静电位，并放电产生静电火花，在静电火花的引燃下，卷取端涂布的表层开始燃烧，火焰很快传播至烘箱，引爆烘箱内的爆炸性混合气体，并导致厂房内发生火灾。

据此，调查组认定：该人造革厂三分厂涂布生产线发生爆燃火灾事故的直接原因是由于生产设备缺乏必要的安全装置，没有有效的消除静电措施，排风系统不能满足工艺安全要求，以至该涂布生产线在涂层、刮料、烘干、卷料的过程中，涂布的表层及烘箱空间内充满了涂料挥发出来的可燃性混合气体（蒸气），在涂布卷料作业过程中产生的高电位静电放电火花的引燃下，引爆烘箱内的爆炸性混合气体。

(2) 间接原因

① 企业对化学危险物品缺乏应有的了解和认识。该企业的领导、各级干部和职工对生产中所使用的化学危险物品的成分、物理化学特性和危险性都缺乏应有的了解和认识。无知和经济利益的驱动是导致盲目蛮干、造成事故发生的一个重要原因。

② 工艺设备不符合安全要求。该企业的涂层生产经涂层、刮料、烘干、卷料等工艺过程，其涂层所用原料含有大量可燃液体，并在烘干过程中蒸发为可燃气体，该生产属于易燃易爆危险作业，因此从工艺设计、设备装置到运行管理都必须符合其危险性特点的安全生产要求。

该涂层线是1997年由当时的厂长顾某在上海塑料一厂"星期天工程师"的指导下，参照上塑一厂的钢带机的结构，对购买的旧设备改造制成，其设备电机均不防爆，没有有效的静电消除装置，而且排风系统不能满足工艺安全要求。

企业在1997年新增涂层生产线过程中，未按国家规定申报项目，未经过"三同时"审查，以致留下严重的事故隐患。

③ 企业管理比较混乱。

a. 作为大量使用化学危险物品的企业，对化学危险物品的采购、保管、领用等没有严格的规定。所购买的化学原料无危险标志、无安全标签、无安全技术说明书；企业对化学危险物品管理没有严格的检验入库、领用等制度，没有对职工进行必要的化学危险物品的危害、防护、应急等知识的教育。

b. 生产现场较为混乱。大量成品、半成品放置在生产车间内，厂区内化学危险物品乱堆乱放情况严重。

c. 安全管理制度不健全。作为化学危险物品使用单位没有制订严格的安全操作规程，没有建立各级安全防火责任制，没有对职工进行三级安全教育。

综上分析，调查组认定：该事故是一起由于生产设备缺乏有效的安全装置、严重违章而造成的责任事故。

3. 事故责任分析和有关责任者的处理建议

① 龙山人造革厂三分厂，企业管理混乱，安全管理制度不健全、规章制度不落实，对化学危险物品知识缺乏应有的了解，安全生产防火防爆认识不足，职工缺乏安全教育培训，生产作业现场事故隐患丛生，违反《中华人民共和国消防法》及国务院《化学危险物品安全管理条例》等法律法规。根据江阴市龙山股份制企业董事局章程和龙山人造革厂三分厂股份制企业章程，三分厂具有自主经营权，独立行使产、供、销及人财物等各项决策；企业实行厂长负责制，分厂厂长是企业的最高经营管理者，因此，三分厂厂长应对这起事故负有主要责任。建议对三分厂厂长赵某依法追究法律责任。

② 龙山人造革厂三分厂隶属龙山人造革厂，而龙山人造革厂对不具备法人资格的三分厂放松管理，只下达经济指标、不实施安全管理，对三分厂长期以来存在的严重违反国家有关安全防火法律法规的情况放任自流，属严重失职行为。龙山人造革厂法定代表人蒋某对这起事故应负有直接领导责任。建议对蒋某给予党内严重警告处分，并给予一定的经济处罚。

③ 龙山人造革厂三分厂在建厂以及新增涂层生产线项目时，未按国家有关法律法规的规定，办理项目审批手续及"三同时"审查验收；改造制作的涂层生产设备不符合使用化学危险物品管理规定的工艺要求，留下严重的事故隐患。因此，原三分厂厂长顾某对这起事故的发生负有不可推卸的重要责任。鉴于由顾某任法定代表人的企业于4月9日也发生火灾事故，对顾某的责任建议在4月9日火灾事故处理中一并追究。

④ 龙山人造革厂是江阴龙山集团公司的下属企业，长期以来对所属企业没有实行安全防火责任制，没有履行主管部门的安全管理职责，属严重失职行为。江阴市龙山集团公司董事长兼总经理承某对这起事故负有领导责任。建议对承某给予党内警告处分。

⑤ 根据江阴市周庄镇政府安全防火管理体系，龙山人造革厂属鸡龙山村领导。在周庄镇政府每年下达安全防火目标管理责任书后，村委没有对下属企业实施分解落实。造成政府对企业的安全管理断层、失控，属失职行为。作为鸡龙山村安全防火第一责任人、村委主任薛某对事故的发生负有领导责任。建议对薛某给予党内警告处分。

⑥ 江阴市周庄镇政府辖区内的企业在安全防火工作方面检查督促不力，安全防火管理出现漏洞，如对鸡龙山村在安全管理薄弱、安全责任不落实、事故隐患长期存在的情况未能及时发现和整改。因此，周庄镇政府长期分管工业生产的副镇长徐建中负有一定的领导责任；镇政府分管安全工作的副镇长胡某、镇政府主要领导镇长沈某也应负有一定的领导责任。建议对徐某给予行政警告处分；对胡某、沈某给予通报批评。

⑦ 向龙山人造革厂三分厂提供丙烯酸酯树脂的江苏省吴江市兴塘化工助剂厂、提供958稀释剂的江阴市陆桥中心校办溶剂厂和张家港杨舍化工物资站三家厂商，均违反国务院《化学危险物品管理条例》和有关危险化学品国家标准，三家企业均无化学危险物品安全生产许可证、产品出厂时产品包装桶上没有"危险物品包装标志"，没有挂贴"危险化学品安全标

签"，没有向使用单位提供"危险化学品安全技术说明书"等有关资料，因此，上述企业对龙山人造革厂三分厂"4.7"爆燃事故的发生负有一定间接责任。据此，建议江阴市有关部门对江阴市陆桥中心校办溶剂厂吊销营业执照并处以罚款，对法人代表和有关责任人依法追究相应责任。对江苏省吴江市兴塘化工助剂厂、张家港杨舍化工物资站建议由省及当地有关部门依照法律法规的规定严肃处理。

4. 整改意见

① 江阴市政府要责成有关部门制定全市人造革生产企业安全生产管理规范，明确人造革生产企业的生产区、生活区、仓库区必须分开，化学危险物品管理必须符合消防安全要求；涂层生产场所的电器、设备必须达到防爆要求；生产设备必须有防静电设施，并经有关部门检测合格；烘箱的排风系统必须符合工艺安全要求；生产工艺和涂层胶料的选型必须遵循"确保安全，保证质量"的原则；企业必须建立和完善安全生产管理网络和规章制度，落实各级安全生产责任制，加强干部职工的安全教育培训工作。

江阴市各级政府应组织专业技术人员和安全干部对全市的人造革生产企业及同类生产企业进行彻底检查、清理、整顿，对不符合安全生产管理规范的企业要立即停产整改，整改完毕并经检查验收方可允许生产。

② 控制源头，严格"三同时"审查制度。凡新、改、扩建人造革项目。必须按规定立项审批，领取营业执照。办理"三同时"设计审查手续，项目建成后须经验收合格方可投产。

③ 龙山人造革厂必须深刻总结事故教训，并举一反三，开展安全生产整改活动、建立健全安全生产规章制度和各项安全生产操作规范，严格执行国家有关安全生产的法律法规和标准，加强职工的安全教育，各项安全生产设施设备必须符合国家规定的要求。在各项整改工作全面结束，并经有关部门检查验收通过后才可恢复生产。

④ 周庄镇政府和有关部门要从事故中吸取深刻教训，举一反三，严格落实各级安全生产责任制，严格执行"三同时"审查验收制度，加强安全生产监督检查，加强对企业领导和干部职工的安全教育培训。

⑤ 对事故责任者的处理，有关部门要坚持"三不放过"的原则，按照国家法律法规的规定，按照人事管理的权限，严肃追究有关责任人的责任。

复习思考题

一、简述与简答题

1. 简述化学腐蚀和电化学腐蚀的机理。
2. 在化工生产过程中，腐蚀可能产生哪些危害？
3. 常见的腐蚀类型有哪些？
4. 化工生产中防腐蚀的措施有哪些？
5. 调查某车间主要化工管路的构成、承载介质、管路材质及防腐措施。
6. 调查某车间主要化工管路的保温结构、材料及保温效果。

二、是非判断题

1. 化工管路保温的目的是维持一定的高温，减少能量损失；维持一定的低温，减少吸热；维持一定的室温，改善劳动条件；提高经济效益。（　　）
2. 保温材料应具有导热系数小、容重轻、耐热、耐湿、对金属无腐蚀作用、不易燃烧、来源广泛、价格低廉等特点。（　　）
3. 腐蚀是指材料在周围介质的作用下所产生的破坏，引起破坏的原因是化学的因素。（　　）

4. 禁止在脚手架和脚手板上超重聚集人员或放置超过计算荷重的材料。（　　）

5. 国家标准规定的安全色有红、蓝、黄、绿四种颜色。（　　）

6. 人字梯须具有坚固的铰链和限制开度的拉链。（　　）

7. 禁止在脚手架和脚手板上超重聚集人员或放置超过计算荷重的材料。（　　）

8. 建筑施工安全"三件宝"：它们是安全帽、安全带及脚手架。（　　）

9. 为了便于区别各种介质的管路，确保安全操作，管路保护层外需涂以不同颜色。（　　）

10. 阳极保护是在化学介质中，将被腐蚀的金属通以阴极电流，在其表面形成耐腐蚀性很强的钝化膜，保护金属不被腐蚀。（　　）

三、选择题

1. 常用化工管路的涂色，生活饮水管用（　　）。

A. 红　　B. 绿　　C. 蓝

2. 腐蚀机理分为两类（　　）。

A. 化学腐蚀和电化学腐蚀　　B. 物理腐蚀和化学腐蚀　　C 生物腐蚀和化学腐蚀

3. 防止或减缓腐蚀的根本途径是（　　）。

A. 正确的选择工程材料　　B. 工艺条件　　C. 介质的选择

4. 电镀是采用电化学原理，以工作表面为（　　），获得电沉积表面层借以保护。

A. 阴极　　B. 阳极　　C. 负极

5. 涂漆是对管道进行防腐的主要方法。涂漆的（　　）好坏将直接关系到防腐效果，为保证涂漆质量。

A. 质量　　B. 技术　　C. 工艺

6. 起重机驾驶员在起重作业过程中如发现设备机件有异常或故障应（　　）。

A. 在该工作完成后立即设法排除　　B. 边工作边排除　　C. 立即停止作业，设法进行排除

7. 起重机驾驶员在吊运作业时必须听从（　　）的指挥。

A. 现场人员　　B. 班组长　　C. 起重机指挥员

8. 车间中各机械设备之间通道宽度应不少于（　　）。

A. 0.5m　　B. 1m　　C. 1.5m

9. "一"字形的脚手架登高斜道适用于高度（　　）以下的架体使用。

A. 6m　　B. 12m　　C. 24m

10. 停电检修作业必须严格执行（　　）制度。

A. 监控　　B. 监护　　C. 备案

11. 安全带的正确挂扣应该是（　　）。

A. 同一水平　　B. 低挂高用　　C. 高挂低用

12. 国家规定一顶安全帽的重量不应超过（　　）克。

A. 400　　B. 500　　C. 600

13. 从事一般性高处作业脚上应穿（　　）。

A. 硬底鞋　　B. 软底防滑鞋　　C. 普通胶鞋

14. 从业人员有权拒绝（　　）指挥和（　　）冒险作业。

A. 正确、强令　　B. 违章、强令　　C. 正确、违章

15. 从业人员应当接受（　　）教育和培训。

A. 操作规程　　B. 技术措施　　C. 安全生产

16. 负有安全生产监督管理职责的部门进入生产经营单位进行检查，对检查中发现的安全生产违法行为，当场予以（　　）或者要求限期改正。

A. 纠正　　B. 指出　　C. 停产整顿

17. 在梯子上工作时，梯与地面的斜角度应为（　　）度左右。

A. 30　　B. 45　　C. 60

18. 拆除脚手架作业，必须（　　）进行。

A. 由上而下分层 B. 由下而上分层 C. 上下层同时

19. 检查管道接口处是否漏气，应采用（ ）的方法检漏。

A. 用明火 B. 用肥皂水 C. 用鼻子闻

20. 根据国家规定，凡在坠落高度离基准面（ ）以上有可能坠落的高处进行的作业，均称为高处作业。

A. 2m B. 3m C. 4m

附录一　部分安全网站

1. 中国安全网：www.safety.com.cn
2. 中国化工安全网：www.chemsafety.com.cn
3. 中国化学品安全网：www.nrcc.com.cn
4. 安全资讯网：www.safetyinfo.com.cn
5. 安全天地网：www.szsafety.com
6. 安全第一网：www.safe001.com
7. 化学品安全网：www.hxpaq.com.cn
8. 中国安全生产科学研究院：www.chinasafety.ac.cn
9. 中国安全网官方网：www.china-safety.com.cn
10. 现代职业安全：www.modernsafe.com
11. 中国安全评价网：www.51anping.net.cn
12. 中国注册安全工程师考试网：www.anquanshi.com
13. 中国安全产业网_中国第一专业安全产业门户网站：www.chinaosh.com
14. 职业安全健康局：www.oshc.org.hk
15. 安全与环境技术网-中国安全工程技术网：www.setn.cn
16. 中国安全防护网：www.aqfh.cn
17. 中国职业安全健康协会：www.cosha.org.cn
18. 职业安全健康网：www.aboutshe.org
19. 中国安全生产报社　中国煤炭报社：www.aqb.cn
20. 中国燃气安全网：www.gassafe.com.cn
21. 安全文化网：www.anquan.com.cn
22. 中国石化集团安全工程研究院：http://english.qdrise.com.cn
23. 国家安全生产监督管理总局：www.chinasafety.gov.cn
24. 国家安全生产监督管理总局研究中心：www.ccsr.cn
25. 内蒙古安全生产信息网：www.imcoal-safety.gov.cn
26. 广东省安全生产监督管理局网站：www.gdsafety.gov.cn
27. 北京市安全生产监督管理局　北京煤矿安全监察分局：www.bjsafety.gov.cn
28. 深圳市安全生产监督管理信息网：www.szsafety.gov.cn
29. 上海市安全生产监督管理局：www.shsafety.gov.cn
30. 浙江省安全生产监督管理局：www.zjsafety.gov.cn
31. 福建省安全生产监督管理局，福建煤矿安全监察局：www.fjsafety.gov.cn
32. 四川省安全生产监督管理局　四川煤矿安全监察局：www.scsafety.gov.cn
33. 广西安全生产监督管理局：www.gxws.chinasafety.gov.cn
34. 安徽省安全生产监督管理局：www.anhuisafety.gov.cn
35. 河南省安全生产监督管理局：www.hnsafety.gov.cn
36. 江苏安全生产网：www.jssafety.gov.cn
37. 湖南安全生产信息网：www.hunansafety.gov.cn
38. 天津市安全生产监督管理局：www.tjsafety.gov.cn
39. 黑龙江省安全生产监督管理局：www.hlsafety.gov.cn
40. 四川安全生产网：www.scaqw.com
41. 贵州省安全生产监督管理局：www.gzaj.gov.cn

42. 吉林省安全生产监督管理局：www.jlsafety.gov.cn

43. 山西省安全生产监督局：www.sxsafety.gov.cn

44. 工业安全网：www.industrysafety.cn

45. 辽宁省安全生产监督管理局：www.lnsafety.gov.cn

46. 湖北省安全生产监督管理局、湖北煤矿安全监察局：www.hubeisafety.gov.cn

47. 江西省安全生产监督管理局：www.jxsafety.gov.cn

48. 湖北安全生产信息网：www.hbsafety.com.cn

49. 陕西省安全生产监督管理局：www.snsafety.gov.cn

附录二 常用金属材料的耐腐蚀性能表

腐蚀性介质 名称	质量分数/%	温度/℃	碳钢	Cr17	Cr18Ni19Ti	Cr18Ni12Mo3Ti	硅铸铁	铝	铜
河水		90~100	○	+	+	+	+	+	+
海水		20	○	+	+	+	+	+	+
酸									
硝酸	<10	20	−	+	+	+	+	+	−
硝酸	<10	90~100	−	+	+	+	+	−	−
硝酸	60	20	−	+	+	+	+	+	−
硝酸	60	80~100	−	+	+	+	+	−	−
硫酸	10	20	−	−	+	+	+	+	+
硫酸	10	80~100	−	−	−	−	+	−	−
硫酸	60	20	−	○	−	−	−	○	−
硫酸	60	100	−	−	−	−	−	−	−
硫酸	95~100	20	○	+	+	+	+	○	−
硫酸	95~100	80~100	−	−	−	−	+	○	−
发烟硫酸	5	20	○	○	+	+	+	+	−
盐酸	10	20	−	−	○	−	+	−	○
盐酸	10	750	−	−	−	−	+	−	−
盐酸	35	20	−	−	−	−	+	−	−
盐酸	35	750	−	−	−	−	+	−	−
碱									
氢氧化钠	20	20	○	+	+	+	○	−	○
氢氧化钾	5~30	20	○	○	○	+	○	−	+
氢氧化钙	饱和	20	○	+	+	+	○	○	+
氨	30	20	○	+	+	+	○	○	○
盐溶液									
氯化钙	25	20	○	○	○	○	+	○	+
碳酸钠	稀	20	○	+	+	+	+	○	+
氯化钠	10	20	○	+	+	+	+	+	+
次氯酸钠	稀	20	○	+	+	+		−	○
气体									
氯化氢		250	○	+	+	+	+	+	+
氯气(含水)		20	−	−	−	−	○		
有机物									
乙醛	~100	20	+	+	+	+	+	+	+
甘油	~100	20	○	+	+	+	+	+	+
乙酸	10	20	−	+	+	+	+	+	+
乙酸	10	80~100	−	+	+	+	+	○	+
乙酸	90~100	20	−	○	+	+	+	+	+

168

腐 蚀 性 介 质			金 属						
名 称	质量分数 /%	温度 /℃	碳钢	Cr17	Cr18Ni19Ti	Cr18Ni12Mo3Ti	硅铸铁	铝	铜
有机物									
乙酸	90~100	80~100	－	－	＋	＋	＋	○	＋
丙烯腈	100	20	＋	＋	＋	＋	＋	＋	○
二硫化碳	100	20	＋	＋	＋	＋	＋		
乙醇	80~99	20	○	＋	＋	＋	＋	＋	＋
丁醇	100	20	○	＋	＋	＋	＋	＋	＋
高级醇		20	○	＋	＋	＋	＋	＋	＋
烃类		<80	○	＋	＋	＋	＋	＋	○
苯酚	溶液	20	○	○	＋	＋	＋	＋	＋
氯苯	100	20	○	＋	＋	＋	＋	＋	＋

说明：表中"＋"表示"耐腐蚀"，"－"表示"不耐腐蚀"，"○"表示"较耐腐蚀"。

附录三 常用非金属材料的耐腐蚀性能表

介　质	石　材	陶瓷板	聚氯乙烯	木　材	水泥混凝土	沥　青	环氧树脂	酚醛树脂	聚四氟乙烯	氯丁橡胶
硫酸	<98 耐	<96 耐	<90 耐	<10 耐	不耐	<50 耐	<60 耐	<98 耐	耐	
盐酸	<36 耐	耐	耐	稀,耐	不耐	<20 耐	<30 耐	耐	耐	耐
硝酸	<65 耐	耐	<35 耐	不耐	不耐	<10 耐	<5 耐	<35 耐	耐	不耐
磷酸	不耐	稀,耐	100 耐	耐	耐	<55 耐	<85 耐	<70 耐		<85 耐
铬酸		耐	<35 耐	不耐		不耐		<50 耐		不耐
乙酸	耐	耐	<80 耐	<90 耐	不耐	稀,耐	<30 耐	耐	耐	
硼酸	耐	耐	饱和耐	饱和耐	不耐	耐	过饱和耐	耐		
草酸	耐	耐	耐	耐	耐	耐		耐		
氢氟酸	不耐	不耐	<60 耐	<10 耐	不耐	<10 耐	不耐	不耐	耐	<30 耐
氢氧化钠	耐	<20 耐	<50 耐	稀,耐	耐	稀,耐	<50 耐	不耐	耐	耐
碳酸钠	耐	稀,耐	耐	耐	耐	稀,耐	<50 耐	<50 耐	50 耐	耐

注：表中数据表示质量分数（%）。

参 考 文 献

［1］　朱宝轩. 化工安全技术概论. 北京：化学工业出版社，2005.
［2］　张麦秋. 化工机械安装修理. 北京：化学工业出版社，2004.
［3］　崔克清，陶刚. 化工工艺及安全. 北京：化学工业出版社，2004.
［4］　崔克清. 化工单元运行安全技术. 北京：化学工业出版社，2006.
［5］　王凯全. 化工安全工程学. 北京：中国石化出版社，2007.
［6］　宋建池，范秀山等. 化工厂系统安全工程. 北京：化学工业出版社，2004.
［7］　李万春. 纯碱生产安全操作技术. 北京：气象出版社，2006.
［8］　李万春. 氯碱生产安全操作技术. 北京：气象出版社，2006.
［9］　李万春. 氮肥生产安全操作技术. 北京：气象出版社，2006.
［10］　关荐伊. 化工安全技术. 北京：高等教育出版社，2006.
［11］　苏华龙. 危险化学品安全管理. 北京：化学工业出版社，2006.
［12］　蒋军成，虞汉华. 危险化学品安全技术与管理. 北京：化学工业出版社，2006.